Zuverlässigkeit und Verfügbarkeit technischer Systeme

Stefan Eberlin · Barbara Hock

Zuverlässigkeit und Verfügbarkeit technischer Systeme

Eine Einführung in die Praxis

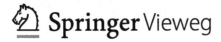 Springer Vieweg

Stefan Eberlin
München, Deutschland

Barbara Hock
München, Deutschland

ISBN 978-3-658-03572-3   ISBN 978-3-658-03573-0 (eBook)
DOI 10.1007/978-3-658-03573-0

Die Deutsche Nationalbibliothek verzeichnet diese Publikation in der Deutschen Nationalbibliografie; detaillierte
bibliografische Daten sind im Internet über http://dnb.d-nb.de abrufbar.

Springer Vieweg
© Springer Fachmedien Wiesbaden 2014

Gedruckt auf säurefreiem und chlorfrei gebleichtem Papier

Springer Fachmedien Wiesbaden ist Teil der Fachverlagsgruppe Springer Science+Business Media
(www.springer.com)

Vorwort

Im Rahmen unserer beruflichen Tätigkeit sind wir immer wieder mit Fragen konfrontiert worden, zu deren Beantwortung wir gerne auf eine vorhandene Literatur verwiesen hätten. Nur leider haben wir genau diese niemals gefunden. So mussten wir über viele Jahre alle Fragen immer wieder selbst beantworten. Schließlich haben wir uns entschlossen, diese nicht vorhandene Literatur selbst zu verfassen.

Zu danken haben wir in diesem Zusammenhang all diesen Fragestellern, die uns dahin getrieben haben, unsere eigenen Kenntnisse zu erweitern und zu vertiefen. Es waren viele Kollegen, Kunden, Teilnehmer an Seminaren und andere. Zu danken haben wir auch den vielen Bekannten und Unbekannten, deren Wissen wir übernehmen und weiter entwickeln durften. Nicht in allen Fällen sind uns die eigentlichen Urheber bekannt; somit konnten wir sie auch nicht nennen. Vieles wurde über Jahre im kollegialen Kreis informell weitergegeben – so wurde das Wissen der anderen langsam zu unserem. Das wollen wir hier nicht unerwähnt lassen.

Nun hoffen wir, dass dieses Buch dem Leser den Nutzen bringt, den er sich davon erhofft.

München, Deutschland   Stefan Eberlin
im Januar 2014   Barbara Hock

Inhaltsverzeichnis

1   Einführung   1
  1.1   Ziel und Zielgruppe   2
  1.2   Kosten als Motivation   3
  1.3   Inhaltsübersicht   5

2   Fehler und Fehlerraten   9
  2.1   Definition eines Fehlers   9
  2.2   Fehlertypen und Fehlerraten 10
        2.2.1   Definition und Einheit der Fehlerrate 13
        2.2.2   Fehlerrate, Zuverlässigkeit und Verfügbarkeit von Systemen . . 13
  2.3   Messen von Fehlerraten 14
  2.4   Abhängigkeit der Fehlerrate von Betriebsbedingungen 20
  2.5   Internationale Standards für Fehlerraten 21
        2.5.1   Quellen für Standards 22
        2.5.2   Leistung der Standards 23

3   Zuverlässigkeit 27
  3.1   Berechnung von Zuverlässigkeit und MTBF 28
  3.2   Fehlerrate und MTBF für Systeme aus mehreren Komponenten 32
  3.3   Fehlerrate und MTBF von Standard-Konfigurationen 36
        3.3.1   Serielle Konfiguration 36
        3.3.2   Parallele Konfiguration 37
        3.3.3 k-aus-n Majoritätsredundanz 40

4   Erwartungswerte für das Auftreten von Fehlern 45
  4.1   Statistische Grundlagen 45
        4.1.1   Zuverlässigkeitsfunktion und Wahrscheinlichkeit 45
        4.1.2   Wahrscheinlichkeitsdichte und Wahrscheinlichkeitsverteilung . 48
        4.1.3   MTBF und mittlere Lebensdauer 52

4.2   Verteilungsfunktion und Ausfallsicherheit   56
4.3   Schranken für die Ausfallsicherheit   61

5   Verfügbarkeit und Reparatur   65
5.1   Berechnung von Verfügbarkeit und Nicht-Verfügbarkeit   68
5.2   Verfügbarkeit und Nicht-Verfügbarkeit in Abhängigkeit von
      Fehlerraten   70
5.3   Verfügbarkeit und Nicht-Verfügbarkeit serieller und paralleler
      Systeme   72
5.4   Verfügbarkeit komplexer Strukturen   75

6   Verfahren nach Markov   77
6.1   Prinzip   77
6.2   Systeme mit und ohne Reparatur   80
6.3   Systeme aus mehreren Komponenten   82
6.4   Erweiterte Anwendungen   87

7   Verfügbarkeit von Netzwerken und Mehrkomponentensystemen   93
7.1   Elementare Netzwerke   96
      7.1.1   Typische Beispiel-Netze   97
      7.1.2   Wege als serielle Schaltung 101
      7.1.3   Aufbau komplexer Netzwerke aus elementaren Netzen 101
      7.1.4   Komponenten an Netzwerk-Verzweigungen 102
7.2   Verbindungen, Kabel und Kabelstrecken 103
7.3   Beispielrechnung: Nicht-Verfügbarkeit eines Maschen-Netzwerk . . . 109
      7.3.1   Anwendung des Additionssatzes 111
      7.3.2   Folgerungen für die Anwendung des Additions-Satzes 114
7.4   Berechnungs-Verfahren 114
      7.4.1   Entscheidungsbaum 115
      7.4.2   Binärer Entscheidungsbaum 121
7.5   Genauigkeit der Berechnung 127
7.6   Knoten und Kanten an Verzweigungen 128
7.7   Variation der Parameter 130
7.8   Optimierung der Verfügbarkeit 134

8   Ersatzteile 137
8.1   Komponenten-Tausch und Umlaufzeit 138
8.2   Umfang von Ersatzteil-Vorräten 139
      8.2.1   Materialliste 140
      8.2.2   Berechnung der Ersatzteil-Vorräte 140
      8.2.3   Optimierung der Lagerhaltung 143

9   Vertrauensbereich für Fehlerraten 145
9.1   Berechnung des Vertrauensbereichs 146
9.2   Interpretation und Anwendung 157

9.2.1 Einfluss statistischer Schwankungen der Stichprobe 157

9.2.2 Kleine Stichproben und Null Fehler 161

9.2.3 Anpassung unterschiedlicher Vertrauenswahrscheinlichkeiten . 162

9.2.4 Ermittlung der Stichprobengröße für gegebene Fehlerraten und Vertrauensgrenzen 167

10 Anhang 169

10.1 Fehlerfortpflanzung in Fehlerraten 169

10.2 Anwendungsbeispiele und Interpretation 172

10.2.1 Fehlerrate eines Dioden-Lasers in Abhängigkeit von der optischen Leistung 173

10.2.2 Gewährleistung von Massenprodukten 180

10.3 Ergebnisherleitung der Summenformel 182

10.4 Lösung der Markov-Differentialgleichungen 183

10.5 Weibull-Verteilung für frühe Fehler und Verschleißfehler 187

Sachverzeichnis 191

Abbildungsverzeichnis

Abb. 1.1   Kosten der Zuverlässigkeit 5

Abb. 2.1   Zeitlicher Verlauf der Summe aller Fehlerraten (*Badewannenkurve*) . 12

Abb. 2.2   Reales Experiment – Ausweitung des Basis-Experiments 18

Abb. 2.3   Fehlerrate λ einer Laser-Diode in Abhängigkeit von
der Betriebstemperatur T 21

Abb. 3.1   Anzahl $n(t)$ fehlerfreier Komponenten in Abhängigkeit von der Zeit t 29

Abb. 3.2   Zuverlässigkeitsfunktion $R(t)$ 30

Abb. 3.3   Stufenweise Berechnung von Fehlerraten 35

Abb. 3.4   Einfache serielle Konfiguration 36

Abb. 3.5   Einfache parallele Konfiguration 38

Abb. 3.6   Konfiguration mit k-aus-n Majoritätsredundanz 41

Abb. 3.7   Vergleich der Zuverlässigkeitsfunktion $R(t)$ und der Fehlerrate λ für
verschiedene Werte von k ($n = 5$, $\lambda_e = 800$ FIT) 42

Abb. 4.1   Binomial- oder Bernoulli-Verteilung 50

Abb. 4.2   Poisson-Verteilung 51

Abb. 4.3   Normal- oder Gauß-Verteilung 52

Abb. 4.4   Mittlere Lebensdauer: Flächenvergleich 55

Abb. 4.5   Binomial-Verteilung für $n = 5$ und $p = 0{,}2$ bzw. $p = 0{,}5$ 57

Abb. 4.6 $f(0, t) = R(t)$ für eine Binomial-Verteilung 58

Abb. 4.7   Zeitabhängigkeit einer Binomial-Verteilung 60

Abb. 4.8   Ausfallsicherheit für $N = 135$, $\lambda = 3000$ FIT bei einer Schranke
von 95 % 62

Abb. 4.9   Relative Fehlerhäufigkeit für verschiedene Fehlerraten λ 64

Abb. 5.1   Wechsel der Betriebszustände in Abhängigkeit von MTBF und MDT   68

Abb. 5.2   Zeitabhängigkeit der System-Verfügbarkeit (Beispiel:
$MTBF = 1$ Jahr, $MDT = 4$ Stunden) 70

Abb. 5.3   Redundante Schaltung 75

Abb. 5.4   Beispiel-Schaltung für komplexe Verfügbarkeits-Berechnung 76

Abb. 6.1   Markov-Analyse für 2 Zustände   78
Abb. 6.2   Zustandsübergänge ohne Reparatur (*oben*) und mit Reparatur (*unten*)   81
Abb. 6.3   Zustände und mögliche Übergänge im 2-Komponenten-System . . .   83
Abb. 6.4   Übergangsraten im 2-Komponenten-System   84
Abb. 6.5   Übergangsraten im 2-Komponenten-System (vereinfacht)   84
Abb. 6.6   Schaltungsvarianten für 2 Komponenten   86
Abb. 6.7   Übergangsraten im 3-Komponenten-System   87
Abb. 6.8   Übergangsraten im 3-Komponenten-System (vereinfacht)   88
Abb. 6.9   Schaltungsvarianten für 3 Komponenten   89
Abb. 7.1   Einfache Verbindung über eine serielle Schaltung   97
Abb. 7.2   Ring-Netzwerk   98
Abb. 7.3   Maschen-Netzwerk   98
Abb. 7.4   Doppelring-Netzwerk   99
Abb. 7.5   Netzwerk mit drei verbundenen Endpunkten   100
Abb. 7.6   Drei elementare Netzwerke in Serie   102
Abb. 7.7   Zusammenfassung der Verbindungsmedien im Netzwerk   106
Abb. 7.8   Beispiel: Verbindung über Glasfaser-Kabel   108
Abb. 7.9   Beispiel: Verfügbarkeit eines Maschen-Netzwerks   109
Abb. 7.10   Maschen-Netzwerk   115
Abb. 7.11   Entscheidungsbaum mit Ergebnissen der Nicht-Verfügbarkeit   117
Abb. 7.12   Modifiziertes Maschen-Netzwerk mit Kabel-Längen   128
Abb. 7.13   Kanten und Knoten des Maschen-Netzwerks mit Verzweigungen . .   129
Abb. 7.14   Variable Kabel-Fehlerraten und gleich bleibende Nicht-Verfügbarkeit
            aller sonstigen Elemente   132
Abb. 7.15   Gleich bleibende Kabel-Fehlerraten und variable Nicht-Verfügbarkeit
            aller sonstigen Elemente   132
Abb. 7.16   Gleiche Kabel-Länge, gleich bleibende Kabel-Fehlerraten und
            variable Nicht-Verfügbarkeit aller Kanten   133
Abb. 8.1   Ersatzteil-Logistik mit Reparatur der Komponenten   139
Abb. 8.2   Beispiel: Berechnung der Ersatzteil-Vorräte $n = 150$, $\lambda = 5000$ FIT,
            $t = 90$ Tage   142
Abb. 8.3   Zweistufige Lagerhaltung   143
Abb. 9.1   Modifikation der Poisson-Verteilung von $\hat{\lambda}$ zu λ_{CL}   149
Abb. 9.2   Vertrauensgrenze λ_{CL} in Abhängigkeit von der Gesamtzahl
            der Betriebsstunden $n \cdot \tau$ für die Vertrauenswahrscheinlichkeit
            $CL = 80\,\%$ 154
Abb. 9.3   Bestimmung des χ^2-Wertes zu $CL = 80\,\%$ aus
            der Verteilungsfunktion der χ^2-Verteilung für $k = 2c + 2 = 8$ 155
Abb. 9.4   Fiktive Verteilung zukünftiger Ergebnisse   156
Abb. 9.5 β in Abhängigkeit der beobachteten Fehlerzahl c für verschiedene
            Vertrauenswahrscheinlichkeiten CL   159
Abb. 9.6   Sukzessive Auswertung realer Stichproben ($CL = 80\,\%$)   160

Abb. 10.1   Dioden-Kennlinie: Stromstärke I in Abhängigkeit von
der anliegenden Spannung U   173

Abb. 10.2   Optische und elektrische Leistung, Diodenspannung und
Wirkungsgrad eines Dioden-Lasers in Abhängigkeit von
der Stromstärke   174

Abb. 10.3 π_I und π_T in Abhängigkeit von Stromstärke (*links*) bzw.
Sperrschicht-Temperatur (*rechts*)   176

Abb. 10.4   Modell der Leistungs-Aufteilung in der Laser-Diode (LD)   177

Abb. 10.5   Modellierung der $U-I$-Abhängigkeit der Dioden-Kennlinie   178

Abb. 10.6   Abhängigkeit der Fehlerrate von der optischen Leistung   179

Abb. 10.7   Übergangsraten im 2-Komponenten-System (vereinfacht)   184

Abb. 10.8   Badewannen-Kurve   188

Einführung

1

Die Zuverlässigkeit und Verfügbarkeit technischer Geräte und Anlagen spielt im Leben eines modernen Menschen eine immer mehr zunehmende Rolle. Was wir im alltäglichen privaten und beruflichen Leben zu spüren bekommen ist, dass Geräte und Anlagen, deren Funktionsfähigkeit wir brauchen oder wünschen, eben nicht immer zuverlässig und verfügbar sind. Was für den Einzelnen häufig eher ein Ärgernis ist, ist in einem Umfeld, in dem genau diese Zuverlässigkeit und Verfügbarkeit für einen Betrieb oder ein Geschäft entscheidend sein können, ein Problem mit großer Tragweite. Daher ist es ein wichtiges Anliegen, dieses Problem auf nachvollziehbare Weise zu verstehen, zu analysieren und letztlich in den Griff zu bekommen.

Zunächst wollen wir die Begriffe Zuverlässigkeit und Verfügbarkeit vereinfacht definierten: Zuverlässigkeit ist die Wahrscheinlichkeit, ein Objekt oder ein System aus Objekten zu einem bestimmten Zeitpunkt funktionsfähig vorzufinden, ohne dass wir in den Betrieb eingreifen oder Reparaturen durchführen. Wir werden sehen, dass die Zuverlässigkeit grundsätzlich exponentiell mit der Zeit abnimmt. Verfügbarkeit ist die Wahrscheinlichkeit, ein Objekt oder ein System aus Objekten zu einem beliebigen Zeitpunkt funktionsfähig vorzufinden. Im diesem zweiten Fall greifen wir durch Reparaturen in den Betrieb ein. Wir werden sehen, dass während des regulären Betriebs die Zuverlässigkeit im Allgemeinen weitgehend konstant bleibt, zumindest für den großen Teil der „Lebenserwartung" eines Systems oder Objekts, den wir in diesem Buch betrachten.

Um es gleich vorweg festzustellen: ein technisches Objekt oder System, sei es einfach und klein oder komplex und groß, ist grundsätzlich nie mit absoluter Sicherheit verfügbar oder zuverlässig. Der Begriff der Wahrscheinlichkeit im vorangegangenen Abschnitt lässt es bereits erahnen, dass wir das Problem lediglich mit statistischen Methoden angehen können. Was letzten Endes bedeutet, dass ein System zwar durch Qualität der Komponenten, der Konstruktion und der Fertigung (fast) beliebig zuverlässig und verfügbar sein kann, aber eben niemals mit absoluter Sicherheit.

Dieses Buch ist eine Einführung, die zeigt, wie wir durch sorgfältiges Sammeln von Daten über auftretende, statistisch zufällige Fehler letzten Endes so weit kommen, dass wir

© Springer Fachmedien Wiesbaden 2014
S. Eberlin, B. Hock, *Zuverlässigkeit und Verfügbarkeit technischer Systeme*,
DOI 10.1007/978-3-658-03573-0_1

mit einer definierten Sicherheit vorhersagen können, wie es um die Zuverlässigkeit und
Verfügbarkeit eines Systems (oder einer Komponente) bestellt ist. Wir können auf dieser
Grundlage unsere Konstruktion und unsere Betriebsabläufe optimieren. Wir können vorhersagen, wie viele Ersatzteile welcher Art wir benötigen, um ein System möglich schnell
wieder instand setzen zu können. Und wir können dazu beitragen, in dem Spannungsfeld
von gewünschter oder geforderter technischer Qualität einerseits und Kosten andererseits
ein geschäftliches Risiko zu verringern.

1.1   Ziel und Zielgruppe

Der Inhalt dieses Buches ist eine Einführung in das Thema, nicht mehr, aber auch nicht
weniger. Jeder Ingenieur und jeder Techniker, der sich mit der Konstruktion, Konfiguration oder Wartung von technischen Bauteilen und/oder Systemen beschäftigt, kann früher
oder später vor der Aufgabe stehen, die Zuverlässigkeit dieser Bauteile oder Systeme zu
bestimmen und zu quantifizieren. Dazu müssen zunächst Daten gesammelt werden und
diese Daten dann in geeigneter Weise ausgewertet werden. Wichtigstes Ziel ist es dann,
aus den Ergebnissen die richtigen Schlüsse zu ziehen. Damit können Produkte und Verfahren nicht nur aus technischer Sicht optimiert werden. Die Daten und Ergebnisse können
auch als wichtige Grundlage für geschäftliche Entscheidungen dienen.

Daher sollten derartige Betrachtungen keine nachgeordnete Aufgabe sein, die man zu
irgendeinem späten Zeitpunkt erledigt. Vielmehr sollte diese Überlegung mit am Anfang
eines entsprechenden Projektes stehen. Deswegen ist dieses Thema ebenso interessant für
Studenten der einschlägigen Fächer wie für Praktiker, die zum ersten Mal oder seit langem
wieder einmal vor diesem Problem stehen.

In vielen Fällen wird die Bestimmung der Zuverlässigkeit von Systemen auch als
Dienstleistung extern angeboten und eingekauft. Dagegen spricht grundsätzlich nichts, zu-
mal die externe Betrachtung gelegentlich auch eine gewisse Betriebsblindheit vermeidet.
Wenn es jedoch um die die Definition eines Auftrages bzw. Bewertung von Ergebnissen
und Aussagen geht, dann sind eigene Kenntnisse nicht nur nützlich, sondern gelegentlich
unabdingbar. Wie wir noch sehen werden, gibt es durchaus unterschiedliche Methoden,
die auch zu unterschiedlichen Ergebnissen führen, wenn man beispielsweise ausschließlich die Zahlenwerte für eine MTBF[1] betrachtet.

Es geht also schließlich auch darum zu verstehen, nach welchen Standards oer Standards und nach welchen Kriterien eine solche Untersuchung durchgeführt wurde. Hier gilt
es die richtigen Fragen zu stellen und die Antworten richtig einzuordnen. Letztlich dient
Bestimmung der Zuverlässigkeit neben der reinen Feststellung der Zuverlässigkeit und
Verfügbarkeit auch der Optimierung. Wenn also zum Beispiel das Ergebnis zunächst nicht
so ist, wie wir uns das eigentlich wünschen, so liefern uns unsere Berechnungen die richtigen „Stellschrauben", um dem gewünschten Ergebnis näher zu kommen. Das setzt immer
voraus, dass wir die Details der Analyse und die Ergebnisse richtig verstanden haben.

---

[1]Mean Time Between Failures, siehe Abschn. 3.1.

Voraussetzungen

Welche Kenntnisse und Erfahrungen sind notwendig, um Nutzen aus diesem Buch zu ziehen?

Natürlich ist ein grundlegendes Verständnis technischer Zusammenhänge erforderlich, beispielsweise wie größere Systeme aus gleichartigen oder verschiedenen Komponenten aufgebaut sind und wie diese Komponenten zusammenwirken. Ganz ohne mathematische Grundkenntnisse geht es auch nicht. Die Grundzüge gängiger statistischen Methoden sollten Ihnen vertraut sein, ebenso wie einfache Anwendungen der Differential- u. Integralrechnung. Ansonsten sind der gesunde Menschenverstand und Interesse am Thema hilfreich.

1.2 Kosten als Motivation

Ehe wir uns den technischen Betrachtungen zuwenden, noch ein paar Worte zur eigentlich Motivation: warum sollte man sich um das Thema kümmern. Die Antwort wurde bereits in der Überschrift gegeben: die Motivation ist Geld!

Betrachten wir einfach ganz allgemein die Geldflüsse, die im Zusammenhang mit einem technisches System entstehen können. Da sind einerseits die Kosten, zum Beispiel die Anschaffungskosten für die Geräte selbst und die Betriebskosten, die während der Lebensdauer des Systems auflaufen. Auf der anderen Seite wird ein System zu dem Zweck betrieben, einem Ertrag zu erwirtschaften, z. B. durch eine Dienstleistung für Kunden oder zur Herstellung vom Produkten. Ein Kunde wird natürlich nur dann bereit sein, einen angemessenen Betrag zu zahlen, wenn die Dienstleistung hinreichend zuverlässig zur Verfügung steht bzw. das Produkt die erwartete Qualität aufweist und nach einer Bestellung auch lieferbar ist. Für die Produktion gilt also, dass sowohl das Produktionssystem als auch das Produkt Gegenstand unserer Betrachtungen sein können.

Investitionen

Ein System ist dann gut verfügbar, wenn die Fehler der Hardware-Komponenten, die unvermeidlich entstehen, möglichst wenige oder keine Auswirkungen haben.[2] Ein solcher Effekt wird üblicherweise dadurch erreicht, dass die wichtigen Komponenten mehrfach vorhanden sind, so dass bei Ausfall einer Komponente deren Funktion durch eine redundante Komponente übernommen wird. Einen weiteren, unter Umständen auch sehr hohen Gewinn an Verfügbarkeit erreicht man durch den Einsatz von qualitativ sehr hochwertigen Komponenten, bei denen im Allgemeinen eine höhere Zuverlässigkeit erwartet werden kann. Aus Sicht der Zuverlässigkeit und Verfügbarkeit ist der optimale Zustand offensichtlich die Kombination aus beidem, so dass wir auf diese Weise theoretisch ein beliebig ausfallsicheres System konstruieren können.

---

[2]Selbstverständlich können auch Software-Fehler zu Störungen im System führen, zum Beispiel durch fehlerhafte Ansteuerung der Hardware. Software-Fehler sind jedoch nicht Gegenstand dieses Buches.

Als Maß für die Zuverlässigkeit eines Objekts[3] ist die mittlere Zeit definiert, die zwischen zwei Fehlern vergeht (MTBF – Mean Time Between Failures). Je länger die MTBF ist, desto zuverlässiger ist das System. Ein vollständig ausfallsicheres System hätte eine unendlich große MTBF – ein Wert, dem wir uns in der Realität allenfalls theoretisch annähern können. Praktisch spielt diese Einschränkung jedoch keine Rolle, da technische Systeme zwar auf eine möglicherweise sehr lange, jedoch immer endliche Lebensdauer ausgelegt sind. Es ist also nicht unbedingt sinnvoll, eine MTBF von z. B. 2000 Jahren anzustreben für ein System, dessen üblicher Lebensdauer 2 Jahre beträgt. Wir werden allerdings später sehen, dass mit zunehmender MTBF die Wahrscheinlichkeit von Fehlern in einem definierten Zeitraum abnimmt – für ein System, das innerhalb eines kurzen Zeitraums hoch zuverlässig sein soll, kann eine MTBF nicht „zu groß" sein.

Wenn wir eine „beliebig große Zuverlässigkeit" anstreben, dann müssen wir allerdings in unsere Rechnung einbeziehen, dass sowohl Redundanz als auch höher-wertige Komponenten Geld kosten. Ab irgendeinem Punkt stehen die zusätzlichen Investitionen in keinem vernünftigen Verhältnis mehr zu einer dadurch erreichten Steigerung der Zuverlässigkeit, da die Kosten den dadurch erreichbaren Nutzen übersteigen.

Betriebskosten und Folgekosten

Der zweite große Kostenfaktor für das System sind die Betriebskosten, die unter anderem dadurch entstehen, dass auftretende Fehler behoben werden müssen. In die Kosten für die Fehlerbeseitigung gehen im Wesentlichen die Kosten für die Arbeitszeit und die Kosten für die erforderlichen Ersatzteile ein. Je häufiger Fehler auftreten und je länger ihre Behebung dauert, desto höher sind natürlich auch die durch die Nichtverfügbarkeit verursachten Umsatz- und Gewinn-Einbußen. Und wir sollten auch die Kosten nicht vergessen, die durch die „Verwaltung" der während eines solchen Fehlers entstandenen Kundenprobleme entstehen.

Betrachten wir als Beispiel den fiktiven Umsatz eines fiktiven Online-Versandhauses, dem wir beispielsweise 100 Millionen Euro als Umsatz zugestehen. Es ist einfach zu berechnen, wie viel Umsatz entfällt, wenn die Internet-Präsenz des Händlers nach Ausfall eines zentralen Servers auch nur für eine Stunde nicht erreichbar ist, auch wenn man davon ausgehen kann, dass viele Kunden zu einem späteren Zeitpunkt ihre Bestellung nachholen werden. Darüber hinaus kann es bei unterbrochenen Bestellvorgängen zu Unstimmigkeiten kommen, die zu Reklamationen führen, die dann bearbeitet werden müssen. Wenn also ein solcher Ausfall häufig vorkommt, kann ein mäßiger Geschäftsgewinn durch entgangene Umsätze und oder zusätzliche Kosten sehr leicht deutlich verringert werden.

Abbildung 1.1 zeigt einen typischen Vergleich von Anschaffungskosten und laufenden Betriebskosten und die daraus resultierenden Summe der Gesamtkosten, die über die Lebensdauer eines Systems auflaufen. Wir sehen daran, dass es ein Kosten-Minimum gibt, an

---

[3]Ein „Objekt" in diesem Sinne kann ein einzelnes Bauteil oder auch ein beliebig komplexes System sein.

Abb. 1.1 Kosten der
Zuverlässigkeit

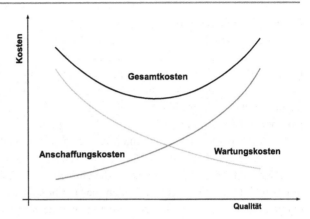

dem relativ zum Aufwand die höchste Qualität erreicht wird. Neben der technischen Betrachtung werden wir immer wieder darauf hinweisen, dass Kosten und Qualität (im Sinne von Zuverlässigkeit und Verfügbarkeit) gegeneinander abgewogen werden können, auch wenn wir keine Anleitung zur kaufmännischen Optimierung geben wollen und können.

1.3   Inhaltsübersicht

Jede technische (Hardware-)Komponente und jedes System, das auch solchen Komponenten aufgebaut ist, wird mit einer gewissen Wahrscheinlichkeit innerhalb eines bestimmten Zeitraums mindestens einen Fehler aufweisen. Manche Fehler treten in sehr frühen Phasen des Betriebs auf und sind dann oft auf nicht optimale Produktion oder Konstruktion zurück zu führen. Derartige Fehler lassen sich durch intensive Tests und daraus abgeleitete Maßnahmen zur Verbesserung meist vollständig beseitigen. Nach einer bestimmten Betriebsdauer treten gehäuft Verschleiß-Fehler auf, die durch normale Alterungsprozesse hervorgerufen werden und durch rechtzeitigen Austausch von Komponenten oder ganzen Systemen vermieden werden können.

Darüber hinaus gibt es jedoch auch Fehler, die im Laufe des Betriebs unerwartet zu jedem Zeitpunkt auftreten können. Diese Fehler bezeichnen wir als zufällige Fehler. Das Auftreten dieser zufälligen Fehler kann ausschließlich durch statistische Methoden abgeschätzt werden. Zufällige Fehler sind grundsätzlich nicht zu vermeiden. Die dadurch auftretenden Probleme können jedoch durch sorgfältige Erhebung und Auswertung von Daten, geeignete Konstruktion von Systemen (z. B. Redundanzen) und optimierte Strategien für Reparatur und Instandhaltung minimiert werden.

Das vorliegende Buch erläutert die wichtigsten Themen für den Betrieb von Hardware-Komponenten und -Systemen im Zusammenhang mit zufälligen Fehlern. Wir beginnen mit der Definition von Fehlern und Fehlerraten: Darauf aufbauend entwickeln wir Verfahren zur Abschätzung der Anzahl zu erwartender Fehler und Methoden, wie der Betrieb von Komponenten und Systemen im Rahmen einer statistisch vorhersagbaren Sicherheit gewährleistet werden kann.

Fehler und Fehlerraten

Die wichtigste Größe, die wir immer wieder verwenden werden, ist die Fehlerrate einer Komponente oder eines Systems. Die Fehlerrate beschreibt die Anzahl von Fehlern, die bezogen auf eine Menge von Komponenten in einem Zeitraum zu erwarten ist. Sie wird im Allgemeinen empirisch durch Experimente und/oder durch Sammeln von Betriebsdaten ermittelt. Für größere Systeme kann sie auch rechnerisch aus den Fehlerraten der Komponenten bestimmt werden. Unvollständige, falsch bewertete oder gar – wenn auch in bester Absicht – nach bestimmten Kriterien „ausgewählte" Daten führen in der Praxis zu unbrauchbaren Ergebnissen für die weiteren Berechnungen.

In Kap. 2 betrachten wir zunächst die einfachste Methode für das Sammeln von Daten in Form einfacher Stichproben. In den meisten praktischen Fällen ist diese Methode ausreichend, um zufriedenstellende Berechnungen anstellen zu können. Wir müssen jedoch immer bedenken, dass eine Stichprobe nur ein zufälliges Ergebnis liefert und dass dieses Ergebnis auch zufällig besonders hoch oder besonders niedrig ausfallen kann („statistische Ausreißer"). Darüber hinaus zeigen wir, wie konkrete Betriebsbedingungen bei der Bestimmung der Fehlerraten berücksichtigt werden und welche Rolle Standards spielen können.

In Kap. 9 gehen wir deshalb einen Schritt weiter und führen einen Vertrauensbereich für die Aussagen zur Fehlerrate ein. Dieser Vertrauensbereich gibt uns an, mit welcher Wahrscheinlichkeit die tatsächliche Fehlerrate unterhalb eines bestimmten Grenzwerts für die Fehlerrate liegt. Wenn wir diesen Grenzwert anstelle der experimentell bestimmten Fehlerrate verwenden, dann müssen wir formal meist eine deutliche höhere Fehlerrate annehmen. Dafür minimieren wir das Risiko, dass wir in der Stichprobe zufällig eine weit zu niedrige Fehlerrate gefunden haben und deshalb zum Beispiel einem Kunden gegenüber weitaus höhere Gewährleistungskosten abdecken müssen, als wir eigentlich erwartet hätten.

Zuverlässigkeit

Die erste Anwendung der Fehlerraten ist die Berechnung der Zuverlässigkeit von Komponenten und Systemen (Kap. 3). Zuverlässigkeit ist hier definiert als Wahrscheinlichkeit, ein Objekt (Komponente oder System) zu einem bestimmten Zeitpunkt in funktionsfähigem Zustand vorzufinden. Wesentliche Voraussetzung ist dabei, dass das Objekt ungestört und insbesondere auch ohne zwischenzeitliche Reparatur unter zulässigen Bedingungen betrieben wird.

Wir werden, ausgehend von einer Zuverlässigkeitsfunktion, die den zeitlichen Verlauf der Zuverlässigkeit beschreibt, die Fehlerrate und die mittlere Lebensdauer von Objekten berechnen. Dabei zeigt sich, dass die mittlere Lebensdauer eines solchen ungestörten Objektes gleich der MTBF (mean time between failure, mittlere Zeit zwischen zwei Fehlern) dieses Objekts ist. Im Detail werden wir einzelne Komponenten, serielle und parallele Schaltungen und Systeme mit redundanten Komponenten (k-aus-n Majoritätsredundanz) betrachten. Diese Schaltungen und Systeme können stellvertretend für Objekte verwendet werden, in denen alle, mindestens eine oder mehrere der vorhandenen Komponenten gleichzeitig zum erfüllen einer Funktion fehlerfrei sein müssen.

Erwartungswerte, Ausfallsicherheit, Schranken

In einem konkreten Experiment oder bei der Beobachtung konkreter Mengen von Objekten werden wir trotz gleicher Fehlerraten, gleicher Anzahl von Objekten und gleichen Betriebsbedingungen immer Schwankungen in der tatsächlich beobachteten Fehlerzahl finden. Diese Streuung der Ergebnisse können wir durch Wahrscheinlichkeitsverteilungen beschreiben (Kap. 4). Mit Hilfe von Wahrscheinlichkeitsverteilungen können wir vorhersagen, mit welcher Wahrscheinlichkeit wir eine bestimmte Anzahl von Fehlern erwarten können und mit welcher Wahrscheinlichkeit wir höchstens eine bestimmte Anzahl von Fehlern erwarten können. Diese Art von Aussagen können die Daten liefern, die wir z. B. für Prognosen zukünftiger Reparaturen oder Garantieleistungen benötigen.

Mit dem gleichen Ansatz können wir auch bestimmen, mit welcher maximalen Anzahl von Fehlern wir rechnen müssen, wenn diese maximale Anzahl mit einer gegebenen Wahrscheinlichkeit nicht überschritten werden soll. Derartige Schranken sind insbesondere dann gefordert, wenn die Ausfallsicherheit eines Systems bestimmt werden soll, das erst bei mehr als einer fehlerhaften Komponente tatsächlich vollkommen ausfällt.

Verfügbarkeit und Reparatur

Die wichtigste Anwendung von Fehlerraten und den daraus berechneten Wahrscheinlichkeiten für Fehlerzustände und Ausfälle von Systemen ist die Berechnung der Verfügbarkeit von Systemen. Die Verfügbarkeit beschreibt die Wahrscheinlichkeit, dass sich ein System zu einem beliebigen Zeitpunkt in einem funktionsfähigen Zustand befindet. Diese Aussage ist gleichbedeutend damit, dass das System während des durch diese Wahrscheinlichkeit beschriebenen Anteils der gesamten Zeit funktionsfähig ist. Der entscheidende Unterschied zur Berechnung der Zuverlässigkeit eines Systems ist, dass wir bei der Verfügbarkeit Systeme betrachten, die im Falle eines Fehlers unmittelbar wieder repariert werden. Aus Sicht der Verfügbarkeit wird das System also wieder in den Anfangszustand zurück versetzt.

Zunächst leiten wir in Kap. 5 intuitiv die Wahrscheinlichkeit her, mit der sich das System in funktionsfähigem Zustand befindet. Hier gehen wir von den bekannten Fehlerraten und den daraus hergeleiteten Werten der MTBF aus. Zusätzlich müssen wir die Zeit für die Reparatur selbst und die damit verbundenen Aktivitäten mit einbeziehen, die vom Auftreten des Fehlers bis zur vollständigen Wiederherstellung der Systemfunktion vergeht (MDT, mean down time). Diese Vorgehensweise eignet sich jedoch nur für einfache Konfigurationen.

In Kap. 7 betrachten wir die Verfügbarkeit von netzwerk-artigen Strukturen, wie sie typischerweise nicht nur in echten Netzwerken auftreten, sondern auch in anderen umfangreichen Konfigurationen, in denen Komponenten abhängig voneinander betrieben werden. Anhand typischer elementarer Schaltungen wird die Systematik entwickelt, nach denen sichere Ergebnisse berechnet werden können. Auch diese Vorgehensweise erreicht mit der Komplexität von Systemen vergleichsweise bald die Grenzen der Einsatzfähigkeit.

Ab Abschn. 7.4 zeigen wir deshalb Algorithmen, die unabhängig von der Komplexität einer Konfiguration sicher zum richtigen Ergebnis führen. Diese Algorithmen können auch vergleichsweise einfach automatisiert werden und als Grundlage für eine systematische Vorgehensweise dienen.

Verfahren nach Markov

Das Verfahren nach Markov, das wir in Kap. 6 vorstellen, bietet ein mathematisches Modell, mit dessen Hilfe sowohl die Zuverlässigkeit als auch die Verfügbarkeit von System aus mehreren Komponenten berechnet werden können. Die zugrunde liegende Analyse führt zu einem System von Differentialgleichungen, das mit Hilfe von Standard-Methoden gelöst werden kann. In einfachen Fällen, bei denen nur wenige Komponenten beteiligt sind, ist eine analytische Lösung möglich. Für zwei bzw. drei Komponenten zeigen wir das konkrete Lösungsverfahren als Beispiel. In komplexeren Fällen wird man eher zu rechnergestützten numerischen Verfahren greifen, die nicht Gegenstand dieses Buches sind.

Die Ergebnisse des Markovs-Verfahrens sind identisch mit denen, die in den vorangegangenen Kapiteln auf intuitive Weise hergeleitet wurden. Zusätzlich wird jedoch ein zeitabhängiger Anteil für die Verfügbarkeit erhalten, der insbesondere in einer Anfangsphase des Betriebs eines Systems relevant sein kann.

Ersatzteile

Um ein System tatsächlich innerhalb einer vorgegebenen Zeit reparieren zu können, ist es erforderlich, dass benötigte Ersatzteile möglichst unmittelbar zugreifbar sind. Mit Hilfe der vorher berechneten Erwartungswerte für das Auftreten von Fehlern ist jetzt möglich, Vorhersagen zu treffen, wie viele Ersatzteile bestimmter Art innerhalb eines gegebenen Zeitraums benötigt werden. Dabei wird auch die Zeit berücksichtigt, die für die Wiederbeschaffung und/oder Reparatur eines Ersatzteils bzw. einer fehlerhaften Komponente erforderlich ist. Darüber hinaus betrachten wir einfache Modelle, wie eine optimale Lagerhaltung von Ersatzteilen aufgebaut werden kann (Kap. 8).

Anhang

Im Anhang sind einige Spezialfälle und Ergänzungen zusammengestellt, die nicht notwendigerweise für das vollständige Verständnis des Themas erforderlich sind, die jedoch als Beispiel für eine konkrete Vorgehensweise in komplexeren Fällen dienen. Darüber hinaus finden sich ausführliche Berechnungen, die im vorderen Teil nur als Ergebnis verwendet werden. Schließlich sind Hinweise auf Verfahren zum Berechnen von Fehlerarten (frühe Fehler, Verschleißfehler) aufgenommen, die nicht Gegenstand des vorliegenden Buches sind, die jedoch in diesem Zusammenhang zumindest erwähnt werden sollten.

Fehler und Fehlerraten

2

Die exakte Definition des Begriffs „Fehler" und die möglichst genaue Bestimmung der Fehlerraten sind die Basis für alle weiteren Berechnungen von Zuverlässigkeit und Verfügbarkeit. Auch wenn die Bestimmung von Fehlerraten zunächst trivial erscheinen mag, so können die Folgen von (auch organisatorisch bedingten) Ungenauigkeiten wirtschaftlich sehr nachteilig sein. Wirtschaftliche und organisatorische Vorteile können sich im Gegenzug aus der Kenntnis und der geeigneten Verwendung einschlägiger Standards, die in der Industrie häufig gefordert werden und/oder zumindest allgemein anerkannt sind, ergeben.

2.1   Definition eines Fehlers

Ehe wir uns mit Fehlerraten,[1] also der relativen Anzahl von Fehlern, die bei einer definierten Menge von Objekten innerhalb einer Zeitspanne auftreten, beschäftigen, müssen wir zunächst definieren, was genau wir unter einem Fehler verstehen. Die erste und wesentlichste Einschränkung für unsere Betrachtungen haben wir bereits erwähnt: wir betrachten in diesem Buch ausschließlich Hardware.

In unserem Sinne soll ein „Objekt" genau dann fehlerhaft sein, wenn es seine erwartete Funktion nicht erfüllt. Ein solches „Objekt" kann in diesem Zusammenhang eine beliebig einfache oder komplexe technische Anordnung sein. Es kann also sowohl ein äußerst einfaches Bauteil sein, z. B. ein Widerstand oder ein Kondensator, oder eine ganze Industrieanlage, die aus zahlreichen Elementen besteht, die ihrerseits bereits aus einer Vielzahl von komplexen Untereinheiten aufgebaut sind.

Der am einfachsten zu identifizierende Fall eines Fehlers ist sicher der, wenn ein Objekt vollständig funktionsunfähig ist. Ein Fehler liegt jedoch auch dann vor, wenn das Objekt

---

[1]Im Sprachgebrauch und in der Literatur sind statt Fehler und Fehlerrate auch die Begriffe Ausfall und Ausfallrate üblich. Wir ziehen hier den Begriff Fehler vor, da wir als Fehler auch einen Zustand sehen wollen, der nicht mit einer vollständigen Unbrauchbarkeit, also einem vollständigen „Ausfall", eines Objektes einher geht.

© Springer Fachmedien Wiesbaden 2014   9
S. Eberlin, B. Hock, *Zuverlässigkeit und Verfügbarkeit technischer Systeme*,
DOI 10.1007/978-3-658-03573-0_2

zwar grundsätzlich seine Funktion ganz oder teilweise erfüllen kann, jedoch nicht im geforderten Umfang. Ein Beispiel dafür ist, dass ein Drucker zwar korrekte Ausdrucke in der geforderten Qualität liefert, jedoch statt der zugesicherten 10 Seiten nur 5 Seiten pro Minute ausdruckt. Ein anderes Beispiel ist, dass ein technisches Gerät nicht die erforderlichen Kennlinien für Eingangs- und Ausgangs-Funktionen erreicht.

Wesentlicher Bestandteil der Definition eines Fehlers ist also die Spezifikation der Fähigkeiten, die ein Objekt haben muss, und die korrekte Bedienung des Objektes. Dazu gehört im Allgemeinen sowohl die Definition der Leistung des Objekts (also z. B. die Anzahl der Seiten, die ein Drucker pro Minute druckt), als auch die Bedingungen, unter denen diese Leistung erbracht wird. Typische Bedingungen für den Betrieb technischer Geräte sind zum Beispiel die Spannen für die zulässige Temperatur und Luftfeuchtigkeit der Umgebung, aber auch die Qualität der Stromversorgung oder die Art der Eingangs-Signale. Nur solange ein technisches Gerät tatsächlich unter zulässigen Bedingungen betrieben wird und solange kein Bedienfehler vorliegt, kann überhaupt eine fehlerfreie Funktion erwartet werden. Und nur in diesem Fall kann eine Abweichung von spezifizierten Eigenschaften sicher als Fehler gewertet werden.

2.2   Fehlertypen und Fehlerraten

Bereits aus der allgemeinen Lebenserfahrung wissen wir, dass Fehler an einem technischen Gerät zu jedem Zeitpunkt auftreten können. Bei sehr neuen oder neuartigen Geräten müssen wir schlimmstenfalls damit rechnen, dass noch nicht alle „Kinderkrankheiten" beseitigt sind. Wenn wir ein Gerät so lange betreiben, dass seine zu erwartende Lebensdauer erreicht wird, müssen wir vermehrt mit dem Auftreten von verschleiß-bedingten Fehlern rechnen. Aber auch zu jedem anderen Zeitpunkt kann unerwartet ein Fehler auftreten.

Demzufolge unterscheiden wir verschiedene Arten von Hardware-Fehlern, je nach Zeitpunkt und Ursache ihres Auftretens während der Betriebsdauer einer Komponente oder eines Systems. Wenn wir die gesamte Fehlerrate eines Systems betrachten, dann liefern diese verschiedenen Arten von Fehlern je nach Zeitpunkt also verschieden hohe Beiträge. Die Fehlerrate ist dabei die Anzahl der innerhalb eines definierten Zeitraums auftretenden Fehler im Verhältnis der Anzahl der insgesamt betrachteten Komponenten, also die Wahrscheinlichkeit für das Auftreten eines Fehlers. Zunächst wollen wir hier einfach die wichtigsten Fehlertypen definieren: frühe Fehler, zufällige Fehler und Verschleißfehler.

Frühe Fehler

Was wir hier als „frühe Fehler" („Kinderkrankheiten") bezeichnen, sind solche Fehler, die praktisch ausschließlich am Anfang des Lebenszyklus[2] eines Produktes auftreten und für diese Phase typisch sind. Typische Ursachen dafür sind, neben sporadischen Fehlern

---

[2]Der Begriff „Lebenszyklus" kann sich je nach Betrachtungsweise sowohl auf den anfänglichen Betrieb eines bestimmten Produktes oder einer bestimmten Anlage als auch auf die Markteinführungsphase einer Produktserie beziehen.

bei der Produktion, auch Konstruktions- oder Planungsfehler wie der Einsatz von unzureichend dimensionierten Komponenten (z. B. zu schwaches Netzteil) oder systematische Produktions-Fehler (z. B. fehlerhafte Einstellung einer automatischen Fertigungsanlage). Daneben gibt es auch den „menschlichen Faktor". Gerade bei neuen oder neuartigen Produkten oder Systemen ist häufig eine mehr oder weniger langer Lernphase des Installations- und Bedien-Personals zu beobachten, die tatsächlich zur Beeinträchtigung bis hin zum Ausfall führen, jedoch mit zunehmender Erfahrung praktisch nicht mehr auftreten.

Durch geeignete Tests während der Entwicklung eines Systems oder Produktes zur Marktreife oder auch vor der Übergabe einer konkreten Installation an den Kunden können Konstruktions- und Fertigungsfehler weitgehend erkannt und beseitigt werden. Üblicherweise wird dabei auch das „Burn-in"-Verfahren eingesetzt, bei dem man Komponenten oder Systeme unter gerade noch zulässigen Extrem-Bedingungen betreibt, um sicher zu stellen, dass die Anforderungen auch in solchen Fällen erfüllt werde.

Bei entsprechend sorgfältig und umfassend ausgeführten Tests nimmt die Anzahl der frühen Fehler in der Regel bereits am Anfang des Lebenszyklus eines Systems sehr rasch ab, so dass sie im realen Betrieb kaum noch vorkommen. Im Vergleich mit den Fehlern anderer Ursachen können diese Fehler im Allgemeinen deswegen vernachlässigt werden.

Zufällige Fehler

Zufällige Fehler sind Fehler, die unerwartet und unabhängig von Alter oder der Betriebsdauer einer Komponente oder eines Systems auftreten. Ihre Ursache ist im Allgemeinen zwar technisch zu erklären, jedoch im Einzelfall nicht vorhersehbar. Als Ursachen kommen einerseits rein statistische Abweichung in den grundlegenden Materialeigenschaften in Frage. Andererseits werden üblicherweise Komponenten verwendet, die definierten, jedoch nicht beliebig hohen Qualitätsansprüchen genügen. Diese Qualitätsansprüche orientieren sich sowohl an der erforderlichen Zuverlässigkeit der Komponenten, als auch an den Kosten. Bei Komponenten geringerer Qualität muss meist mit einer höheren Anzahl zufälliger Fehler gerechnet werden, die zum Beispiel auch auf eine bewusst eingeschränkte Fertigungsqualität zurückzuführen sein können.

Die Wahrscheinlichkeit für das Auftreten zufälliger Fehler ist über die gesamte Lebensdauer einer Komponente oder eines Systems zu jedem Zeitpunkt gleich. Ihr absoluter Beitrag zur Fehlerhäufigkeit eines Gesamt-Systems bleibt also über die Lebensdauer des Systems konstant.

Verschleißfehler

Verschleißfehler (auch als Alterungsfehler bezeichnet) entstehen im Laufe der Betriebsdauer durch normalen Verschleiß im Rahmen der üblichen Beanspruchung und der Bedingungen, unter denen eine Komponente oder ein System zulässigerweise betrieben wird. Infolgedessen treten diese Fehler normalerweise erst dann auf, wenn sich die Betriebsdauer der zu erwartenden Lebensdauer für die Komponente oder das System annähert.

Wenn wir ein Gesamt-System im zeitlichen Verlauf betrachten, dann liegt der Anteil der verschleißbedingten Fehler über einen gewissen Zeitraum praktisch bei Null. Das heißt nach dem Ende der Phase der „Kinderkrankheiten" bleibt die gesamte Fehlerrate praktisch konstant, da sie (fast) ausschließlich durch zufällige Fehler bestimmt wird. Kennzeichnend für einsetzenden Verschleiß ist es, dass die Fehlerrate ab einem Zeitpunkt deutlich und kontinuierlich ansteigt. Durch normale Alterungs-Prozesse (z. B. mechanische Abnutzung, Veränderungen durch thermische Belastung) sind Komponenten nach einer bestimmten Betriebsdauer entweder vollständig defekt, oder sie verändern ihre Eigenschaften in einer Weise, dass sie ihre Funktion nicht mehr mit der erforderlichen Präzision erfüllen und deshalb als fehlerhaft gelten.

Summe der Fehlerraten – Badewannenkurve
Wenn wir die Fehlerraten aller genannten Fehlertypen für die Betriebsdauer eines Systems oder einer Komponente addieren, erhalten wir den in Abb. 2.1 dargestellten zeitlichen Verlauf der gesamten Fehlerrate. Wegen der typischen Form wird dieser Verlauf auch als „Badewannenkurve" bezeichnet. Die Fehlerrate wird mit λ bezeichnet. Die Badewannenkurve stellt also λ in Abhängigkeit von der Zeit dar.

Abb. 2.1 Zeitlicher Verlauf der Summe aller Fehlerraten (*Badewannenkurve*)

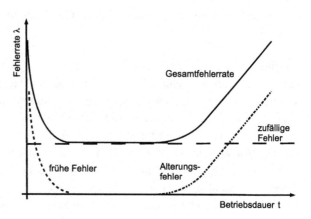

Die Grundlage für die in diesem Buch dargestellten Überlegungen zur Zuverlässigkeit und Verfügbarkeit bilden ausschließlich die zufälligen Fehler. Alle Aussagen gelten also nur für den zeitlichen Bereich, in dem sowohl frühe Fehler als auch Alterungsfehler keine Rolle spielen. Dieser Bereich entspricht dem mittleren Plateau des Kurvenverlaufs. Zwar treten zufällige Fehler auch am Anfang und am Ende der Lebensdauer auf. Der Betrieb eines Systems wird jedoch während dieser Zeiträume eher durch die beiden anderen Fehlertypen beeinträchtigt. Den mittleren Teil des Kurvenverlaufs könnte man auch als die Zeit des „Normalbetriebs" bezeichnen. Während dieser Zeit kann der Betrieb durch normale und planbaren Wartungs-und Reparaturmaßnahmen aufrecht erhalten werden. Nur diesen Zeitraum können wir mit den im Folgenden gezeigten statistischen Methoden korrekt erfassen. In den frühen und späten Phasen der Betriebsdauer müssen andere Methoden zur Aufrechterhaltung des Betriebs eingesetzt werden, zum Beispiel Beseitigen der frühen

Fehler durch Tests und Vermeiden der Verschleißfehler durch rechtzeitigen Austausch der bedrohten Anteile.[3]

2.2.1 Definition und Einheit der Fehlerrate

Die Fehlerrate λ ist definiert durch die Anzahl Fehler pro Zeiteinheit. Die für die Berechnung der Fehlerrate eingesetzte Zeit ist die tatsächliche Betriebsdauer des betrachteten Objekts. Die Zeit, die seit der ersten Inbetriebnahme des Objekts tatsächlich vergangen ist, ist dabei unerheblich. Wenn also ein Objekt nur während 10 % der Zeit tatsächlich in Betrieb ist, dann wird zum Beispiel innerhalb von zehn Jahren nur eine tatsächliche Betriebsdauer von einem Jahr erreicht. Wenn innerhalb dieser Zeit ein Fehler auftritt, dann ist die daraus resultierende Fehlerrate also 1 Fehler pro Jahr und nicht etwa 1 Fehler in 10 Jahren.

In der Elektrotechnik wird häufig die Einheit FIT (Failures In Time) verwendet. 1 FIT steht dabei für 1 Fehler in 10^9 Betriebsstunden, also in etwa 114 000 Jahren. Auf den ersten Blick erscheint diese Einheit recht unhandlich, denn Systeme mit einer Lebensdauer von 114 000 Jahren sind doch eher unrealistisch. Wir betrachten hier jedoch nicht derart langlebige Systeme, sondern statistische Phänomene. Die Betriebsdauer bezieht sich im Allgemeinen nicht auf ein einzelnes Objekt, sondern auf eine große Anzahl von Objekten, von denen jedoch nur sehr wenige fehlerhaft werden. Für einfache Bauteile (z. B. Widerstände, Kondensatoren), die als Massenprodukte produziert werden, ist es dann durchaus realistisch, 10 000 Stück über 10 000 Stunden zu beobachten. Die gesamte Betriebsdauer für diese Menge gleicher Objekte ist damit 10^8 kumulative Betriebsstunden. Wenn wir während dieser Zeit innerhalb dieser Menge einen Fehler beobachten, dann erhalten wir eine Fehlerrate von 10 FIT, also einen gut handhabbaren Zahlenwert.

Wir werden später sehen, dass bei umfangreichen Systemen, die aus vielen Einzelkomponenten bestehen, selbst kleine FIT-Werte der Einzel-Komponenten in Summe zu Fehlerraten führen, die Fehler im Abstand von durchaus übersichtlichen Zeiträumen wie Tagen oder Wochen erwarten lassen. Wir werden deshalb weitgehend die Einheit FIT verwenden. Die Berechnungen können jedoch mit jeder anderen Einheit, die Fehler pro Zeiteinheit beschreibt, ohne Einschränkung ebenso vorgenommen werden.

2.2.2 Fehlerrate, Zuverlässigkeit und Verfügbarkeit von Systemen

Ein zentrales Ziel dieses Buches ist es zu beschreiben, wie Systeme, die aus mehreren oder vielen Komponenten bestehen, langfristig in einem vorgegebenen Rahmen funktionsfähig erhalten werden können. Da Fehler grundsätzlich nicht zu vermeiden sind, müssen wir also eine Strategie entwickeln, wie mit diesen Fehlern umzugehen ist.

---

[3]Die mathematischen Modelle, mit deren Hilfe frühe Fehler und Verschleißfehler in analoger Weise wie zufällige Fehler berechnet werden können, haben wir kurz in Abschn. 10.5 im Anhang zusammengestellt. Wir werden in diesem Buch jedoch nicht ausführlich darauf eingehen.

Frühe Fehler und Verschleißfehler können wir begrenzen, indem wir sie entweder systematisch finden (frühe Fehler) oder ebenso systematisch vermeiden (Verschleißfehler). Die zufälligen Fehler jedoch können wir ausschließlich durch statistische Methoden erfassen und auch nur auf Grund von statistischen Berechnungen Vorbereitungen treffen, um auf das Auftreten eines zufälligen Fehlers angemessen reagieren zu können.

Die unvermeidlichen zufälligen Fehler sind also im Dauerbetrieb eines Systems entscheidend für die Zuverlässigkeit und Verfügbarkeit des Systems. Je länger ein System ohne jeden Eingriff fehlerfrei funktioniert, desto zuverlässiger ist es. Je kürzer die Ausfallzeit des Systems durch auftretende zufällige Fehler im Vergleich zur gesamten Betriebsdauer ist, desto größer ist seine Verfügbarkeit.

Die Fehlerraten der in einem System verbauten Komponenten und damit die Fehlerrate des gesamten Systems sind die wichtigsten Grundlagen für die Planung und Vorbereitung von Wartungsmaßnahmen, die den Betrieb möglichst reibungsfrei aufrecht erhalten. Auf der Basis der Fehlerraten können wir im Rahmen der statistischen Genauigkeit vorher sagen, wie viele Fehler von welcher Art zu erwarten sind und wie viele Ersatzteile wir für die entsprechenden Reparatur-Maßnahmen vorrätig haben sollten. Wir können außerdem sehr gut abschätzen, wie viel Zeit im Durchschnitt vergeht, ehe das System wieder fehlerfrei funktioniert.

Ehe wir uns also mit der Anwendung der Fehlerraten für Zuverlässigkeits- und Verfügbarkeits-Berechnungen beschäftigen, müssen wir zunächst sehr genau betrachten, wie wir Fehlerraten zuverlässig bestimmen können.

2.3 Messen von Fehlerraten

Die Fehlerrate λ von zufälligen Fehlern[4] ist, wie wir bereits festgestellt haben, grundsätzlich über die gesamte Betriebsdauer gleich. Die Fehlerrate selbst ist der Anteil von Objekten aus einer Gesamtmenge, die innerhalb eines definierten Zeitraums fehlerhaft wird. Wenn wir also eine gleich große Menge von Objekten über einen immer gleich langen Zeitraum beobachten, dann können wir immer die zumindest ungefähr gleiche Zahl von fehlerhaften Objekten erwarten.

Die einfachste Methode, eine Fehlerrate zu bestimmen, ist es also, eine hinreichend große Menge von Objekten über einen hinreichend langen Zeitraum zu beobachten und die Anzahl der Fehler festzustellen, die innerhalb dieses Zeitraums auftreten. Zusätzlich erhalten wir dabei noch die Information über die tatsächliche Lebensdauer der fehlerhaft gewordenen Objekte.

Die wichtigste Randbedingung für eine solche Beobachtung ist, dass die Objekte unter genau den Bedingungen betrieben werden, die für ihren regelmäßigen Einsatz definiert sind. Fehlerraten gelten für im Allgemeinen nur für die Bedingungen, unter denen sie

---

[4]Sofern nicht etwas anderes angegeben ist, werden wir ab hier ausschließlich zufällige Fehler betrachten, ohne das jeweils ausdrücklich zu erwähnen.

gemessen werden. Werden Objekte unter anderen Bedingungen betrieben, dann ist damit zu rechnen, dass die bestimmten Fehlerraten mehr oder weniger deutlich abweichen.

Wenn wir die hier beschriebene Grundsituation für eine Messung von Fehlerraten mathematisch formulieren, dann können wir den Zusammenhang zwischen der Anzahl der Fehler, der Zeit und der Anzahl beobachteter Objekte so schreiben:

$$\frac{c}{\Delta t} = \lambda \cdot n \tag{2.1}$$

In dieser Gleichung ist c die Anzahl der im Zeitraum Δt fehlerhaft gewordenen Objekte, n die insgesamt beobachtete Zahl von Objekten (die Grundgesamtheit) und λ die Fehlerrate. Die Fehlerrate ist also ein Proportionalitätsfaktor, der den Zusammenhang zwischen der Grundgesamtheit und der Anzahl der Fehler pro Zeiteinheit beschreibt.

Um die Fehlerrate konkret zu bestimmen, können wir entweder ein eigenes Experiment durchführen, in dem wir Objekte ausschließlich zu diesem Zweck betreiben. Wir können aber auch Daten sammeln, die während des normalen Betriebs der Objekte ohnehin anfallen. Der zweite Weg ist im Normalfall der wirtschaftlich günstigere. Er birgt jedoch die Gefahr, dass Daten nicht vollständig oder nicht korrekt erfasst werden. Grundsätzlich sind jedoch beide Ansätze gleichwertig und unterscheiden sich im Wesentlichen durch die Organisation des Vorgehens. Wir werden das Sammeln der Daten allgemein als „Experiment" bezeichnen, unabhängig von der konkreten Vorgehensweise.

Das Basis-Experiment

In unserem einfachen Basis-Experiment nehmen wir an, dass wir eine Grundgesamtheit n von Objekten über einen definierten Zeitraum τ beobachten. Wir stellen dabei für jedes fehlerhafte Objekt den genauen Zeitpunkt t_i fest, an dem dieses Objekt fehlerhaft geworden ist. Nach Ablauf des Zeitraums τ beenden wir das Experiment, unabhängig von der Anzahl c der bis dahin aufgetretenen Fehler.

In diesem Experiment können wir zwei Fälle unterscheiden. Im ersten Fall ersetzen wir jedes fehlerhafte Objekt unmittelbar durch ein fehlerfreies. Wir haben also zu jedem Zeitpunkt tatsächlich n fehlerfreie Objekte (die kurze, für den Austausch benötigte Zeit wollen wir vernachlässigen). Im zweiten Fall ersetzen wir fehlerhafte Objekte nicht; nach Ende des Experiments verfügen wir also noch über $n - c$ fehlerfreie Objekte.

In einer ersten Variante gehen wir zunächst davon aus, dass im Experiment alle fehlerhaften Objekte unmittelbar ersetzt werden. Diese Annahme ist insofern auch realistisch, weil genau das in der Regel in einem realen System auch geschehen wird, um das System als Ganzes funktionsfähig zu erhalten. Da das Auftreten der Fehler rein zufällig ist, ist die Wahrscheinlichkeit für das Auftreten eines Fehlers für jedes einzelne Objekts zu jedem Zeitpunkt gleich. Diese Wahrscheinlichkeit ist insbesondere auch unabhängig vom Alter bzw. der bereits erreichten Betriebsdauer des Objekts. Die Wahrscheinlichkeit ist somit insbesondere auch für die neu hinzugefügten Objekte gleich groß wie für die Objekte mit der bis zu diesem Zeitpunkt längsten Betriebsdauer. Es ist also in jedem Fall die Anzahl der Fehler, die innerhalb einer bestimmten Zeitspanne auftreten, proportional zur Anzahl der vorhandenen Komponenten.

In Anlehnung an Gl. 2.1 können wir für die Anzahl c der in einem Zeitraum τ als fehlerhaft beobachteten Objekte schreiben

$$c = \hat{\lambda} \cdot n \cdot \tau \qquad (2.2)$$

wobei $\hat{\lambda}$ für den Schätzwert der Fehlerrate steht, den wir im Laufe unseres Verfahrens möglichst genau an die tatsächliche Fehlerrate λ annähern wollen.[5] Der aus dem Experiment der Dauer τ gewonnene Schätzwert der Fehlerrate ergibt sich also zu

$$\hat{\lambda} = \frac{c}{\tau \cdot n} \qquad (2.3)$$

Die Gleichung 2.3 können wir auch einfach so interpretieren, dass die Fehlerrate der Quotient aus der Anzahl der beobachteten Fehler und der kumulativen Betriebsdauer $\tau \cdot n$ aller am Experiment beteiligten Objekte ist.

In der zweiten Variante unseres Experiments ersetzen wir die fehlerhaften Objekte nicht. Um in diesem Fall die (kumulative) Betriebsdauer zu bestimmen, müssen wir berücksichtigen, dass die nicht ersetzten fehlerhaften Objekte tatsächlich nur bis zum Zeitpunkt ihres Ausfalls zur Betriebsdauer beitragen. Wir benötigen daher die tatsächliche Lebensdauer t_i jedes einzelnen fehlerhaften Objekts, also die Zeit, die vom Start des Experiments bis zu seinem Ausfall verstreicht. Zur Summe aller t_i addieren wir die Betriebsdauern der Objekte, die bis zum Ende des Experiments fehlerfrei geblieben sind. Damit können wir

$$\hat{\lambda} = \frac{c}{\sum_{i=1}^{c} t_i + (n - c) \cdot \tau} \qquad (2.4)$$

als Näherung für $\hat{\lambda}$ verwenden, wobei c die Anzahl der beobachteten Fehler ist, t_i die beobachtete tatsächliche Lebensdauer des fehlerhaften i-ten Objekts und τ die gesamte Dauer unseres Experiments.

Das reale Experiment

Wir haben bereits im vorangegangen Abschnitt festgestellt, dass wir für die Bestimmung der Fehlerrate grundsätzlich von einer Stichprobe ausgehen müssen. Für das Ergebnis ist daher mit einer nicht unwesentlichen Unsicherheit zu rechnen (siehe Fußnote 5). Mit der Beschreibung eines „realen" Experiments wollen wir in diesem Abschnitt zeigen, wie wir

---

[5]Zwischenbemerkung: Ziel dieses Abschnitts ist es zu zeigen, unter welchen Bedingungen wir im Experiment Daten für die Fehlerrate sammeln können. Wir sollten uns jedoch bereits jetzt bewusst machen, dass es sich bei einem solchen Vorgehen lediglich um eine Stichprobe handelt. Die Ergebnisse von Stichproben liefern im Allgemeinen zwar einen Wert „in der Nähe" des wahren Wertes, weichen aber üblicherweise von diesem wahren Wert mehr oder weniger stark ab. Wie wir mit dieser Tatsache umzugehen haben, werden wir später in den Kap. 4 „Erwartungswerte für das Auftreten von Fehlern" und 9 „Vertrauensbereich für Fehlerraten" genauer betrachten. Deswegen führen wir hier bereits den Begriff „Schätzwert" für das Ergebnis der in einem einzigen Experiment bestimmten Fehlerrate λ ein. Diesen Schätzwert bezeichnen wir mit $\hat{\lambda}$.

zuverlässige Werte für eine Fehlerrate unter Bedingungen, wie sie gerade in der Phase der Markteinführung eines neuen Produktes typisch sind, erhalten können.

Das Grundproblem besteht darin, dass wir einem Kunden oder Anwender auch für ein neues Produkt zum Lieferzeitpunkt einen realistischen Wert für die Fehlerrate angeben müssen. Häufig handelt es sich bei einem solchen Produkt um ein einerseits sehr langlebiges und andererseits auch selten fehlerhaftes Objekt, das zudem möglicherweise auch nur in vergleichsweise kleinen Stückzahlen produziert wird. Wir müssen also in einer frühen Phase der Vermarktung zwangsläufig mit kleinen Werten für eine kumulierte Betriebsdauer und mit einer geringen Zahl beobachteter Fehler auskommen.

In einer solchen Situation ist natürlich die Gefahr groß, dass der zunächst durch ein einfaches Experiment gewonnene Schätzwert $\hat{\lambda}$ zufällig deutlich zu hoch oder deutlich zu niedrig ist. Beides kann für den Einsatz und die Vermarktung des Objektes zu erheblichen Nachteilen führen. Ist der Wert zu hoch, dann stellt er möglicherweise einen Wettbewerbsnachteil dar. Ist der Wert zu niedrig, dann wird die Anzahl der Reklamationen höher sein als kalkuliert, und damit auch die Kosten für diese Reklamationen.

Also brauchen wir eine Lösung, mit der wir frühzeitig vertretbare Werte für die Fehlerrate erhalten können, aber längerfristig die Risiken durch die unvermeidliche Ungenauigkeit minimieren. Das einfachste Verfahren dafür ist, dass wir uns schrittweise der tatsächlichen Fehlerrate annähern.[6] Den ersten Schätzwert $\hat{\lambda}$ für die Fehlerrate können wir in diesem Fall zum Beispiel durch Labor-Versuche im Rahmen von Tests gewinnen. Danach können wir sowohl weitere eigene Tests durchführen, als auch Daten sammeln, die im realen Einsatz des Objektes anfallen.

Der wesentliche Punkt dieses Verfahren ist, dass wir die schrittweise gesammelten Daten in eine einzige Berechnung einbeziehen. Wir addieren also alle aufgetretenen Fehler und alle individuellen Betriebsdauern zu einer einzigen Fehlerzahl und einer einzigen kumulativen Betriebsdauer. Mit anderen Worten „verlängern" wir das Basis-Experiment, indem wir mehrere unabhängige Stichproben vornehmen und gemeinsam auswerten.[7]

Grundlage dieser Vorgehensweise ist zunächst das einfache Sammeln von Daten. Diese Daten enthalten Informationen aus verschiedenen Quellen über die Anzahl n_i von Objekten, den zugehörigen Beobachtungszeitraum τ_i und die Anzahl c_i der innerhalb dieses Beobachtungszeitraums aufgetretenen Fehler. Aus jedem einzelnen dieser „Daten-Tupel" können wir mit Hilfe der beschriebenen Methoden ein $\hat{\lambda}_i$ berechnen, indem wir einfach die Anzahl der Fehler durch die kumulierte Betriebsdauer dieser Objekte dividieren:

$$\hat{\lambda}_i = \frac{c_i}{\tau_i \cdot n_i} \tag{2.5}$$

---

[6]Ein mit Hilfe der Vertrauenswahrscheinlichkeit verbessertes Verfahren ist in Kap. 9 beschrieben.

[7]Ein „klassischer Fehler" bei diesem Verfahren ist es, dass bevorzugt „besonders gute Daten" für die Berechnung gesammelt werden. Wir müssen sicher stellen, dass die gesammelten Daten tatsächlich zufällig entstanden sind und möglichst auch alle Varianten des praktischen Einsatz unseres Objektes angemessen repräsentieren.

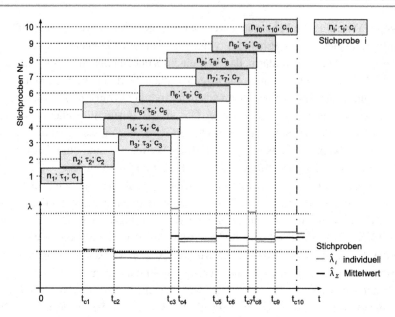

Abb. 2.2 Reales Experiment – Ausweitung des Basis-Experiments

In Abb. 2.2 sind die Ergebnisse für unsere Berechnung auf der Basis realer Daten dargestellt. Im oberen Bereich sehen wir die Zeiträume, über die wir Daten gesammelt haben. Im unteren Bereich sehen wir die Ergebnisse, die wir erhalten, wenn wir jeweils nach Ende einer solchen Periode der Datensammlung neue Werte für die Fehlerraten berechnen.

Der individuell für das jeweils i-te Daten-Tupel berechnete Wert $\hat{\lambda}_i$ schwankt offensichtlich erheblich, obwohl wir in jedem Fall Daten verwendet haben, die sich auf den gleichen Typ von Objekten beziehen, die auch unter gleichen Bedingungen betrieben wurden. Wenn wir also den Fehler begehen würden, immer nur die Fehlerraten zu verwenden, die sich aus den neuesten verfügbaren Daten ergeben, so wäre zum Beispiel die aus der Stichprobe Nummer 3 gewonnene Fehlerrate mehr als doppelt so hoch wie die Fehlerrate aus Stichprobe Nummer 2. Als Konsequenz würden wir in den Zeiträumen zwischen t_{c3} und t_{c4} einerseits und zwischen t_{c2} und t_{c3} mit völlig unterschiedlichen Werten für λ agieren.

Diesen „Fehler" wollen wir jetzt korrigieren. Ein grundlegendes Prinzip der Statistik ist es, dass ein in einer Stichprobe erhaltenes Ergebnis umso weniger vom tatsächlichen Wert abweicht, je größer die Stichprobe im Vergleich zur Grundgesamtheit ist. Die „Grundgesamtheit" ist in unserem Fall die Menge aller Objekte vom gleichen Typ, die in der Vergangenheit, der Gegenwart und der Zukunft im Einsatz waren, sind beziehungsweise noch sein werden.

Die Art und Weise, wie wir die genannten Daten sammeln, ist willkürlich. Wir wählen für jede unserer Stichprobe irgendeine Menge von Objekten aus, die für eine willkürlich gewählte Zeit beobachtet werden. Im Normalfall wird diese Auswahl aus praktischen Gründen geschehen, indem wir zum Beispiel unsere Kunden um Daten über ihre Beobachtungen der letzten Zeit bitten. Wir könnten aber genau so gut größere Stichproben definieren, für die wir die Daten mehrere Quellen zusammen fassen, um einen besseren Querschnitt zu bekommen. Das für einen bestimmten Zeitpunkt bestmögliche Ergebnis erhalten wir, wenn wir alle bis zu diesem Zeitpunkt verfügbaren Daten in einer einzigen Auswertung zusammenfassen. Wenn zu diesem Zeitpunkt v Daten-Tupel verfügbar sind, dann erhalten wir einen verbesserten Schätzwert $\hat{\lambda}_\Sigma(v)$ als

$$\hat{\lambda}_\Sigma(v) = \frac{\sum_{i=1}^{v} c_i}{\sum_{i=1}^{v} (\tau_i \cdot n_i)} \tag{2.6}$$

Im unteren Teil von Abb. 2.2 ist dieser Wert für $\hat{\lambda}_\Sigma$ nach Abschluss jeder einzelnen Stichprobe neu berechnet und eingezeichnet. Obwohl die einzelnen Daten-Tupel erhebliche Schwankungen für die individuellen Werte $\hat{\lambda}_i$ liefern, sehen wir, dass bereits nach wenigen Schritten der Mittelwert $\hat{\lambda}_\Sigma$ einen vergleichsweise stabilen Wert annimmt. Statistische „Ausreißer" in den einzelnen Daten-Tupeln haben kaum noch einen Einfluss. Wir können also davon ausgehen, dass dieser stabile Mittelwert am rechten Ende der Darstellung sehr nahe am wirklichen Wert für die Fehlerrate λ liegt.

Den wirklichen Wert für die Fehlerrate λ können wir dann bestimmen, wenn wir die Daten aller jemals eingesetzten Objekte verwenden. Das setzt jedoch voraus, dass alle „Experimente" abgeschlossen sind. Diese Bedingung ist nur dann erfüllt, wenn keines der Objekte mehr in Betrieb ist und somit auch keines mehr fehlerhaft werden kann. Es ist offensichtlich, dass eine auf diese Weise bestimmte Fehlerrate λ zwar exakt ist, aber keinen praktischen Nutzen mehr hat, da sie nur für nicht mehr verwendete Objekte gilt. Eine Näherung für den wirklichen Wert von λ können wir jedoch quasi-mathematisch als Grenzwert für die Auswertung von beliebig vielen Daten-Tupeln darstellen:

$$\lambda = \lim_{v \to \infty} \hat{\lambda}(v) \tag{2.7}$$

Dabei ist die Verwendung von „∞" im eigentlichen Sinne mathematisch nicht korrekt, da es sich immer um endliche (wenn auch möglicherweise sehr große) Zahl von Objekte und Stichproben handeln wird. ∞ ist hier so zu verstehen, dass der Umfang aller Stichproben sich der Grundgesamtheit annähert.

Das gleiche Verfahren können wir auch anwenden für den zweiten Fall, bei dem wir die fehlerhaften Komponenten nicht ersetzen. Die Summe aller Fehler und aller Betriebszeiten ergeben in diesem Fall

$$\hat{\lambda}(v) = \frac{\sum_{i=1}^{v} c_i}{\sum_{i=1}^{v} [\sum_{j=1}^{v_i} \tau_j + \tau_i \cdot (n_i - c_i)]} \tag{2.8}$$

Das tatsächliche λ erhalten wir auch hier durch den Grenzübergang $v \to \infty$.

Wir müssen uns hier noch einmal bewusst manchen, dass die Fehlerrate λ für jedes einzelne Objekt die Basis für alle folgenden Berechnungen der Verfügbarkeit und Zuverlässigkeit bildet. Eine möglichst sorgfältige Bestimmung von λ ist somit unabdingbar. Ein einfaches Beispiel für die aus der Ungenauigkeit von gemessenen Fehlerraten folgende

Ungenauigkeit der Zuverlässigkeitsfunktion $R(t)$ (siehe Kap. 3) haben wir im Anhang gerechnet (Abschn. 10.1).

2.4   Abhängigkeit der Fehlerrate von Betriebsbedingungen

Bereits im Abschn. 2.1 hatten wir festgestellt, dass wir einen Fehler allgemein als Abweichung von den für ein Objekt spezifizierten Eigenschaften definieren. Wir hatten auch bereits darauf hingewiesen, dass die zulässigen Betriebsbedingungen für das Objekt Bestandteil dieser Spezifikation sind. Das bedeutet, dass wir Fehlerraten nur dann messen können, wenn die beobachteten Objekte tatsächlich und ausschließlich unter diesen Bedingungen betrieben werden.

In der Realität dürfen wir jedoch nicht übersehen, dass auch diese zulässigen Betriebsbedingungen häufig einen sehr weiten Bereich umfassen. Innerhalb dieses Bereichs kann ein Objekt sehr unterschiedlichen Belastungen ausgesetzt sein, die die Fehlerrate in wesentlichem Umfang beeinflussen. Es ist insbesondere nicht zu erwarten, dass sich die Fehlerrate sprunghaft ändert, sobald ein oder mehrere Parameter den zulässigen Bereich über- oder unterschreiten. Vielmehr wird sich im Allgemeinen die Fehlerrate kontinuierlich mit einem beeinflussenden Parameter ändern.

Um diesem Verhalten Rechnung zu tragen, muss in solchen Fällen die Fehlerrate auch innerhalb des Bereichs der normalen Betriebsbedingungen in Abhängigkeit von den Größen bestimmt werden, die diesen Einfluss ausüben. Bei elektrischen Bauteilen können das beispielsweise die umgesetzte elektrische Leistung P und/oder die Temperatur T und/oder eine auf andere Weise definierte Belastung (Stress) S sein. Diese Liste ist jedoch keineswegs vollständig und kann je nach Art und Funktion der betrachteten Komponente fast beliebige Parameter umfassen. Wenn wir diese Parameter berücksichtigen, erhalten wir die Fehlerrate als Funktion einer oder mehrerer dieser Größen zum Beispiel als

$$\lambda = \lambda(T, P, S) \tag{2.9}$$

In der Realität sind es meistens nur eine oder zwei Größen, die den wesentlichen Einfluss ausübt und deren Berücksichtigung deshalb hinreichend ist. Als Ergebnis unserer Messungen von λ erhalten wir auf diese Weise also keinen festen Wert, sondern eine Kennlinie, die λ in Abhängigkeit von mindestens einem Parameter beschreibt. Abbildung 2.3 zeigt ein Beispiel für die Abhängigkeit der Fehlerrate einer typischen Laser-Diode von der Betriebstemperatur.

Für den Fall, dass ein Objekt unter konstanten Bedingungen betrieben wird, können wir also den gültigen Wert für λ aus einer solchen Kennlinie ablesen und unser Problem damit lösen. Falls das Objekt jedoch unter variablen Bedingungen betrieben wird, müssen wir versuchen, den zeitlichen Verlauf dieser Bedingungen zu modellieren und daraus zum Beispiel einen Mittelwert für λ zu berechnen, der im längerfristigen Betrieb des Objekts zu erwarten ist.

Temperaturabhängigkeit wird in den meisten Fällen als Abhängigkeit von der Umgebungstemperatur definiert. Den Hintergrund dafür bilden in der Regel die Umweltbedin-

Abb. 2.3 Fehlerrate λ einer
Laser-Diode in Abhängigkeit
von der Betriebstemperatur T

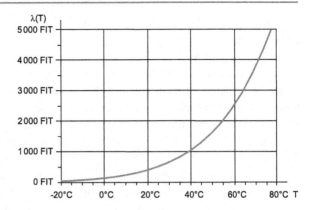

gungen, also zum Beispiel der Betrieb in verschiedenen Klimazonen oder die regelmäßig
in einem Raum durch Abwärme des betriebenen Systems zu erwartende Temperatur. Da
im Allgemeinen während des Betriebs ein Temperaturausgleich mit der Umgebung stattfindet, stellt sich innerhalb des betrachteten Objekts eine Gleichgewichtstemperatur ein,
die ausschließlich von der (leichter zu messenden) Umgebungstemperatur abhängt. Es ist
also meist nicht erforderlich, die für die Fehlerrate eigentlich ursächliche tatsächliche innere Temperatur des Objekts zu bestimmen.

Inn einigen Fällen ist es jedoch der variable Betrieb eines Objekts selbst, der die Tem-
peraturschwankungen auslöst. Dabei ist dann die innere Temperatur des Objekts größeren
Schwankungen unterworfen, da insbesondere bei schnellen Änderungen des Betriebszu-
stands ein Temperatur-Ausgleich mit der Umgebung nicht oder nur sehr eingeschränkt
stattfindet. Es ist hier also sinnvoll, den zeitlichen Verlauf der aus dem Verlauf der Temperatur folgenden Fehlerrate zu berücksichtigen und daraus einen Mittelwert zu bilden.

Einen anderen Fall berechnen wir als Beispiel im Anhang (Abschn. 10.2.1). Bei einem gängigen Dioden-Laser ist die innere Temperatur in nicht-linearer Weise abhängig
von der aufgenommenen elektrischen Leistung. Die eigentliche Nutz-Leistung des Lasers
ist jedoch die optische Leistung, also die Menge des ausgesandten Lichts. Wir werden
einen Weg herleiten, wie wir die Fehlerrate in Abhängigkeit von der optischen Leistung
berechnen können.

2.5 Internationale Standards für Fehlerraten

Bisher haben wir Fehlerraten unserer Objekte auf eine sehr empirische Weise hergeleitet.
Mit dieser Methode erhalten wir ebenso korrekte wie nachvollziehbare Ergebnisse. Wir haben jedoch nicht näher spezifiziert, wie genau die Methode aussehen soll, sondern nur allgemein „normale Betriebsbedingungen" vorausgesetzt. Bereits im Abschn. 2.4 haben wir
gesehen, dass innerhalb der zulässigen Betriebsbedingungen durchaus mit nicht unerheb-
lichen Schwankungen der Fehlerrate zu rechnen ist. Wir können zwar die Bedingungen,
unter denen wir die Fehlerrate bestimmt haben, genau beschreiben. Es bleibt aber das Problem, dass unsere Werte möglicherweise nicht mit den Werten von ähnlichen Produkten

vergleichbar sind. Da wir jedoch im Allgemeinen in einem Markt agieren, ist es nützlich, dafür zu sorgen, dass die Kennzahlen gleichartiger Produkte tatsächlich vergleichbar sind.

Dieses Problem wird durch die Anwendung von Standards gelöst, die sowohl die Methoden als auch die Auswertung der Ergebnisse definieren. Die Anwendung standardisierter Methoden wird nicht nur in vielen Fällen von Kunden gefordert, sie bringt auch Vorteile für den Hersteller eines Produktes. Einerseits müssen keine eigenen Größen und Methoden aufwändig definiert und auf ihre tatsächliche Aussagekraft hin überprüft werden, andererseits ist es auch von Vorteil, die Kennzahlen der eigenen Produkte auf diese Weise mit denen der Wettbewerber vergleichen zu können.

Es gibt eine ganze Reihe von Standards, die für verschiedene Zwecke und von verschiedenen Institutionen oder Firmen definiert wurden. Neben der Aussage über eine tatsächliche Fehlerrate ist es deshalb meist wichtig zu wissen, nach welchem Standard (oder sonstigen Verfahren) dieser Wert gemessen wurde.

Wenn wir selbst eine Fehlerrate bestimmen wollen, dann ist es von Vorteil, wenn wir uns an einem bekannten Standard orientieren, falls nicht ohnehin gefordert ist, nach einem vorgegebenen Standard zu arbeiten. Es wird in den wenigsten Fällen so sein, dass ein einziger der verfügbaren Standards für jedes unserer Probleme die optimale Methode bietet. Wir müssen also möglicherweise zunächst den am besten geeigneten Standard auswählen und gegebenenfalls die Untermenge bestimmen, die für unser Produkt sinnvoll und notwendig ist. Wir müssen vielleicht auch kritisch hinterfragen, ob tatsächlich alle Details eines geforderten Standards erfüllt werden müssen, um die tatsächlich notwendige Qualität unseres Produktes sicher zu stellen. Auch wenn es grundsätzlich technisch möglich sein sollte, alle Anforderungen zu erfüllen, so können gerade die im Vergleich zum tatsächlichen Einsatzfall eines Produktes zu hoch gegriffenen Anforderungen sehr hohe Kosten verursachen, ohne einen angemessenen Nutzen zu erzeugen.

Über die Definition von Methoden hinaus liefern Standards auch für viele einfache und grundlegende Bauteile, wie sie vor allem in der Elektrotechnik eingesetzt werden, bereits gute Werte für Fehlerraten. Dabei werden auch die wichtigsten Einflüsse der Betriebsbedingungen berücksichtigt, so dass wir in vielen Fällen auf eine eigene Messung der Fehlerraten von Standard-Bauteilen (z. B. Widerstände, Kondensatoren, Dioden, Transistoren) verzichten können. Derartige Standard-Fehlerraten werden wir auch im bereits erwähnten Beispiel für die Berechnung der Fehlerrate einer Laser-Diode im Anhang nutzen (siehe Abschn. 10.2.1).

Im Rahmen dieses Buches können wir nur einen kurzen Einblick in die grundsätzlichen Möglichkeiten gewinnen, die Standards bieten. In der Praxis wird man im Allgemeinen nicht umhin können, die geforderten oder geeigneten Standards im Detail zu studieren.

2.5.1 Quellen für Standards

Standards, so wie wir sie hier verstehen wollen, werden von verschiedenen Institutionen definiert. Wir wollen hier nur sehr kurz einige relevante Standards erwähnen und einige typische Leistungen betrachten, ohne um Vollständigkeit bemüht zu sein. Die Standards selbst sind im Allgemeinen öffentlich zugänglich und normalerweise problemlos im Internet zu finden, wenn auch in der Regel nicht kostenfrei.

Konkret haben wir in diesem Buch die Erfahrungen verarbeitet, die wir unter anderem mit Standards gesammelt haben, die im Bereich Elektronik und Elektrotechnik eine mehr oder weniger große Rolle spielen. In diesem Bereich arbeitet beispielsweise die „International Electrotechnical Commission", kurz IEC, als ein Normierungsgremium. Aus dieser Quelle stammt der weit verbreitete Standard IEC 61 709, der sich mit Fehlerraten und Zuverlässigkeit von elektronischen Bauteilen beschäftigt. Ein sehr umfassender Standard ist MIL-HDBK-217, der aus dem amerikanischen Militärbereich kommt. MIL-HDBK-217 bietet verschiedene Alternativen sowohl für die Erfassung der Fehlerrate selbst als auch für ihre Abhängigkeit von Umweltbedingungen und tatsächlicher Belastung von Objekten an. Aktuell wird die Erfüllung des MIL-HDBK-217 nach wie vor gelegentlich gefordert. Allerdings wurde die Pflege dieses Standards offensichtlich zwischenzeitlich eingestellt; somit könnte dieser Standard möglicherweise in einiger Zeit obsolet werden.

Häufig entwickeln sich auch ursprünglich firmeninterne Vorgehensweisen zu einem „Pseudo-Standard", der innerhalb einer Branche allgemein verwendet wird oder zumindest weit verbreitet ist. Solche „Pseudo-Standards" basieren meist auf den Standards offizieller Gremien, sind jedoch für spezielle Anforderungen genauer definiert oder optimiert. So sind zum Beispiel im Bereich der Telekommunikation die Standards Telcordia SR-332 der US-amerikanischen Firma Telcordia und SN 29 500 der Siemens AG weit über die Ursprungs-Firmen hinaus bekannt und werden zumindest von institutionalisierten Kunden als Grundlage weltweit anerkannt.

2.5.2 Leistung der Standards

Standards bieten im Allgemeinen die Festlegung von Größen und die Methoden zu ihrer Bestimmung und Interpretation an. Je nach ursprünglichem Einsatzgebiet kann das mehr oder weniger detailliert, mehr oder weniger umfassend, mehr oder weniger zwingend sein. Standards geben nicht notwendigerweise Antwort auf genau die gleichen Fragen, und auch die Antworten auf gleiche Fragen sind nicht notwendigerweise gleich. Das ist nicht unbedingt ein Nachteil. Einerseits erhalten wir durch weniger detaillierte und zwingende Vorgaben mehr Freiheit zur Anpassung an unsere konkrete Problemstellung. Andererseits entsteht dadurch auch eine Vielfalt, die uns die Auswahl der jeweils für unser Problem günstigsten Vorgabe erlaubt.

In den folgenden Abschnitten werden wir auf einige für uns relevante und typische Inhalte von Standards näher eingehen, jedoch ohne sie ausdrücklich bestimmten Standards zuzuordnen.

Größen und Methoden

Die wesentliche Größe der nachfolgenden Berechnungen für Zuverlässigkeit und Verfügbarkeit ist die Fehlerrate λ. Wir verwenden in diesem Buch in den meisten Fällen die Einheit FIT, die 1 Fehler pro 10^9 Betriebsstunden entspricht. Das ist für unsere Zwecke eine recht handliche Einheit, aber natürlich ist sie nicht zwingend. Üblich ist es zum Beispiel auch, die Fehlerrate pro 1 Million Betriebsstunden anzugeben. Im Allgemeinen wird die Einheit der Fehlerrate von der Größenordnung dieser Fehlerrate abhängen. Für die erwähnten Standard-Bauteile (Widerstände, etc.) sind typische Fehlerraten häufig kleiner als 1 FIT. Wenn wir aber beispielsweise bei einer herkömmlichen Glühlampe erwarten müssen, dass nach 20 000 Stunden etwa 50 % der Lampen fehlerhaft sind, dann entspricht das einer Fehlerrate von etwa $3,5 \cdot 10^{-5}$ pro Stunde. Wir würden also hier vielleicht eher eine Einheit wählen, die einem Fehler in 100 000 Stunden entspricht.

Die Methode, die wir für die Messung von Fehlerraten beschrieben haben, wird als Bauteilzähltechnik („Parts Count Prediction") bezeichnet. Sie ist weit verbreitet und für viele Einsatzfälle sehr gut geeignet. Doch auch sie ist nicht die einzige. Unsere Voraussetzung ist, dass alle Komponenten unter „definierten Bedingungen" betrieben werden, für die sie ausgelegt sind. In vielen Fällen sind diese Bedingungen hinreichend eng definiert und die Komponenten entsprechend robust, so dass Variationen der Betriebsbedingungen nur einen geringen Einfluss haben. Dann ist diese Methode einfach und sicher einzusetzen.

Wenn wir eine bestimmte Qualität garantieren müssen, dann können wir auch an Sicherheit gewinnen, wenn wir die Objekte unter einem gewissen Stress betreiben, also unsere Daten unter Bedingungen gewinnen, die nahe an den Grenzen der zulässigen Belastung liegen. Dieses Vorgehen hat jedoch den Nachteil, dass wir die Qualität unserer Objekte möglicherweise als zu gering angeben, wenn man sie im Vergleich zu „üblichen" (eher mittleren) Belastung betrachtet. Das ist aus technischer Sicht zwar eher kein Problem, kann jedoch im Hinblick auf Kunden und den Wettbewerb mit anderen Anbietern nachteilig wirken.

Als Alternative zur Bauteilzähltechnik bietet sich die Bauteilbelastungstechnik („Parts Stress Prediction") an, die die tatsächliche Belastung mit berücksichtigt und die Fehlerraten in Abhängigkeit von dieser Belastung bestimmt.

Umwelt- und Betriebsbedingungen

Wir nehmen hier allgemein an, dass die Objekte unter den für diese Objekte generell definierten Umwelt- und Betriebsbedingungen betrieben werden. Diese Vorgehensweise ist in Übereinstimmung mit gängigen Standards und liefert sehr brauchbare und nützliche Resultate. Trotzdem können, wie bereits erwähnt, verschiedene zugelassene Bedingungen zu unterschiedlichen Werten für die Fehlerrate führen.

Verschiedene Standards sehen vor, ganz bestimmte Umwelt- und Betriebsbedingungen ausdrücklich zu berücksichtigen und diese Bedingungen in die Fehlerraten einzurechnen bzw. dafür die Fehlerraten auszuweisen.

Fehlerraten für Standard-Bauteile

Einige Standards bieten bereits konkrete Werte für Fehlerraten von verbreiteten Bauteilen an. Dabei handelt es sich im Normalfall um gängige Komponenten von Produkten, die nach üblichen Verfahren als Massenprodukte hergestellt werden. Diese Bauteile sind selbst so standardisiert, dass sie sich sowohl im Herstellungsverfahren als auch in der Qualität auch dann kaum unterscheiden, wenn sie von verschiedenen Herstellern stammen. Daher können Fehlerraten ebenfalls als Standard-Fehlerraten angenommen werden.

Darüber hinaus sehen einige Standards die Möglichkeit vor, konkrete Betriebs- und Umwelt-Bedingungen in die Fehlerraten in Form von Multiplikations-Faktoren einzurechnen. Sie gehen dabei von einer Referenz-Fehlerrate λ_{Ref} aus, die unter sehr genau definierten Bedingungen bestimmt wurde. Für Abweichungen von diesen Betriebs- und Umweltbedingungen werden zusätzliche Umrechnungsfaktoren angegeben, die dann die Berechnung einer Fehlerrate in Abhängigkeit von den diese Bedingungen beschreibenden Parametern ermöglichen. So könnten wir zum Beispiel eine Gesamt-Fehlerrate erhalten als

$$\lambda_{gesamt} = \lambda_{Ref} \cdot \pi_T \cdot \pi_P \cdot \pi_Q \cdot \pi_S \cdot \pi_E \qquad (2.10)$$

bei der die Temperatur (mit dem Faktor π_T), die umgesetzte elektrische Leistung (π_P), ein spezifischer Qualitätsfaktor (π_Q), die Belastung (Stress, π_S) und ein allgemeiner Umweltfaktor (π_E) in die Berechnung eingehen. Einige dieser Faktoren werden wir in unserem Praxis-Beispiel zum Dioden-Laser verwenden (siehe Abschn. 10.2.1).

Die Faktoren π_x sind für viele Fälle in der entsprechenden Referenz-Literatur der Standards verfügbar. Faktoren, die im konkreten Fall nicht von Bedeutung sind, können gleich 1 gesetzt werden.

Damit schließen wir unseren kurzen Exkurs zu den Standards und auch das Kapitel zu Fehlerraten ab. Wenn wir im Weiteren uns mit der Zuverlässigkeit und Verfügbarkeit von Systemen beschäftigen, dann können wir die Fehlerrate λ als gegebene Größe betrachten, unabhängig von der Methode ihrer Bestimmung.

Zuverlässigkeit 3

Zuverlässigkeit ist die Fähigkeit eines Objekts, unter gegebenen Bedingungen für eine bestimmte Zeit eine geforderte Funktion auszuüben.

Mit dieser theoretischen Definition des Begriffs „Zuverlässigkeit" („Reliability"[1]) kommen wir jetzt zur ersten konkreten Anwendung der in Kap. 2 bestimmten Fehlerraten. Wir werden hier berechnen, wie hoch die Wahrscheinlichkeit ist, dass ein Objekt nach einer bestimmten Betriebszeit noch im geforderten Umfang funktionsfähig ist. Diese Aussage ist gleichbedeutend damit, welcher Anteil einer großen Zahl gleichartiger Objekte nach einer bestimmten Betriebszeit noch als funktionsfähig zu erwarten ist. Beides ist ausschließlich von der Fehlerrate λ abhängig.

Eine wichtige Bedingung für die Berechnung der Zuverlässigkeit ist, dass wir die Objekte tatsächlich ungestört lassen. Insbesondere werden fehlerhafte Objekte nicht ausgetauscht oder repariert. Falls das System immer wieder instand gesetzt wird, betrachten wir statt der Zuverlässigkeit die Verfügbarkeit des Systems (siehe Kap. 5 ff.).

Die zweite wichtige Bedingung ist, dass wir ausschließlich die Folgen der unvermeidbaren zufälligen Fehler betrachten. Frühe Fehler oder Verschleißfehler gehen nicht in die Berechnung ein. Das heißt, dass alle Berechnungen nur für den Zeitraum der „normalen Betriebszeit" gelten, in der einerseits die Mängel einer frühen Betriebsphase bereits beseitigt sind, andererseits der Verschleiß noch nicht eingesetzt hat.

Bei der Bestimmung der Fehlerrate haben wir ausschließlich von „Objekten" gesprochen. Ein solches Objekt ist unteilbar entweder fehlerfrei oder fehlerhaft. Im Folgenden werden wir auch dazu übergehen, Systeme zu betrachten, die aus mehreren Komponenten bestehen und wo wir die individuellen Fehlerraten dieser Komponenten kennen. Auch für ein solches System können wir insgesamt die Zuverlässigkeit angeben. Eine „Komponente" soll ab jetzt ein Objekt sein, das unteilbar fehlerhaft oder fehlerfrei ist – unabhängig davon, ob es einzeln oder als Teil eines Systems betrieben wird. Jeder Komponente kön-

---

[1]Teilweise auch als „Dependability" bezeichnet.

© Springer Fachmedien Wiesbaden 2014
S. Eberlin, B. Hock, *Zuverlässigkeit und Verfügbarkeit technischer Systeme*,
DOI 10.1007/978-3-658-03573-0_3

nen wir eine individuelle Fehlerrate zuordnen. Ein „System" soll ein Objekt sein, das aus mehreren Komponenten mit jeweils individuellen Fehlerraten besteht.

Wir werden auch sehen, dass wir einem System insgesamt wieder eine Fehlerrate zuordnen können, die sich aus den individuellen Fehlerraten der Komponenten errechnet. Wird ein solches System dann in einem übergeordneten System verwendet, kann es dort die Rolle einer Komponente übernehmen.

3.1   Berechnung von Zuverlässigkeit und MTBF

Da für einzelne Komponenten nicht vorhersagbar ist, ob und wann ein Fehler auftritt, können wir unsere Berechnungen lediglich mit statistischen Methoden durchführen. Um die Zuverlässigkeit einzelner Komponenten oder eines Systems zu berechnen, gehen wir zunächst von einer Anzahl n von identischen Komponenten aus, für die jeweils die gleiche Fehlerrate λ gilt. Dabei ist es unwesentlich, ob diese Komponenten als Teil eines Systems oder einzeln betrieben werden. In allen Fällen sind sie unabhängig voneinander. Die Tatsache, ob eine bestimmte Komponente fehlerhaft ist oder nicht, ist also unabhängig vom Zustand aller anderen Komponenten.

Um die Zuverlässigkeit von Systemen oder Komponenten zu bestimmen, stehen uns zunächst nur elementare statistische Aussagen zur Verfügung. Der empirisch ermittelte Wert für λ gibt uns an, welcher relative Anteil der Komponenten innerhalb eines bestimmten Zeitraums fehlerhaft sein wird. Welche konkrete Komponente einen Fehler haben wird, ist dabei nicht vorhersagbar.

Zuverlässigkeitsfunktion $R(t)$

Betrachten wir jetzt eine Anzahl n von Komponenten, die zum Zeitpunkt Null alle fehlerfrei sind, so wird von diesen Komponenten nach Ablauf der Zeit Δt ein Anteil Δn fehlerhaft sein. Wie wir bereits bei der einfachen Herleitung der Fehlerrate λ in Gl. 2.1 auf S. 15 gesehen haben, wird dieser Anteil bestimmt durch die Fehlerrate λ. In dieser Gl. 2.1 können wir die Fehlerzahl c durch die Änderung Δn ersetzen und erhalten damit die Form[2]

$$\frac{\Delta n}{\Delta t} = -\lambda \cdot n \tag{3.1}$$

Wenn wir jedoch den zeitlichen Verlauf (vgl. Abb. 3.1) ansehen, dann stellen wir fest, dass die Anzahl der fehlerfreien Komponenten mit jedem auftretenden Fehler kleiner wird. Diese Zeitabhängigkeit von n werden wir jetzt berücksichtigen und statt dem konstanten Wert n die zeitabhängige Funktion $n(t)$ für die Anzahl der zum Zeitpunkt t noch vorhandenen fehlerfreien Komponenten verwenden. Gleichzeitig gehen wir zur differentiellen

---

[2]Zusätzlich zu Gl. 2.1 haben wir hier das negative Vorzeichen eingeführt, um die Abnahme der Anzahl der fehlerfreien Objekte zu dokumentieren. Dieses Vorzeichen ist für die weitere Berechnung wesentlich.

Abb. 3.1 Anzahl $n(t)$
fehlerfreier Komponenten in
Abhängigkeit von der Zeit t

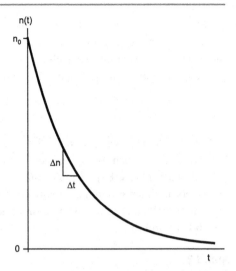

Betrachtungsweise über und erhalten so die Anzahl dn der im Zeitraum dt fehlerhaft werdenden Komponenten zu

$$dn = -\lambda \cdot n(t)\, dt \qquad (3.2)$$

Diese Gleichung können wir durch Integration lösen:[3]

$$\int \frac{1}{n(t)}\, dn = -\lambda \int dt \quad \Rightarrow \quad \ln n(t) = -\lambda t + C \qquad (3.3)$$

Damit ist die Zeitabhängigkeit von $n(t)$ bestimmt als

$$n(t) = e^{-\lambda t} \cdot e^{C} \qquad (3.4)$$

Als Randbedingung für unsere Berechnung gilt, dass zum Beginn unserer Beobachtung eine Anzahl n_0 an fehlerfreien Komponenten vorhanden ist. Daraus können wir ableiten:

$$n(t = 0) = n_0 \quad \Rightarrow \quad e^{C} = n_0 \qquad (3.5)$$

Somit haben wir die endgültige Lösung unserer Gleichung als

$$n(t) = n_0 e^{-\lambda t} \qquad (3.6)$$

Damit können wir jetzt also bei bekanntem n_0 und λ die Anzahl der zum Zeitpunkt t noch vorhandenen fehlerfreien Komponenten berechnen.

---

[3]Die in den folgenden Gleichungen verwendete Integrationskonstante C ist nicht zu verwechseln mit der in früheren Kapiteln empirisch gefundenen Fehlerzahl c.

Sehr viel interessanter ist meist jedoch die allgemeine Aussage, wie hoch der relative Anteil der als funktionsfähig zu erwartenden Komponenten zum Zeitpunkt t ist. Diese Aussage entspricht der Definition der Zuverlässigkeitsfunktion (Reliability Function) $R(t)$. Mit unserem Ansatz erhalten wir $R(t)$ als

$$R(t) = \frac{n(t)}{n_0} = e^{-\lambda \cdot t} \tag{3.7}$$

Mit $R(t)$ können wir also eine allgemeine Aussage über die Zuverlässigkeit unserer Komponenten machen, die allein von der Fehlerrate λ abhängt und in ihrem zeitlichen Verlauf eine einfache Exponential-Funktion darstellt (Abb. 3.2). Diese Funktion können wir einerseits interpretieren als relativen Anteil der fehlerfreien Komponenten, andererseits auch als Wahrscheinlichkeit dafür, dass eine bestimmte Komponente zum Zeitpunkt t noch fehlerfrei ist.

Abb. 3.2
Zuverlässigkeitsfunktion $R(t)$

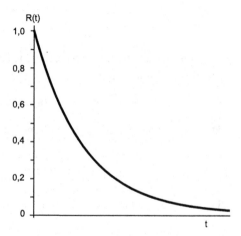

Mittlere Lebensdauer und Zeit zwischen zwei Fehlern (MTBF)

Mit der Zuverlässigkeitsfunktion $R(t)$ haben wir eine Möglichkeit gefunden, die Qualität von Komponenten einzuschätzen. Je steiler sie abfällt, d. h. je größer die Fehlerrate λ ist, desto früher müssen wir mit einem Fehler in einer Komponente rechnen. Da wir jedoch für eine einzelne Komponente grundsätzlich nicht vorhersagen können, wann sie fehlerhaft wird, können wir derartige Aussagen nur auf statistischer Basis nutzen. Sinnvoll sind dabei Zahlen, die eine Planung für Produktion oder Wartung von Produkten unterstützen. Wenn wir also zum Beispiel die mittlere Zeit kennen, die ein Produkt ohne zufälligen Fehler funktionsfähig ist, dann können wir in eine Produktionsplanung den zugehörigen Ersatz für fehlerhaft gewordene Produkte und/oder Komponenten aufnehmen. Wenn wir die Zeit kennen, die im Mittel zwischen zwei Fehlern vergeht, dann können wir die Ressourcen und Ersatzteile planen, die wir für einen gewissen Zeitraum benötigen, um diese Fehler zu beheben (vgl. Kap. 8). Die dafür benötigten Größen, nämlich die „mittlere Lebensdauer" T und die „MTBF" (Mean Time Between Failures), wollen wir im Folgenden berechnen.

Zunächst werden wir uns mit der mittleren Lebensdauer T einer Komponente beschäftigen, also mit der Zeit T, die diese Komponente im Mittel funktionsfähig ist, ehe sie durch einen zufälligen Fehler ausfällt. Dabei gehen wir von Gl. 3.2 aus, in die wir unsere Lösung für $n(t)$ einsetzten:

$$dn = -\lambda \cdot n(t)\,dt = -n_0\lambda e^{-\lambda t}\,dt \qquad (3.8)$$

dn ist die Anzahl der Komponenten, die im Zeitraum zwischen t und $t + dt$ fehlerhaft werden. Da dt eine infinitesimal kleine Zeitspanne ist, können wir annehmen, dass jede der innerhalb dieser Zeitspanne fehlerhaft gewordenen Komponenten für den bis dahin vergangenen Zeitraum $0 \ldots t$ funktionsfähig war. t ist also gleich der jeweiligen tatsächlichen Lebensdauer jeder dieser fehlerhaft gewordenen Komponenten.

Um die mittlere Lebensdauer T aller Komponenten zu erhalten, müssen wir die tatsächlichen Lebensdauern t_i aller Komponenten addieren und durch die Gesamtzahl n_0 der ursprünglich vorhandenen Komponenten dividieren:

$$T = \frac{1}{n_0} \sum t_i \qquad (3.9)$$

Die Summe aller Lebensdauern erhalten wir, indem wir die Summen der Lebensdauern der in den Intervallen dn enthaltenen Komponenten addieren. In jedem dieser Intervalle ist die Teilsumme $t \cdot dn$ der Lebensdauern enthalten. Aus Gl. 3.8 können wir also diesen Zusammenhang herleiten:[4]

$$t \cdot dn = t \cdot \lambda \cdot n(t)\,dt = t \cdot n_0\lambda e^{-\lambda t}\,dt \qquad (3.10)$$

Die Summe aller Lebensdauern lässt sich damit als Integration über alle möglichen Lebensdauern t berechnen:[5]

$$\sum t_i = \int_0^\infty t\,dn = n_0\lambda \int_0^\infty te^{-\lambda t}\,dt = n_0\lambda \int_0^\infty tR(t)\,dt = \frac{n_0}{\lambda} \qquad (3.11)$$

Damit ergibt sich die mittlere Lebensdauer T für eine Komponente nach Gl. 3.9 als

$$T = \frac{1}{n_0} \sum t_i = \lambda \int_0^\infty tR(t)\,dt = \frac{1}{\lambda} \qquad (3.12)$$

Da unsere Berechnung der mittleren Lebensdauer ausschließlich auf der Wahrscheinlichkeit für das Auftreten zufälliger Fehler beruht, kann sie natürlich keine Vorhersage für die zu erwartende Lebensdauer individueller Komponenten liefern. Jede einzelne Komponente kann zu jedem beliebigen Zeitpunkt fehlerhaft werden. Im Mittel wird jedoch

---

[4]Das negative Vorzeichen, das wir ursprünglich zur Herleitung der Funktion richtig eingesetzt haben, können wir jetzt wieder entbehren, da es ausschließlich um die absolute Zahl der fehlerhaften Komponenten geht.

[5]Die Lösung des Integrals $\int_0^\infty te^{-\lambda t}\,dt = \frac{1}{\lambda^2}$ finden wir in mathematischen Formelsammlungen.

der Abstand zwischen zwei Fehlern einer Komponente der mittleren Lebensdauer entspre-chen. Damit haben wir bereits die erste Definition der „Mean Time Between Failures" (MTBF[6]) gefunden: Sofern wir nur eine einzige Komponente betreiben, können wir im Mittel damit rechnen, dass diese Komponente über den durch die mittlere Lebensdauer beschriebenen Zeitraum fehlerfrei arbeiten wird bzw. im Mittel nach Ablauf der MTBF fehlerhaft wird.

Wenn wir jedoch mehrere (gleiche) Komponenten betrachten, dann nimmt die Anzahl der Fehler, die wir in einem bestimmten Zeitraum zu erwarten haben, proportional der Anzahl der Komponenten zu. Entsprechend verkürzt sich die Zeit, in der wir im Mittel einen Fehler erwarten müssen. Wenn die Komponenten unabhängig voneinander sind, also der Zustand einer Komponente nicht den Zustand einer anderen beeinflusst, dann können wir die zu erwartenden Fehler und somit die Fehlerraten aller betrachteten Komponenten addieren. Für n Komponenten erhalten wir also eine gesamte Fehlerrate von

$$\lambda_{ges} = n \cdot \lambda \tag{3.13}$$

Die mittlere Zeit T_n, die zwischen dem Auftreten von Fehlern vergeht, wenn wir n Komponenten gleichzeitig beobachten, ist somit:

$$T_n = \frac{MTBF}{n} = \frac{1}{n \cdot \lambda} \tag{3.14}$$

Der einfache Zusammenhang zwischen MTBF und Fehlerrate der individuellen Kom-ponenten gilt jedoch nur in solchen Fällen, in denen wir ausschließlich Komponenten be-trachten, die einzeln und unabhängig voneinander betrieben werden. Sobald wir mehrere Komponenten zu einem System verschalten, können wir eine Fehlerrate für das gesamte System berechnen. Die MTBF für ein solches System müssen wir jedoch immer als mitt-lere Lebensdauer berechnen. Wir müssen also die Integration über die Zuverlässigkeits-funktion $R(t)$ ausführen. Im allgemeinen Fall erhalten wir dann zwar eine Abhängigkeit der MTBF von den Fehlerraten der Einzelkomponenten, nicht jedoch den Kehrwert der Fehlerrate des gesamten Systems. Für einige spezielle Konfigurationen werden wir das Verfahren in den folgenden Abschn. 3.2 und 3.3 zeigen.

3.2   Fehlerrate und MTBF für Systeme aus mehreren Komponenten

Bisher haben wir ausschließlich Einzelkomponenten betrachtet. Für diese Komponenten haben wir auf empirische Weise die Fehlerrate bestimmt und daraus die Zuverlässigkeits-

---

[6]Sowohl in der Praxis als auch in der Literatur werden die Begriffe MTBF und MTTF (Mean Time To Failure) meist synonym verwendet. MTTF bezeichnet die mittlere Lebensdauer im Allgemeinen, MTBF bezeichnet die Zeit, die (auch) nach Reparatur und Austausch bis zum (nächsten) Auftreten eines Fehlers vergeht. Die Berechnung ist in beiden Fällen prinzipiell gleich. Wir verwenden vor-zugsweise den Begriff MTBF. Beide Begriffe werden im Allgemeinen ausschließlich für zufällige Fehler verwendet, nicht jedoch für frühe Fehler und Verschleißfehler.

funktion abgeleitet. Schließlich konnten wir auch die in der Praxis übliche Größe MTBF bestimmen.

In der Realität ist es jedoch in der Regel so, dass Produkte aus mehreren Komponenten aufgebaut sind, für die diese Größen bekannt sind. Nach der bisherigen Vorgehensweise müssten wir für jedes derartige Produkt die Fehlerrate im Experiment feststellen. Das wäre nicht nur aufwändig und teuer, sondern in vielen Fällen auch praktisch unmöglich, da Produkte nur in geringen Stückzahlen oder gar als Einzelstücke hergestellt werden. In vielen Fällen können wir jedoch ein solches Verfahren vermeiden, indem wir die Fehlerrate λ ebenso wie die mittlere Lebensdauer T und damit die MTBF aus den individuellen Fehlerraten der Komponenten berechnen. Diese Vorgehensweise wollen wir zunächst an einem einfachen Beispiel erarbeiten, bei dem ein System aus n Komponenten besteht, die alle gleichzeitig fehlerfrei sein müssen, damit das System als Ganzes fehlerfrei ist.

Ausgangspunkt für diese Berechnungen ist die Zuverlässigkeitsfunktion $R(t)$. Da wir ausschließlich zufällige Fehler betrachten, die zu jedem Zeitpunkt zufällig sind und deren Häufigkeit allein von der Fehlerrate λ und der Anzahl der zum Zeitpunkt t noch fehlerfreien Objekte abhängt, ist $R(t)$ grundsätzlich eine Exponentialfunktion. Diese Aussage gilt sowohl für jede einzelne Komponente, als auch für ein System, das aus solchen Komponenten aufgebaut ist.

Die Fehlerrate jeder Komponente und ein aus solchen Komponenten aufgebauten Systems können wir somit auch mit Hilfe der zeitlichen Ableitung

$$\frac{d}{dt}R(t) = \frac{d}{dt}e^{-\lambda \cdot t} = -\lambda e^{-\lambda \cdot t} = -\lambda \cdot R(t) \tag{3.15}$$

der Zuverlässigkeitsfunktion darstellen:

$$\lambda = -\frac{dR(t)}{dt} \cdot \frac{1}{R(t)} \tag{3.16}$$

Damit haben wir gleichzeitig die allgemeine Definition einer Fehlerrate hergeleitet.

Ebenso können wir aus der Zuverlässigkeitsfunktion für jede Komponente und ein aus solchen Komponenten aufgebautes System auch die mittlere Lebensdauer T gleich MTBF berechnen als:

$$T = MTBF = \lambda \int_0^\infty t\,R(t)\,dt \tag{3.17}$$

Um die Zuverlässigkeitsfunktion $R(t)$ eines Systems zu bestimmen, greifen wir auf die Interpretation zurück, dass $R(t)$ die Wahrscheinlichkeit dafür ist, dass irgendein betrachtetes Objekt zu einem bestimmten Zeitpunkt t noch fehlerfrei ist.

Die Bedingung dafür, dass wir ein System aus mehreren Komponenten als zum Zeitpunkt t fehlerfrei betrachten, ist, dass jede einzelne Komponente zu diesem Zeitpunkt fehlerfrei ist. Aus den elementaren Grundlagen der Statistik wissen wir, dass wir Wahrscheinlichkeiten für die Einzel-Komponenten multiplizieren müssen, um die Wahrscheinlichkeit dafür zu erhalten, dass alle Komponenten gleichzeitig fehlerfrei sind.[7] Wir erhalten somit $R(t)$ eines Systems, das aus n Komponenten aufgebaut ist, durch Multiplikation aller $R_i(t)$ der Einzel-Komponenten:

$$R(t) = R_1(t) \cdot R_2(t) \cdot R_3(t) \cdot \ldots \cdot R_n(t) \tag{3.18}$$

Wenn wir in diese Gleichung die Definition $R_i(t) = e^{-\lambda_i \cdot t}$ einsetzen erhalten wir eine Form, in der wir die beliebig verschiedenen Fehlerraten λ_i wieder finden:

$$R(t) = e^{-\lambda_1 \cdot t} \cdot e^{-\lambda_2 \cdot t} \cdot e^{-\lambda_3 \cdot t} \cdot \ldots \cdot e^{-\lambda_n \cdot t}$$

$$= e^{-(\sum_{i=1}^{n} \lambda_i) \cdot t} \tag{3.19}$$

An dieser Gleichung sehen wir unmittelbar, dass wir die Fehlerrate λ unseres Gesamt-Systems, in dem alle Komponenten gleichzeitig fehlerfrei sein müssen, als die Summe der individuellen Fehlerraten λ_i aller Komponenten darstellen können. Nach Gl. 3.16 erhalten wir das gleiche Ergebnis. Die mittlere Lebensdauer T oder MTBF ergibt nach Gl. 3.17 ein ähnlich einfaches Ergebnis wie für die Einzelkomponente:

$$T = MTBF = \sum_{i=1}^{n} \lambda_i \int_{0}^{\infty} t e^{-(\sum_{i=1}^{n} \lambda_i) \cdot t} \, dt = \frac{1}{\sum_{i=1}^{n} \lambda_i} \tag{3.20}$$

Tab. 3.1 Beispiel: Fehlerraten von Komponenten auf einer Leiterplatte

Komponente	λ/FIT pro Komponente	Anzahl Komponenten	totale Fehlerrate/FIT
Widerstand	1	80	80
Kondensator	2	60	120
Diode	12	3	36
Transistor	15	4	60
EPROM	80	2	160
ASIC	130	2	260

In Tab. 3.1 haben als Beispiel für diese Berechnungen die Daten einer einfachen Leiterplatte zusammengefasst, die mit einigen Standardbauteilen mit bekannten Fehlerraten bestückt ist. Um die Fehlerrate λ_L für die gesamte Leiterplatte zu erhalten, sind die einzelnen Fehlerraten zu addieren: $\lambda_L = \sum \lambda_i = 716$ FIT.

Daraus ergibt sich zum Beispiel die Wahrscheinlichkeit, dass diese Leiterplatte nach einem Jahr (8760 Stunden) noch fehlerfrei ist zu

$$R(t) = e^{-716 \cdot 10^{-9} \cdot 8760} = 99{,}375\ \%$$

---

[7]Wir gehen grundsätzlich davon aus, dass die Komponenten statistisch unabhängig sind: Der Zustand (fehlerhaft oder fehlerfrei) einer Komponente hat keinen Einfluss auf den Zustand der anderen Komponenten.

Die mittlere Lebensdauer T für diese Leiterplatte beträgt also

$$T = \frac{1}{\sum_{i=1}^{n} \lambda_i} = \frac{10^9}{716} \text{ Stunden} = 1,4 \text{ Mio. Stunden} = 160 \text{ Jahre}$$

Diese mittlere Lebensdauer T ist gleich der mittleren Zeit zwischen zwei Fehlern, die wir erwarten können, wenn wir nur eine einzige Leiterplatte betrachten. Wenn wir aber beispielsweise 5000 dieser Leiterplatten im Einsatz hätten, dann hätten wir etwa alle 12 Tage einen Fehler zu erwarten (nämlich 160 Jahre/5000).

Diese einfache Art der Berechnung der Fehlerrate λ als Summe der individuellen Fehlerraten λ_i und der mittleren Lebensdauer T als Kehrwert der Summe der Fehlerraten gilt jedoch nur dann, wenn tatsächlich alle Komponenten des Systems gleichzeitig fehlerfrei sein müssen, damit das System als Ganzes fehlerfrei ist. Im einfachsten Fall wäre das zum Beispiel eine serielle Schaltung aller Komponenten, über die ein Signal nur dann übertragen werden kann, wenn alle Komponenten gleichzeitig fehlerfrei sind. In Abschn. 3.3 werden wir die Situation für serielle, parallele und redundante Schaltungen, wie sie typisch für reale Systeme oder Netzwerke sind, genauer betrachten.

Anwendung auf komplexe Systeme
Wie wir bereits einleitend auf S. 28 gesehen hatten, können wir Systeme auch als Komponenten für übergeordnete Systeme betrachten. Wir können also das skizzierte Verfahren auf die gleiche Weise für größere Systeme fortsetzen. Wenn wir aus einer beliebig großen Anzahl von (gleichen oder verschiedenen) Leiterplatten ein System zusammenbauen, dann erhalten wir die Fehlerrate dieses Systems, indem wir die Fehlerraten λ für die einzelnen Leiterplatten addieren. Als nächsten Schritt könnten wir beispielsweise aus vielen derartigen Systemen ein Netz aus Servern aufbauen und die MTBF und die Fehlerrate dieses Netzes genau so berechnen (unter der Voraussetzung, dass tatsächlich alle Server gleichzeitig funktionsfähig sein müssen). Im Prinzip könnten wir auf diese Weise die Fehlerrate eines beliebig großen Systems erhalten, indem wir Schritt für Schritt den Detaillierungsgrad vermindern und die Details des vorangegangenen Berechnungsschrittes zu einer einzigen Fehlerrate λ im Sinne einer „Blackbox" zusammenfassen.

Abbildung 3.3 stellt drei aufeinanderfolgende Schritte einer solchen Vorgehensweise dar. Im rechten Teil sehen wir drei Komponenten mit den bekannten Fehlerraten λ_{1331}, λ_{1332} und λ_{1333}. Wir betrachten hier keine konkrete Verschaltung der Komponenten, denn wir können für jeden denkbaren Fall diese drei Fehlerraten zusammenfassen zu einem λ_{133}. In unserem oben beschriebenen einfachen Fall, bei dem alle Komponente

Abb. 3.3 Stufenweise
Berechnung von Fehlerraten

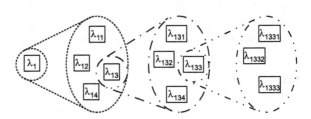

gleichzeitig fehlerfrei sein müssen, hieße das einfach $\lambda_{133} = \lambda_{1331} + \lambda_{1332} + \lambda_{1333}$. Komplexere Fälle der Berechnung von Fehlerraten bei unterschiedlicher Verschaltung der Komponenten werden wir in Abschn. 3.3 betrachten.

Im mittleren Teil von Abb. 3.3 sehen wir vier Komponenten mit vier verschiedenen Fehlerraten. Jede dieser Fehlerrate können wir als gegeben betrachten, unabhängig davon, ob sie von einer einzigen Komponente stammt oder durch Zusammenfassung der Fehlerraten nachgeordneter Komponenten berechnet wurde. Auch hier erhalten wir durch Zusammenfassen von λ_{131}, λ_{132}, λ_{133} und λ_{134} eine übergeordnete Fehlerrate λ_{13}, die wir im wiederum nächsten Schritt mit λ_{14}, λ_{12} und λ_{11} zum λ_1 unserer gesamten Anordnung zusammenfassen können.

3.3   Fehlerrate und MTBF von Standard-Konfigurationen

In den vorangegangenen Abschnitten hatten wir bereits grundlegend hergeleitet, wie sich Fehlerrate und MTBF eines Systems aus den individuellen Fehlerraten seiner Komponenten ableiten lassen. Im Folgenden wollen wir zeigen, wie wir diese Größen für einfache parallele, serielle und redundante Schaltungen berechnen können. Auch komplexe Systeme lassen sich häufig auf solche einfachen Schaltungen reduzieren, die dann, wie in Abschnitt „Anwendung auf komplexe Systeme" auf S. 35 gezeigt, schrittweise zur Berechnung des endgültigen Ergebnisses eingesetzt werden können.

Im Folgenden setzen wir die Fehlerraten λ_i und damit auch die Zuverlässigkeitsfunktionen $R_i(t)$ für alle Komponenten jeweils als bekannt voraus.

3.3.1   Serielle Konfiguration

Der Begriff „serielle Konfiguration" soll hier stellvertretend stehen für ein System, bei dem ein Fehler in einer Komponente zum Fehler des gesamten Systems führt. Für die Funktionsfähigkeit des Systems ist es also erforderlich, dass alle Komponenten gleichzeitig funktionieren. Ein typischer Fall dafür ist eine einfache serielle Schaltung von Komponenten wie in Abb. 3.4, über die ein Signal übertragen werden soll. Es sind jedoch auch beliebige andere Schaltungen denkbar, für die eine gleichzeitige Funktionsfähigkeit erforderlich ist. Ein Beispiel für eine „technisch parallele" Schaltung ist ein einfacher Schwingkreis aus Kondensator und Spule, der nur dann funktionsfähig ist, wenn beide Komponenten gleichzeitig funktionsfähig sind.

Wie bereits in Kap. 3.2 gezeigt, erhalten wir in einer seriellen Konfiguration die Zuverlässigkeitsfunktion des Gesamtsystems, das aus n (gleichen oder verschiedenen) Kompo-

Abb. 3.4 Einfache serielle
Konfiguration

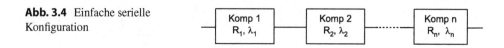

nenten mit der jeweiligen Fehlerrate λ_i besteht, als

$$R(t) = R_1(t) \cdot R_2(t) \cdots R_n(t) = \prod_{i=1}^{n} R_i$$

$$= e^{-(\sum_{i=1}^{n} \lambda_i) \cdot t} \tag{3.21}$$

Die Fehlerrate der gesamten seriellen Konfiguration erhalten wir also durch einfache Addition der Fehlerraten aller Komponenten:

$$\lambda_{seriell} = \sum_{i=1}^{n} \lambda_i \tag{3.22}$$

Ähnlich einfach können wir auch die mittlere Lebensdauer T eines seriellen Systems berechnen:

$$T = \lambda \int_{0}^{\infty} t R(t) \, dt$$

$$= \left(\sum_{i=1}^{n} \lambda_i \right) \cdot \int_{0}^{\infty} t e^{-(\sum_{i=1}^{n} \lambda_i) \cdot t} \, dt$$

$$= \frac{1}{\sum_{i=1}^{n} \lambda_i} = MTBF \tag{3.23}$$

Da wir dieses serielle System als Ganzes betrachten, ist auch hier die mittlere Lebensdauer T gleich der MTBF für dieses System.

3.3.2 Parallele Konfiguration

Als „parallele Konfiguration" bezeichnen wir hier eine Konfiguration, bei der das System so lange funktionsfähig bleibt, so lange noch mindestens eine Komponente funktionsfähig ist. Das System als Ganzes ist nur dann fehlerhaft, wenn alle Komponenten gleichzeitig fehlerhaft sind. Das einfache Beispiel ist hier die tatsächliche Parallelschaltung von mehreren redundanten Komponenten (vgl. Abb. 3.5), wo ein einziger verfügbarer Weg zwischen dem linken und dem rechten Ein-/Ausgang ausreichend ist, um ein Signal zu übertragen.

Um die Zuverlässigkeitsfunktion einer solchen parallelen Konfiguration zu berechnen, gehen wir von der Wahrscheinlichkeit aus, dass eine beliebige Komponente zum Zeitpunkt t *nicht* funktionsfähig ist. Diese Wahrscheinlichkeit ist 1 minus der Wahrscheinlichkeit, dass die Komponente zum Zeitpunkt t funktionsfähig ist und somit gleich $(1 - R(t))$. Der gleiche Zusammenhang gilt auch für das System als Ganzes.

Die Wahrscheinlichkeit, dass alle Komponenten gleichzeitig nicht funktionsfähig sind, ist auch hier das Produkt aller Einzel-Wahrscheinlichkeiten $(1 - R_i(t))$. Die Wahrscheinlichkeit, dass nicht alle Komponenten gleichzeitig fehlerhaft sind, also mindestens eine

Abb. 3.5 Einfache parallele
Konfiguration

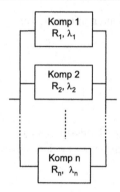

Komponente funktionsfähig ist, ist demzufolge 1 minus dieses Produkt. Zusammengefasst erhalten wir also die Zuverlässigkeitsfunktion einer parallelen Konfiguration als

$$R(t) = 1 - \left[\left(1 - R_1(t)\right) \cdot \left(1 - R_2(t)\right) \cdot \ldots \cdot \left(1 - R_n(t)\right) \right]$$

$$= 1 - \prod_{i=1}^{n} \left(1 - R_i(t)\right)$$

$$= 1 - \left(1 - e^{-\lambda_1 \cdot t}\right) \cdot \left(1 - e^{-\lambda_2 \cdot t}\right) \cdot \ldots \cdot \left(1 - e^{-\lambda_n \cdot t}\right) \qquad (3.24)$$

Der allgemeine Fall, bei dem wir n verschiedene Fehlerraten λ_i haben, lässt sich nur durch exakte Berechnung lösen.

Parallele Komponenten mit gleicher Fehlerrate
In realen Systemen dienen solche Parallel-Schaltungen häufig als Redundanz. Jede Komponente kann die Aufgaben einer anderen, fehlerhaft gewordenen Komponente übernehmen. In diesen Fällen besteht das System in der Regel aus identischen Komponenten mit ebenso identischen Fehlerraten. Deshalb können wir die Berechnung vereinfachen und alle λ_i durch einen für alle Komponenten gleichen Wert λ_e ersetzen. Damit erhalten wir dann eine kompaktere Form der Zuverlässigkeitsfunktion:

$$R(t) = 1 - \left(1 - e^{-\lambda_e \cdot t}\right)^n \qquad (3.25)$$

Mit dieser Vereinfachung können wir die Fehlerrate λ für das Gesamt-System auf eine zwar nicht einfache, aber doch nachvollziehbare Form bringen. Dafür betrachten wir die soeben durchgeführten Berechnungen noch einmal anders. Wir gehen jetzt von der Wahrscheinlichkeit $R_1(t)$ aus, dass bei einem System aus n parallel geschalteten Komponenten genau eine Komponente nicht fehlerhaft ist:

$$R_1(t) = \left(R_e(t)\right)^1 \cdot \left(1 - R_e(t)\right)^{n-1} \qquad (3.26)$$

Da unser System genau dann funktionsfähig ist, wenn mindestens eine Komponente funktionsfähig ist, müssen wir alle Möglichkeiten berücksichtigen, die diese Bedingung erfüllen oder einschließen. Es müssen also eine oder zwei oder … oder n beliebige Komponente(n) funktionsfähig sein. Um die Zuverlässigkeitsfunktion $R(t)$ des gesamten parallelen Systems zu erhalten, müssen wir daher alle diese Möglichkeiten aufsummieren, d. h. alle Permutationen berücksichtigen:

$$R(t) = \sum_{i=1}^{n} \binom{n}{i} \cdot \left(R_e(t)\right)^i \cdot \left(1 - R_e(t)\right)^{n-i}$$

$$= \sum_{i=1}^{n} \binom{n}{i} \cdot \left(e^{-\lambda_e \cdot t}\right)^i \cdot \left(1 - e^{-\lambda_e \cdot t}\right)^{n-i} \tag{3.27}$$

Zur Berechnung der Fehlerrate setzten wir jetzt den bereits für Gl. 3.16 hergeleiteten Zusammenhang ein:

$$\lambda(t) = -\frac{1}{R(t)} \cdot \frac{dR(t)}{dt} \tag{3.28}$$

Damit können wir die Fehlerrate λ des Systems berechnen:

$$\lambda(t) = -\lambda_e \cdot \frac{\sum_{i=1}^{n} \binom{n}{i}(e^{-\lambda_e \cdot t})^i \cdot (1 - e^{-\lambda_e \cdot t})^{n-i} \cdot \left[\frac{(n-i)\cdot e^{-\lambda_e \cdot t}}{1 - e^{-\lambda_e \cdot t}} - i\right]}{\sum_{i=1}^{n} \binom{n}{i}(e^{-\lambda_e \cdot t})^i \cdot (1 - e^{-\lambda_e \cdot t})^{n-i}} \tag{3.29}$$

Im Gegensatz zur seriellen Schaltung, wo die Fehlerrate des Systems einfach und zeitlich konstant war, sehen wir hier, dass die Fehlerrate des parallelen Systems ganz und gar nicht einfach und zudem zeitabhängig ist.

Um die mittlere Lebensdauer T zu berechnen, bringen wir zunächst Gl. 3.12 in eine einfachere Form, deren Herleitung in Abschn. 4.1.3 gezeigt wird:[8]

$$T = \int_0^\infty R(t)\,dt = \int_0^\infty 1 - \left(1 - e^{-\lambda_e \cdot t}\right)^n dt \tag{3.30}$$

Mathematische Formelsammlungen liefern für den Integranden eine vorteilhafte Reihenentwicklung:

$$\left(1 - e^{-\lambda \cdot t}\right)^n = 1 - \sum_{i=1}^{n} (-1)^{i-1} \binom{n}{i} e^{-i \cdot \lambda \cdot t} \tag{3.31}$$

Damit erhalten wir nun eine lösbare Summe von Integralen:

$$T = \int_0^\infty 1 - \left(1 - e^{-\lambda_e \cdot t}\right)^n dt$$

$$= \sum_{i=1}^{n} (-1)^{i-1} \binom{n}{i} \int_0^\infty e^{-i \cdot \lambda_e \cdot t} dt$$

---

[8]In Abschn. 4.1.3 werden wir sehen, dass wir statt $T = \lambda \int_0^\infty t R(t)\,dt$ auch $T = \int_0^\infty R(t)\,dt$ berechnen können.

$$= \frac{1}{\lambda_e} \sum_{i=1}^{n} \frac{(-1)^{i-1}}{i} \binom{n}{i}$$

$$= \frac{1}{\lambda_e} \sum_{i=1}^{n} \frac{1}{i} \tag{3.32}$$

Da die Gültigkeit des letzten Schrittes dieser Berechnung erfahrungsgemäß nicht einfach sichtbar ist, finden wir im Anhang in Abschn. 10.3 eine nachvollziehbare Herleitung.

3.3.3 k-aus-n Majoritätsredundanz

Ein in der Praxis häufiger Fall ist, dass für die Funktionsfähigkeit eines Systems von n Komponenten mindestens k dieser n Komponenten fehlerfrei sein müssen. Nach unserer bisherigen Logik scheint das ein Sonderfall zu sein, für die hier die Bezeichnung „k-aus-n Majoritätsredundanz" verwendet werden soll. Wir werden jedoch sehen, dass gerade dieser Fall der allgemeine ist, der sowohl die rein serielle ($k = n$) als auch die rein parallele Schaltung ($k = 1$) als Grenzfälle mit einschließt. Zunächst wollen wir jedoch die Zuverlässigkeitsfunktion und Fehlerrate eines k-aus-n-redundanten Systems allgemein berechnen.

In Abb. 3.6 sehen wir eine vereinfachte technische Darstellung eines k-aus-n-redundanten Systems, wie wir es zur Berechnung verwenden wollen. Das System besteht aus n Komponenten, von denen beliebige k gleichzeitig fehlerfrei sein müssen. Die Komponenten 1 bis k sind deshalb als serielle Schaltung dargestellt. Jede der restlichen $(n - k)$ Komponenten ist so geschaltet, dass sie die Aufgaben jeder beliebigen der ersten k Komponenten übernehmen kann.

Es ist dabei in der Praxis nicht notwendigerweise so, dass immer nur genau k Komponenten tatsächlich in Betrieb sind; der Wert von k beschreibt lediglich die Mindestanforderung für die Funktionsfähigkeit des Systems. Ein praktisches Beispiel ist ein Gehäuse voller elektronischer Bauteile, für dessen ausreichende Kühlung die Leistung von mindestens drei Kühlelementen erforderlich ist. Trotzdem sind fünf Kühlelemente vorhanden und auch dauerhaft in Betrieb. Eine Überhitzungsgefahr für die Elektronik ist jedoch erst gegeben, wenn mehr als zwei Kühlelemente gleichzeitig fehlerhaft sind.

Grundsätzlich können wir die Zuverlässigkeitsfunktion für ein System mit k-aus-n Majoritätsredundanz in gleicher Weise berechnen wie für eine parallele Konfiguration. Wir müssen diesen Ansatz nur insofern modifizieren, als wir k fehlerfreie Komponenten fordern. Für den Fall, bei dem alle Komponenten die gleiche Fehlerrate λ_e aufweisen, können wir sehr ähnlich vorgehen.[9]

---

[9]In der Praxis ist dies der einzige relevante Fall. Da sich die Komponenten gegenseitig beliebig ersetzen können, sind sie sinnvollerweise auch identisch.

Abb. 3.6 Konfiguration mit
k-aus-n Majoritätsredundanz

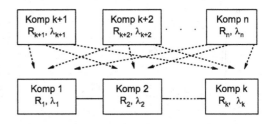

Die Wahrscheinlichkeit, dass bei einem System aus n Komponenten genau k Komponenten nicht fehlerhaft sind, erhalten wir analog zu Gl. 3.26 als

$$R_k(t) = \left(R_e(t)\right)^k \cdot \left(1 - R_e(t)\right)^{n-k} \tag{3.33}$$

Unsere Bedingung ist, dass mindestens k beliebige Komponenten fehlerfrei sind. Also müssen wir alle entsprechenden Möglichkeiten aufsummieren. Die Zuverlässigkeitsfunktion für ein System mit k-aus-n Majoritätsredundanz ist somit

$$R(t) = \sum_{i=k}^{n} \binom{n}{i} \cdot \left(R_e(t)\right)^i \cdot \left(1 - R_e(t)\right)^{n-i}$$

$$= \sum_{i=k}^{n} \binom{n}{i} \cdot \left(e^{-\lambda_e \cdot t}\right)^i \cdot \left(1 - e^{-\lambda_e \cdot t}\right)^{n-i} \tag{3.34}$$

Damit wird die Fehlerrate λ des Systems zu

$$\lambda(t) = -\frac{1}{R(t)} \cdot \frac{dR(t)}{dt}$$

$$= -\lambda_e \cdot \frac{\sum_{i=k}^{n} \binom{n}{i}(e^{-\lambda_e \cdot t})^i \cdot (1 - e^{-\lambda_e \cdot t})^{n-i} \cdot \left[\frac{(n-i) \cdot e^{-\lambda_e \cdot t}}{1 - e^{-\lambda_e \cdot t}} - i\right]}{\sum_{i=k}^{n} \binom{n}{i}(e^{-\lambda_e \cdot t})^i \cdot (1 - e^{-\lambda_e \cdot t})^{n-i}} \tag{3.35}$$

Die mittlere Lebensdauer T des Systems erhalten wir als

$$T = \int_0^\infty R(t)\,dt$$

$$= \sum_{i=k}^{n} \binom{n}{i} \int_0^\infty \left(e^{-\lambda_e \cdot t}\right)^i \cdot \left(1 - e^{-\lambda_e \cdot t}\right)^{N-i} dt$$

$$= \frac{1}{\lambda_e} \sum_{i=k}^{n} \frac{1}{i} \tag{3.36}$$

Abbildung 3.7 zeigt den zeitlichen Verlauf der Zuverlässigkeitsfunktion $R(t)$ und der Fehlerrate λ einer redundanten Schaltung aus 5 Komponenten für verschiedene Werte von k. Für die Fehlerrate λ_e der einzelnen Komponenten haben wir 800 FIT angenommen.

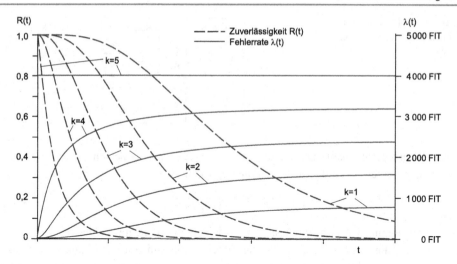

Abb. 3.7 Vergleich der Zuverlässigkeitsfunktion $R(t)$ und der Fehlerrate λ für verschiedene Werte von k ($n = 5$, $\lambda_e = 800$ FIT)

Der Fall $k = n$ entspricht der seriellen Schaltung, bei der alle Komponenten gleichzeitig fehlerfrei sein müssen. Wir sehen also hier erwartungsgemäß eine zeitunabhängige Fehlerrate λ des Gesamtsystems von $5 \cdot 800$ FIT $= 4000$ FIT.

Der zeitabhängige Verlauf der Fehlerraten für $k < n$ erscheint jedoch auf den ersten Blick etwas irritierend. In unserem Beispiel wird nach einiger Zeit eine Fehlerrate für das Gesamtsystem erreicht, die sich nur unwesentlich von der Fehlerrate unterscheidet, die ein einfaches serielles System aus k Komponenten hätte. Worin besteht also der Vorteil einer solchen k-aus-n-Redundanz?

Zunächst können wir natürlich die Tatsache nutzen, dass zu Beginn der Betriebszeit die Fehlerrate des Systems tatsächlich deutlich niedriger ist. Die zeitliche Dauer dieses Vorteils hängt vom Verhältnis zwischen k und n und der individuellen Fehlerraten der Komponenten ab. Für einen Einsatzfall, bei dem nur für eine begrenzte Zeit eine sehr hohe Zuverlässigkeit erforderlich ist, kann also die k-aus-n-Redundanz einen erheblichen Vorteil bringen.

Sobald sich jedoch die Fehlerrate des Systems der des seriellen Systems aus k Komponenten annähert, entfällt genau dieser Vorteil. Um trotzdem einen Sinn in einer solchen Schaltung zu sehen, müssen wir von einer ganz wesentlichen Einschränkung abweichen: wir dürfen das System nicht mehr als unteilbar betrachten, das als Ganzes entweder fehlerfrei oder fehlerhaft sein kann. Wenn wir nämlich einzelne fehlerhafte Komponenten des Systems austauschen oder reparieren, dann setzten wir das Gesamt-System auf den Zustand zu Beginn der Betriebszeit zurück und damit wieder auf die entsprechend niedrige Fehlerrate. Da mehr Komponenten als unbedingt notwendig vorhanden sind, gewinnen wir Zeit, um eine fehlerhafte Komponente auszutauschen, ohne dass das System als Ganzes ausfällt. Diese Sichtweise ist hier ein Vorgriff auf das Thema „Verfügbarkeit und Reparatur", das wir ab Kap. 5 betrachten werden.

Grenzbetrachtung für *k*-aus-*n* Majoritätsredundanz: $k \to 1$ und $k \to n$

Einleitend zu diesem Kapitel haben wir bereits erwähnt, dass für eine *k*-aus-*n* Majoritäts-redundanz sowohl „serielle" als auch „parallele" Aspekte zutreffen. Diese Aussage können wir erweitern und feststellen, dass der Fall der *k*-aus-*n* Majoritätsredundanz tatsächlich in allgemeiner Form beide Fälle als Grenzfälle mit einschließt.

Bereits bei der Herleitung hatten wir gesehen, dass wir das gleiche Verfahren verwenden, wie für die parallele Konfiguration. Für $k = 1$ sind die Ergebnisse identisch.

Wenn wir $k = n$ setzen, dann bedeutet das nichts anderes, als dass n Komponenten gleichzeitig fehlerfrei sein müssen, und das war unsere Definition für eine serielle Konfiguration. Wenn wir jetzt für die Berechnung der Fehlerrate λ des Systems $k = n$ setzen, dann erhalten wir erwartungsgemäß $\lambda = n \cdot \lambda_e$. Ebenso gilt für die mittlere Lebensdauer dieses Grenzfalls $T = 1/n\lambda_e$.

Erwartungswerte für das Auftreten von Fehlern 4

4.1 Statistische Grundlagen

In diesem Abschnitt wollen wir zunächst die wesentlichen statistischen Grundlagen zusammenstellen, die bei unseren Betrachtungen eine Rolle spielen. Einige davon haben wir bereits den vorangegangenen Kapiteln angewendet. Wir bieten hier keine Einführung in statistische Berechnungen, sondern wollen nur die Details des Bekannten wieder ins Gedächtnis rufen.

Zunächst noch einmal ein Hinweis auf die Grundvoraussetzung für unseren statistischen Ansatz: Alle Komponenten unserer Systeme sind grundsätzlich statistisch unabhängig. Das heißt, dass der Zustand (fehlerfrei oder fehlerhaft) einer Komponente zu jeder Zeit unabhängig vom Zustand aller anderen Komponenten ist. Auch die Änderung des Zustands von fehlerfrei zu fehlerhaft[1] einer Komponente ist rein zufällig.

Die gleichen Bedingungen gelten auch für Systeme, die aus diesen Komponenten aufgebaut werden. Wenn ein solches System als Teilsystem eines übergeordneten Systems verwendet wird, dann sind auch alle Teilsysteme statistisch unabhängig. Das gilt wiederum auch für die nächsthöhere Ebene von übergeordnete Systeme, und so weiter.

4.1.1 Zuverlässigkeitsfunktion und Wahrscheinlichkeit

In den vorangegangen Abschnitten hatten wir die Zuverlässigkeitsfunktion

$$R(t) = e^{-\lambda \cdot t} \tag{4.1}$$

eingeführt. $R(t)$ hatten wir auch als Wahrscheinlichkeit interpretiert, dass eine bestimmte Komponente mit der Fehlerrate λ zu einer bestimmten Zeit t noch fehlerfrei ist. In der

---

[1]Der Zustandsübergang von fehlerhaft zu fehlerfrei ist im Normalfall jedoch nicht zufällig; dort ist im Allgemeinen das Eingreifen im Sinne einer Reparatur erforderlich – siehe Kap. 5.

© Springer Fachmedien Wiesbaden 2014
S. Eberlin, B. Hock, *Zuverlässigkeit und Verfügbarkeit technischer Systeme*,
DOI 10.1007/978-3-658-03573-0_4

Statistik ist es eher üblich, Wahrscheinlichkeiten mit dem Buchstaben p zu bezeichnen. Dieser Notation werden wir uns jetzt anpassen.

Die Wahrscheinlichkeit $p(t)$ wollen wir zunächst so definieren, dass eine bestimmte Komponente bis zu einem gegebenen Zeitpunkt t fehlerhaft geworden ist. Es gilt

$$p(t) = 1 - R(t) = 1 - e^{-\lambda \cdot t} \tag{4.2}$$

Näherung für kleine $\lambda \cdot t$

Wenn wir, was häufig der Fall ist, Komponenten mit hoher Zuverlässigkeit (also kleiner Fehlerrate λ) innerhalb eines Zeitraums betrachten, der deutlich kleiner ist als ihre mittlere Lebensdauer, dann können wir $p(t)$ auch durch eine einfache Näherung beschreiben. Aus der Mathematik kennen wir eine Reihenentwicklung für eine Exponentialfunktion der Form $e^{-\lambda \cdot t}$:

$$
\begin{aligned}
e^{-\lambda t} &= 1 + \frac{(-\lambda \cdot t)}{1!} + \frac{(-\lambda \cdot t)^2}{2!} + \frac{(-\lambda \cdot t)^3}{3!} + \cdots \\
&= 1 - \frac{\lambda \cdot t}{1!} + \frac{\lambda^2 \cdot t^2}{2!} - \frac{\lambda^3 \cdot t^3}{3!} + \cdots
\end{aligned}
\tag{4.3}
$$

Für sehr kleine Werte von $\lambda \cdot t$ können wir diese Reihe bereits nach dem zweiten Glied abbrechen und erhalten damit die Näherung

$$p(t) = 1 - e^{-\lambda \cdot t} \approx \lambda \cdot t \tag{4.4}$$

Ob diese Näherung geeignet ist, können wir im Allgemeinen gut abschätzen, indem wir die Größenordnung der weiteren Reihenglieder mit der Näherung vergleichen und feststellen, ob die größere Genauigkeit überhaupt noch durch unser Rechenverfahren genutzt wird.

Einen weiteren Anhaltspunkt für die Eignung dieser Näherung können wir dadurch gewinnen, dass wir den relativen Fehler der Näherung im Vergleich zur exakten Rechnung betrachten:

$$\frac{\Delta p}{p_{exakt}} = \left| \frac{1 - e^{-\lambda \cdot t} - \lambda \cdot t}{1 - e^{-\lambda \cdot t}} \right| \tag{4.5}$$

Wenn wir diesen Vergleich anstellen für Komponente mit einer Fehlerrate von 500 FIT, dann erhalten wir nach 1 Jahr einen relativen Fehler von etwa 0,2 %. Jetzt können wir diesen relativen Fehler mit dem relativen Fehler vergleichen, den wir durch eine Ungenauigkeit von 10 % in der Bestimmung von λ erhalten (siehe auch Anhang, Abschn. 10.1):

$$
\begin{aligned}
\frac{\Delta p}{p} &= \frac{1}{p} \cdot \frac{\partial p}{\partial \lambda} \cdot \Delta \lambda \\
&= \frac{0,1 \cdot \lambda \cdot t \cdot e^{-\lambda \cdot t}}{1 - e^{-\lambda \cdot t}}
\end{aligned}
\tag{4.6}
$$

Allein durch die Fortpflanzung des Fehlers bei der Bestimmung von λ erhalten wir durch diese Berechnung einen relativen Fehler von 10 %. Der Fehler durch die Näherung dürfte also in diesem Fall kaum ins Gewicht fallen.

Als allgemeine Faustregel für die Anwendbarkeit der Näherung kann in vielen Fällen $\lambda \cdot t \ll 0,01$ gelten.

Anzahl fehlerhafter Komponenten, Streuung, Mittelwert
Für jedes beliebige Objekt (Komponente oder System) gilt, dass die Summe der Wahrscheinlichkeiten für alle möglichen Zustände dieses Objekts immer gleich 1 ist. In unserem Fall kennen wir nur zwei Zustände, nämlich fehlerhaft und fehlerfrei. Die Wahrscheinlichkeit für den fehlerfreien Zustände können wir als $1 - p(t)$ definieren; damit ergibt sich automatisch die Wahrscheinlichkeit für den fehlerhaften Zustand als $p(t)$.

Mit Hilfe der Zuverlässigkeitsfunktion $R(t)$ haben wir bereits in Abschn. 3.3 gezeigt, dass auch ein System aus verschiedenen Komponenten nur einen dieser beiden Zustände annehmen kann, sofern wir dieses System als unteilbares Ganzes betrachten. Dabei ist es zum Beispiel für einen fehlerhaften Zustand unerheblich, ob für diesen Zustand der fehlerhafte Zustand von nur einer oder von gleichzeitig mehreren Komponenten verantwortlich ist.

In Abschn. 2.3 hatten wir bei der Durchführung von Experimenten zur Messung der Fehlerrate bereits gesehen, dass wir solchen Experimenten nicht die gleichen Fehlerraten erwarten dürfen, auch wenn wir diese Experimente unter gleichen Bedingungen an den gleichen Objekten durchführen. Diese Erfahrungen werden wir ganz allgemein auch dann immer machen, wenn wir mehrfach eine exakt gleiche Anzahl n von Objekten über immer die gleiche Zeit t beobachten und die Anzahl $k(t)$ der nach Ablauf dieser Zeit fehlerhaft gewordenen Objekte bestimmen. Obwohl für alle diese Objekte gleiche Zuverlässigkeitsfunktion $R(t)$ und damit auch die gleiche Fehlerwahrscheinlichkeit $p(t)$ gilt, werden wir grundsätzlich eine Streuung dieser Anzahl $k(t)$ finden. Wenn wir dieses exakt gleiche Experiment sehr häufig wiederholen, dann werden wir feststellen, dass die Ergebnisse $k(t)$ um einen Mittelwert

$$k(t) = p(t) \cdot n \qquad (4.7)$$

streuen. Diese Streuung wird umso geringer sein, je größer die Anzahl n der beobachteten Komponenten ist. Der Grund für diese Streuung der Ergebnisse ist, dass grundsätzlich jede einzelne Komponente zu jedem Zeitpunkt fehlerhaft werden kann.

Wenn wir eine eher kleine Anzahl n betrachten, so können und werden im Allgemeinen vergleichsweise häufig überproportional viele oder überproportional wenige Komponenten sehr früh bzw. sehr spät fehlerhaft werden. In der Folge wird die beobachtete Anzahl $k(t)$ für einen gegebenen Zeitpunkt t mehr oder weniger von $p(t) \cdot n$ abweichen. Erst wenn n sehr groß ist, werden sich Beobachtung und Berechnung annähern.

Wenn wir jetzt eine Reihe von Experimenten mit jeweils n Komponenten durchführen, dann werden wir also verschiedene $k_i(t)$ erhalten, die um einen Wert $k(t)$ schwanken. Den durch ein festes $p(t)$ berechneten Wert $k(t)$ können wir auf diese Weise als Grenzwert erhalten:

$$k(t) = \lim_{j \to \infty} \left(\frac{1}{j} \sum_{i=1}^{j} k_i(t) \right) \tag{4.8}$$

Wir erkennen also hier, dass $p(t)$ offensichtlich nicht einfach ein in irgendeiner Weise zeitabhängiger und ansonsten fester Proportionalitäts-Faktor ist. Offensichtlich gibt es natürlicherweise Schwankungen im Verhältnis von $k(t)$ zu n. Diese Schwankungen können wir damit erfassen, dass wir $p(t)$ nicht als festen Wert, sondern als Basis für eine Wahrscheinlichkeitsverteilung betrachten.

Grundsätzlich kann bei einer Menge von n Komponenten die Anzahl der Fehler zum Zeitpunkt t jeden Wert zwischen Null und n annehmen. Es besteht jedoch ein Unterschied in der jeweiligen Wahrscheinlichkeit für das Auftreten einer bestimmten Anzahl von Fehlern. So ist es zwar möglich, jedoch wenig wahrscheinlich, dass zu einem sehr frühen Zeitpunkt n von n Komponenten fehlerhaft sind, ebenso ist es sehr unwahrscheinlich, aber möglich, dass zu einem sehr späten Zeitpunkt 0 von n Komponenten fehlerhaft sind. Dieses Verhalten wird durch eine Wahrscheinlichkeitsverteilung beschrieben. Mit Hilfe einer Wahrscheinlichkeitsverteilung können wir im nächsten Schritt feststellen, mit welcher Wahrscheinlichkeit wir eine bestimmte Anzahl von Fehlern erwarten müssen. Vor allem werden wir die in der Praxis wichtigere Fragen beantworten können, mit welcher Wahrscheinlichkeit eine bestimmte Fehlerzahl innerhalb eines Zeitraums nicht überschritten wird und von welcher maximalen Fehlerzahl wir ausgehen müssen, wenn diese Zahl mit einer gegebenen Wahrscheinlichkeit nicht überschritten werden soll.

4.1.2 Wahrscheinlichkeitsdichte und Wahrscheinlichkeitsverteilung

Bei allen Wahrscheinlichkeitsverteilungen spielen zwei Begriffe eine entscheidende Rolle: die Wahrscheinlichkeitsdichte $f(k)$ (auch Dichtefunktion, Wahrscheinlichkeitsdichtefunktion) und die Wahrscheinlichkeitsverteilung $F(k)$ (auch Verteilungsfunktion, Wahrscheinlichkeitsverteilungsfunktion). Die im Folgenden angegebenen Definitionen gelten für alle Wahrscheinlichkeitsverteilungen.

Die Wahrscheinlichkeitsdichte $f(k)$ gibt die Wahrscheinlichkeit an, dass bei einem Versuch genau k dieser Komponenten eine bestimmte Eigenschaft aufweisen, also in unserem Fall zum Beispiel fehlerhaft sind.

Die Verteilungsfunktion $F(k)$ beschreibt die Wahrscheinlichkeit, dass bei einem Versuch höchsten k dieser Komponenten eine bestimmte Eigenschaft aufweisen, also zum Beispiel fehlerhaft sind. $F(k)$ ist also die Funktion, die die von uns gewünschte Obergrenze für die in einem Zeitraum höchstens fehlerhaften Komponenten liefern kann. $F(k)$ erhält man für diskrete Verteilungen durch Addition aller Werte von $f(i)$ mit $i \leq k$. Den allgemeinen Fall erhalten wir, wenn wir kontinuierliche Verteilungen einschießen. Dann müssen wir die Addition durch Integration über $f(k)$ ersetzen. Der allgemeinen Zusammenhang zwischen $f(k)$ und $F(k)$ lässt sich damit so formulieren:

$$f(k) = \frac{d}{dk} F(k) \tag{4.9}$$

$$F(k) = \int_{i=0}^{k} f(i)\, di \tag{4.10}$$

Wenn wir ausschließlich einzelne, zählbare Ereignisse (nämlich Fehler) betrachten, können wir uns auf die diskrete Verteilung beschränken. In einer einfachen Betrachtungsweise können wir den Zusammenhang zwischen $f(k)$ und $F(k)$ so darstellen:

$$f(k) = F(k) - F(k-1) \tag{4.11}$$

$$F(k) = \sum_{i=0}^{k} f(i) \tag{4.12}$$

Gleichung 4.11 beschreibt die Dichtefunktion $f(k)$ als stufenweise Veränderung der Verteilungsfunktion $F(k)$ im Zusammenhang mit der zugehörigen Änderung der Fehlerzahl k. In Gl. 4.12 sehen wir den umgekehrten Zusammenhang, wenn wir die Verteilungsfunktion $F(k)$ durch Addition der Werte der Dichtefunktion $f(k)$ berechnen. In den folgenden Abschnitten stellen wir die wichtigsten Fakten der für unsere Einsatzfälle wesentlichen Wahrscheinlichkeitsverteilungen zusammen. Die genaue Herleitung ist in den zahlreichen Publikationen zur Wahrscheinlichkeitsrechnung und Statistik problemlos zu finden.

Binomial-Verteilung

Für die Binomial-Verteilung, auch als Bernoulli-Verteilung bekannt, gelten:

$$f(k) = \binom{n}{k} \cdot p^k \cdot (1-p)^{n-k} \tag{4.13}$$

$$F(k) = \sum_{i=0}^{k} \binom{n}{i} \cdot p^i \cdot (1-p)^{n-i} \tag{4.14}$$

Wenn wir n Versuche durchführen, die mit der Wahrscheinlichkeit p ein bestimmtes Ergebnis haben, dann können wir mit der Wahrscheinlichkeit $f(k)$ erwarten, dass dieses Ergebnis genau k-mal eintrifft. Mit der Wahrscheinlichkeit $F(k)$ können wir erwarten, dass wir dieses Ergebnis höchstens k-mal erhalten. Dabei ist es unerheblich, ob wir diese Versuche parallel, also gleichzeitig, oder seriell, also nacheinander, durchführen.

In unserem speziellen Fall könnten wir also die Wahrscheinlichkeit $f(k)$ bestimmen, mit der wir bei einer Gesamtzahl von n Objekten genau k fehlerhafte Objekte finden werden, und die Wahrscheinlichkeit $F(k)$, mit der wir höchstens k fehlerhafte Objekte finden werden.[2]

---

[2]Die Anzahl k der Fehler hängt von der Zeit ab, über die wir die Komponenten beobachten. Diese Zeitabhängigkeit werden wir im Abschnitt „Zeitliche Abhängigkeit einer Binomial-Verteilung" auf S. 56 genauer betrachten. Hier wollen wir zunächst nur die grundsätzlichen Eigenschaften der Verteilungen zeigen.

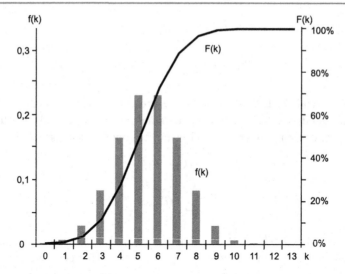

Abb. 4.1 Binomial- oder Bernoulli-Verteilung

Die Binomial-Verteilung ist die exakte Berechnung (ohne Näherung) für Wahrschein-lichkeitsdichte und Wahrscheinlichkeitsverteilung von diskreten Verteilungen. Sie wird im Allgemeinen für kleine Werte von n eingesetzt, da einerseits in diesen Fällen der Re-chenaufwand klein bleibt und andererseits die tatsächlich bei einer Messung erhaltenen Fehlerzahlen relativ weit streuen. Abbildung 4.1 zeigt eine typische Dichtefunktion $f(k)$ und Verteilungsfunktion $F(k)$ einer Binomial-Verteilung.

Poisson-Verteilung
Es gelten:

$$f(k) = \frac{(p \cdot n)^k}{k!} \cdot e^{-p \cdot n} \tag{4.15}$$

$$F(k) = e^{-p \cdot n} \cdot \sum_{i=0}^{k} \frac{(p \cdot n)^i}{i!} \tag{4.16}$$

In der Poisson-Verteilung wird häufig $p \cdot n$ durch den Erwartungswert m ersetzt. Die Gleichungen erhalten damit eine einfachere Form:

$$f(k) = \frac{m^k}{k!} \cdot e^{-m} \tag{4.17}$$

$$F(k) = e^{-m} \cdot \sum_{i=0}^{k} \frac{m^i}{i!} \tag{4.18}$$

Mathematisch ist die Poisson-Verteilung ein Näherungsverfahren für die Binomial-Verteilung, das eingesetzt werden kann, wenn wir bei einer großen Anzahl n von Kom-

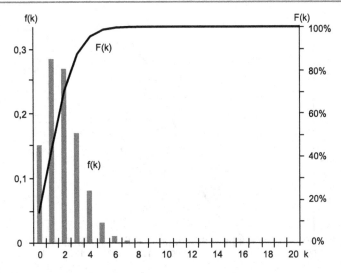

Abb. 4.2 Poisson-Verteilung

ponenten nur sehr wenige Ereignisse (in unserem Fall: Fehler) erwarten. Entscheidend ist also das Verhältnis $p = m/n$, das möglichst klein sein sollte. In der Praxis können wir die Poisson-Verteilung zum Beispiel für elektronische Bauteile bei Werten von $n > 100$ und zugleich $p < 0,1$ als tauglich betrachten.

Abbildung 4.2 zeigt eine typische Dichtefunktion $f(k)$ und Verteilungsfunktion $F(k)$ einer Poisson-Verteilung.

Normal- oder Gauß-Verteilung
Es gelten mit $m = p \cdot n$:

$$f(k) = \frac{1}{\sigma\sqrt{2\pi}} \cdot e^{-\frac{1}{2}(\frac{k-m}{\sigma})^2} \tag{4.19}$$

$$F(k) = \frac{1}{\sigma\sqrt{2\pi}} \cdot \sum_{i=0}^{k} e^{-\frac{1}{2}(\frac{i-m}{\sigma})^2} \tag{4.20}$$

σ^2 ist die Varianz, σ wird als Streuung oder Standardabweichung der Verteilung bezeichnet. Beide Größen sind ein Maß für die zu erwartende Verteilung der tatsächlich gefundenen Ergebnisse in der Umgebung des Mittelwertes.

Auch die Normal-Verteilung ist eine Näherung der Binomial-Verteilung für große Werte von n bei gleichzeitig kleinem p. Als Grenzen für ihren Einsatz können wir auch hier $n > 100$ und zugleich $p < 0,1$ verwenden. Eine andere Methode für die Festlegung der Grenzen des Einsatzes ist die Bestimmung einer Schranke für die Varianz als $\sigma^2 = p \cdot (1 - p) \cdot n$. Für $n = 100$ und $p = 0,1$ wäre diese Schranke bei $\sigma^2 = 9$. Im Gegensatz zur Poisson-Verteilung gibt es für die Anwendung der Normal-Verteilung keine Beschränkung der Anzahl der zu erwartenden Ereignisse.

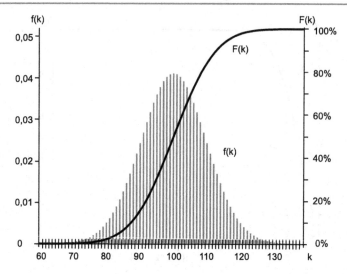

Abb. 4.3 Normal- oder Gauß-Verteilung

Die Entscheidung, ob sich für ein konkretes Problem eher die Poisson- oder eher die Normal-Verteilung eignet, kann letztlich nur empirisch durch Experimente gewonnen werden, deren Ergebnisse man mit den typischen Verläufen der Wahrscheinlichkeitsdichte- und Verteilungsfunktionen vergleicht. Praktisch kann man dabei in vielen Fällen jedoch auf Erfahrungswerte für bestimmte Typen von Objekten zurück greifen. Ein wesentliches Kriterium kann dabei auch die Kapazität der für die Berechnung verwendeten Rechner sein, die bei der Poisson-Verteilung deutlich früher an ihre Grenzen stößt.

Abbildung 4.3 zeigt eine typische Dichtefunktion $f(k)$ und Verteilungsfunktion $F(k)$ einer Normal-Verteilung (Gauß'sche Glockenkurve).

4.1.3   MTBF und mittlere Lebensdauer

Mit den hier gewonnen Erkenntnissen über die Wahrscheinlichkeitsdichte und Verteilungsfunktion können wir jetzt auch die Berechnung der MTBF als mittlere Lebensdauer eines Objekts noch einmal auf Basis dieser statistischen Funktionen neu definieren. In Abschn. 3.2 hatten wir bereits eine intuitive Herleitung gezeigt, die jedoch im Einzelfall schwieriger nachvollziehbar sein kann.

Betrachten wir zunächst eine beliebige Funktion $f(x)$ für die Wahrscheinlichkeitsdichte und die zugehörige Verteilungsfunktion $F(x)$. Für diese beiden Funktionen gilt der allgemeine Zusammenhang

$$f(x) = \frac{d}{dx} F(x) \tag{4.21}$$

Der Mittelwert oder Erwartungswert[3] E für die Variable x ist dann in allgemeiner Form definiert als

$$E = \int_{-\infty}^{\infty} x f(x)\, dx \tag{4.22}$$

Kehren wir jetzt zu unserem speziellen Problem zurück. Wir hatten unsere Zuverlässigkeitsfunktion $R(t)$ interpretiert als Wahrscheinlichkeit dafür, dass ein bestimmtes Objekt zum Zeitpunkt t noch fehlerfrei ist. Gleichbedeutend damit ist die Aussage, dass von einer gewissen Anzahl Objekte zum Zeitpunkt t noch der relative Anteil $R(t)$ fehlerfrei ist. Im Umkehrschluss bedeutet das, dass bis zum Zeitpunkt t der Anteil $1 - R(t)$ der Objekte fehlerhaft geworden ist. $1 - R(t)$ ist also die Verteilungsfunktion, die den Anteil aller Objekte beschreibt, deren Lebensdauer kleiner oder gleich t ist.

Die gesuchte mittlere Lebensdauer T eines Objekts ist der Erwartungswert für die Lebensdauer des Objekts. Um diesen Erwartungswert zu berechnen, benötigen wir die Wahrscheinlichkeitsdichte $f(t)$, die die Verteilung der Lebensdauern der Gesamtheit der betrachteten Objekte beschreibt. Wenn wir als Verteilungsfunktion

$$F(t) = 1 - R(t) \tag{4.23}$$

setzen, dann können wir Wahrscheinlichkeitsdichte nach Gl. 4.21 als Ableitung nach der Zeit t berechnen:

$$f(t) = \frac{d}{dt} F(t) = -\frac{d}{dt} R(t) \tag{4.24}$$

Mit dieser Beziehung erhalten wir so nach Gl. 4.22 die allgemeine Form für die gesuchten mittlere Lebensdauer T als

$$T = \int_0^{\infty} t \left(-\frac{d}{dt} R(t) \right) dt \tag{4.25}$$

Die untere Integrationsgrenze können wir hier auf Null setzen, weil die Lebensdauer von Objekten grundsätzlich positiv ist.

Wenn wir dieses Ergebnis mit den in Abschn. 3.3 gezeigten Berechnungen vergleichen (siehe z. B. Gl. 3.30), dann sehen wir, dass wir dort mit

$$T = \int_0^{\infty} R(t)\, dt \tag{4.26}$$

gerechnet haben. Diesen scheinbaren Widerspruch können wir aber hier zumindest für unsere Fälle auflösen. Wir betrachten ausschließlich einzelne Komponenten und Systeme, in denen diese Komponenten entweder seriell oder parallel geschaltet sind. In Abschn. 3.3 hatten wir auf S. 43 gezeigt, dass sich Verfügbarkeit und mittlere Lebensdauer sowohl für

---

[3]Der Erwartungswert ist der Wert, den wir im Mittel beobachten werden. Es ist nicht notwendigerweise der Wert, den wir am häufigsten beobachten werden. Das heißt, der Erwartungswert ist nicht notwendigerweise identisch mit dem Maximum der Dichtefunktion $f(x)$.

parallele als auch für serielle Schaltungen als Grenzwerte der k-aus-n Majoritätsredundanz berechnen lassen. An diesem Beispiel wollen wir jetzt zeigen, dass die Vereinfachung des Integrals für unsere Fälle möglich ist.

Wir entwickeln dafür eine Lösung des Integrals $\int_0^\infty t \cdot f(t)\,dt$ durch partielle Integration. Allgemein gilt hier:

$$\int u \cdot v'\,dx = u \cdot v - \int u' \cdot v\,dx \tag{4.27}$$

Mit $u = t$ und $v = F(t)$ können wir also schreiben

$$\int_0^\infty t \cdot f(t)\,dt = t \cdot F(t)\Big|_0^\infty - \int_0^\infty F(t)\,dt \tag{4.28}$$

und mit $F(t) = 1 - R(t)$ gilt dann

$$\int_0^\infty t \cdot f(t)\,dt = t \cdot \big(1 - R(t)\big)\Big|_0^\infty - \int_0^\infty \big(1 - R(t)\big)\,dt$$

$$= \big(t - t \cdot R(t) - t\big)\Big|_0^\infty + \int_0^\infty R(t)\,dt$$

$$= -t \cdot R(t)\Big|_0^\infty + \int_0^\infty R(t)\,dt \tag{4.29}$$

Damit unsere Vereinfachung richtig ist, muss also der erste Teil dieses Ergebnisses für unsere Fälle gleich Null sein:

$$-t \cdot R(t)\Big|_0^\infty \overset{!}{=} 0 \tag{4.30}$$

Dass es so ist, können wir aus einfachen Überlegungen bereits herleiten. Für die untere Integrationsgrenze wissen wir, dass immer $R(t = 0) = 1$ gilt; das Produkt aus beiden Größen ist also für jeden Verlauf von $R(t)$ gleich Null. Für die Obergrenze haben wir auch bereits in Abschn. 3.3 gesehen, dass $R(t \to \infty)$ immer mindestens in der Form $e^{-\lambda \cdot t}$ gegen Null strebt; insbesondere bedeutet das, dass $R(t \to \infty)$ so schnell gegen Null strebt, dass der Anstieg von $t \to \infty$ dagegen nicht ins Gewicht fällt; somit strebt das Produkt aus beiden Größen ebenfalls gegen Null. Wir erhalten also für Gl. 4.30 mit $-0 + 0 = 0$ das gewünschte Ergebnis.

Für die Zuverlässigkeitsfunktion $R(t)$, wie wir sie für die k-aus-n Majoritätsredundanz berechnet hatten, können diese Berechnung auch konkret durchführen:

$$R(t) = \sum_{i=k}^n \binom{n}{i} \cdot \big(e^{-\lambda_e \cdot t}\big)^i \cdot \big(1 - e^{-\lambda_e \cdot t}\big)^{n-i} \tag{4.31}$$

und erhalten damit die Bedingung

$$-\left(\sum_{i=k}^n \binom{n}{i} \cdot t \cdot \big(e^{-\lambda_e \cdot t}\big)^i \cdot \big(1 - e^{-\lambda_e \cdot t}\big)^{n-i}\right)\Bigg|_0^\infty = 0 \tag{4.32}$$

Wir können jetzt zeigen, dass jeder Summand gleich Null ist. Es gelten für:

$$t \to \infty:\ t \cdot \left(e^{-\lambda_e \cdot t}\right)^i \to 0 \quad \text{und} \quad \left(1 - e^{-\lambda_e \cdot t}\right)^{n-i} \to 1$$

$$t \to 0:\ t \cdot \left(e^{-\lambda_e \cdot t}\right)^i \to 0 \quad \text{und} \quad \left(1 - e^{-\lambda_e \cdot t}\right)^{n-i} \to 0$$

Damit wird die gesamte Summe gleich Null, und wir können in der Tat schreiben:

$$T = \int_0^\infty t \cdot f(t)\, dt = \int_0^\infty R(t)\, dt \tag{4.33}$$

Eine anschauliche Darstellung der mittleren Lebensdauer T als Erwartungswert E für die Funktion $f(t)$ erhalten wir aus Abb. 4.4. Die Fläche A_1 oberhalb der Funktion $R(t)$ ist gleich der Fläche A_2 unterhalb der Funktion $R(t)$. Dieser Zusammenhang lässt sich leichter zeigen, wenn wir zusätzlich die Funktion $F(t) = 1 - R(t)$ einzeichnen. Da wir dafür lediglich $R(t)$ spiegeln müssen, können wir die Fläche A_1 jetzt unterhalb der der Kurve $F(t)$ finden.

Abb. 4.4 Mittlere Lebensdauer: Flächenvergleich

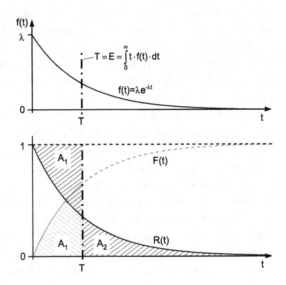

Wenn $A_1 = A_2$ gilt, dann gilt ebenso

$$\int_0^T F(t)\, dt = \int_T^\infty R(t)\, dt \tag{4.34}$$

Mit

$$R(t) = 1 - F(t) \tag{4.35}$$

und

$$T = \int_0^\infty R(t)\, dt = \int_0^T R(t)\, dt + \int_T^\infty R(t)\, dt \tag{4.36}$$

können wir weiter rechnen:

$$\int_T^{\infty} R(t)\, dt = T - \int_0^T \left(1 - F(t)\right) dt$$

$$= T - \int_0^T dt + \int_0^T F(t)\, dt$$

$$= T - t\Big|_0^T + \int_0^T F(t)\, dt$$

$$= \int_0^T F(t)\, dt \qquad (4.37)$$

Damit ist gezeigt, dass die Flächen A_1 und A_2 gleich sind.

4.2   Verteilungsfunktion und Ausfallsicherheit

Nach dem Exkurs in die Grundlagen der Statistik können wir jetzt wieder einen weiteren Schritt tun, um das Verhalten von Objekten zu beschreiben. Bei unseren bisherigen Berechnungen der Zuverlässigkeit, d. h. der Zuverlässigkeitsfunktion $R(t)$, sind wir von einer wohldefinierten Wahrscheinlichkeit $p(t)$ ausgegangen, mit der ein Objekt oder System zum Zeitpunkt t noch fehlerfrei bzw. bereits fehlerhaft ist. Wir haben also ausschließlich eine Zeitabhängigkeit betrachtet.

In Abschn. 4.1 haben wir hergeleitet, wie wir statt dessen eine Wahrscheinlichkeitsverteilung verwenden können. Wir haben dabei gesehen, wie groß die Anzahl der zu erwartenden Fehler in Abhängigkeit von einer Wahrscheinlichkeit p ist.

Mit $R(t)$ konnten wir lediglich Aussagen darüber machen, ob ein Objekt als Ganzes vollkommen fehlerfrei ist bzw. mit welcher Wahrscheinlichkeit es zu einem bestimmten Zeitpunkt noch vollkommen fehlerfrei arbeitet. Mit Hilfe der Wahrscheinlichkeitsverteilung können wir jetzt die Wahrscheinlichkeit für das Auftreten einer bestimmten Anzahl von Fehlern innerhalb eines definierten Zeitraums bestimmen. Mit Hilfe beider Sichtweisen können wir jetzt Aussagen über einerseits die zeitliche Verteilung und andererseits die Anzahl der im Verlauf der Zeit zu erwartenden Fehler kombinieren.

Zeitliche Abhängigkeit einer Binomial-Verteilung

Nehmen wir zunächst ein einfaches Beispiel für ein System aus $n = 5$ Objekten, dessen Verhalten mit der Binomial-Verteilung beschrieben werden kann. Durch einfaches Ausrechnen nach Gl. 4.13 erhalten wir für $f(k)$ die Werte für die Wahrscheinlichkeitsdichte für die Fehlerwahrscheinlichkeiten $p = 0{,}2$ bzw. $p = 0{,}5$, wie sie in Abb. 4.5 gezeigt werden.

In Abb. 4.5 können wir also ablesen, mit welcher Wahrscheinlichkeit wir in genau diesem Fall wie viele Fehler erwarten können, wenn wir fünf Objekte betrachten. Alle Objekte müssen dabei unter den gleichen Bedingungen beobachtet werden, insbesondere auch über den gleichen Zeitraum. Über den Ausgang eines konkreten Experiments erhal-

Abb. 4.5 Binomial-Verteilung für $n = 5$ und $p = 0,2$ bzw. $p = 0,5$

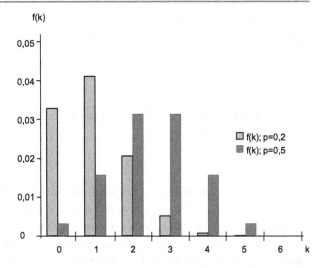

ten wir damit selbstverständlich keine Aussage. Ebenso erhalten wir keine Aussage über den Zeitpunkt, zu dem diese Fehler wahrscheinlich aufgetreten sein werden; die Anzahl k der beobachteten Fehler bezieht sich ausschließlich auf den Stand am Ende des Beobachtungszeitraums.

Da wir jedoch aus dem Verlauf der Zuverlässigkeitsfunktion wissen, dass die individuelle Fehlerwahrscheinlichkeit für ein Objekt mit der Zeit zunimmt, können wir auch den zeitlichen Verlauf Fehlerwahrscheinlichkeiten mit erfassen. Zu diesem Zweck müssen wir jetzt die zeitliche Abhängigkeit der Wahrscheinlichkeit $p(t) = 1 - e^{-\lambda \cdot t}$ berücksichtigen. Damit wird aus der Funktion $f(k)$ aus Gl. 4.13 eine Funktion $f(k, t)$:

$$f(k, t) = \binom{n}{k} \cdot p(t)^k \cdot \left[1 - p(t)\right]^{n-k} \tag{4.38}$$

Die Verteilungsfunktion aus Gl. 4.14 erhält damit auch eine zeitabhängige Form:[4]

$$F(k, t) = \sum_{i=0}^{k} \binom{n}{i} \cdot p(t)^i \cdot \left[1 - p(t)\right]^{n-i} \tag{4.39}$$

---

[4]Mit einigen Umformungen sehen wir, dass diese Form genau der Zuverlässigkeitsfunktion für ein System mit k-aus-n-Majoritätsredundanz aus Gl. 3.34 auf S. 41 entspricht.

Mit $p(t) = 1 - e^{-\lambda \cdot t}$ und $\binom{n}{k} = \binom{n}{n-k}$ können wir dafür auch schreiben:

$$R(k, t) = \sum_{i=k}^{n} \binom{n}{i} p^{n-i} (1-p)^i = \sum_{i=k}^{n} \binom{n}{n-i} p^{n-i} (1-p)^i = \sum_{i=0}^{k} \binom{n}{n-i} p^i (1-p)^{n-i}$$

$$= \sum_{i=0}^{k} \binom{n}{i} p^i (1-p)^{n-i} = F(k, t)$$

Die Form $F(k = 0, t)$ entspricht hier dem auf S. 43 beschriebenen Grenzwert für ein serielles System, die Form $F(k = n - 1, t)$ dem Grenzwert für ein paralleles System.

Damit können wir tatsächlich jetzt die Aussage über den zu erwartenden zeitlichen Verlauf machen. Im einfachsten Fall, wenn wir die Wahrscheinlichkeit berechnen wollen, dass unser System null Fehler aufweist, erhalten wir so

$$f(0, t) = \left[1 - p(t)\right]^n \tag{4.40}$$

oder, wenn wir es mit der Zuverlässigkeitsfunktion $R(t) = 1 - p(t)$ beschreiben und $p(t) = 1 - e^{-\lambda \cdot t}$ einsetzen:

$$f(0, t) = e^{-\lambda \cdot t \cdot n} = \left[R(t)\right]^n \tag{4.41}$$

Die Zuverlässigkeit eines Systems aus n statistisch unabhängigen Komponenten lässt sich bei bekannter Fehlerrate λ also auf diesen einfachen Zusammenhang zurückführen. Diesen Zusammenhang kennen wir bereits. Er entspricht genau der Zuverlässigkeitsfunktion, die wir in Abschn. 3.3.1 für ein System aus mehreren seriell geschalteten Komponenten hergeleitet hatten und dafür zu dem Ergebnis $\lambda = \sum \lambda_i$ gekommen waren. Abbildung 4.6 zeigt noch einmal den typischen Verlauf dieser Zuverlässigkeitsfunktion.

Abb. 4.6 $f(0, t) = R(t)$ für eine Binomial-Verteilung

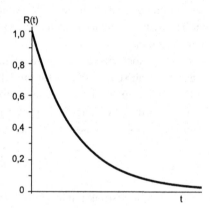

Der in den Gl. 4.40 und 4.41 beschriebene Zusammenhang gilt ausschließlich für den Fall, dass wir in einer Gesamtheit von n Objekten Null Fehler beobachten. Dabei ist es unerheblich, ob wir ein System beobachten, das aus n gleichen Komponenten besteht und als Ganzes fehlerfrei ist, oder ob wir n gleiche, aber einzeln bzw. in unterschiedlichen Systemen betriebene Komponenten beobachten und als Ergebnis beobachten, dass jede einzelne dieser Komponenten fehlerfrei geblieben ist.

Diese Situation ändert sich jedoch, wenn wir ein System aus n Komponenten betrachten, bei dem wir einen oder mehrere Fehler tolerieren wollen. Bei der absoluten Fehlerfreiheit können wir die Anzahl n auch als Faktor in einer gesamten Fehlerrate sehen, wie wir sie bei der Zuverlässigkeitsfunktion von seriellen Systemen gefunden hatten. Sobald wir einen oder mehrere Fehler zulassen, müssen wir die Anzahl n der beteiligten Objekte so einbeziehen, dass wir alle möglichen Kombinationen $\binom{n}{k}$ berücksichtigen, die mit der Anzahl k der Fehler vereinbar sind.

Wir haben diese Betrachtungen als Beispiel für die Binomial-Verteilung durchgeführt. Die Berechnung von $f(0, t)$ für andere Verteilungen führt qualitativ zu ähnlichen Ergebnissen. Da es sich sowohl bei der Poisson- als auch bei der Gauß-Verteilung um eine Näherung handelt, konvergiert die Funktion jedoch nicht exakt nach $R(t)$.

Ausfallwahrscheinlichkeit und Ausfallsicherheit

Als nächsten Schritt wollen wir jetzt die Berechnung auf Fälle ausweiten, bei denen mindestens ein Fehler in die Wahrscheinlichkeitsrechnung mit einbezogen wird. Nach unserer bisher strengen Definition ist ein System dann nicht mehr „zuverlässig" im Sinne der Zuverlässigkeitsfunktion.

Wir definieren hier zunächst den neuen Begriff „Ausfall". Bisher haben wir im Wesentlichen von „Fehlerraten" und „Fehlern" gesprochen. Ein Fehler ist jeder Zustand, in dem mindestens eine Komponente eines Systems nicht funktionsfähig ist. Aber nicht jeder Fehler in irgendeiner Komponente führt unmittelbar dazu, dass das gesamte System nicht funktionsfähig ist. Solange zum Beispiel ein Fehler durch andere Teile des Systems kompensiert wird, hat er auf die Funktionsfähigkeit des Gesamt-Systems keinen unmittelbaren Einfluss. Darüber hinaus kann unter Umständen sogar eine spürbare Einschränkung im System-Betrieb toleriert werden, so lange das System noch die gestellten Anforderungen (Spezifikationen) erfüllt.

Wir wollen also in Zukunft von einem System-„Ausfall" genau dann sprechen, wenn das System als Ganzes nicht mehr die geforderte Funktion erfüllen kann. Eine „Ausfallsicherheit" kann also auch dann gegeben sein, wenn ein oder mehrere Fehler auftreten. Die „Ausfallwahrscheinlichkeit" ist in einem solchen Fall geringer als eine „Fehlerwahrscheinlichkeit".

Wenn wir jetzt unsere Berechnungen für Systeme fortsetzen, in denen eine oder mehrere fehlerhafte Komponenten erlaubt sind, dann werden wir sehen, dass die Ausfallsicherheit für ein solches System deutlich größer sein kann als die früher verwendete Zuverlässigkeit. Entscheidend dafür ist die Verteilungsfunktion $F(k, t)$. Mit $F(k, t)$ berechnen wir die Wahrscheinlichkeit, dass zu einem gegebenen Zeitpunkt t höchstens k Komponenten fehlerhaft sind.

Betrachten wir zunächst als Beispiel ein System mit $n = 5$ Komponenten, deren Fehlerrate $\lambda = 0,1/\text{Jahr}$ beträgt. Nach einer Betriebsdauer von 5 Jahren erhalten wir für $f(0, t)$ einen Wert von 0,082. Wir sehen also, dass in einem solchen Fall das System ohne zwischenzeitliche Reparatur- und Wartungsmaßnahmen mit einer Wahrscheinlichkeit von nur 8,2 % noch vollständig funktioniert.[5]

---

[5]Falls auftretende Fehler unmittelbar behoben werden, dann wird die Zuverlässigkeit auf den Stand von $t = 0$ zurückgesetzt. Da wir nur zufällige Fehler betrachten, spielen Alterungsprozesse keine Rolle. Das Verhalten von „reparierten Systemen" werden wir ab Kap. 5 unter dem Thema „Verfügbarkeit und Reparatur" behandeln.

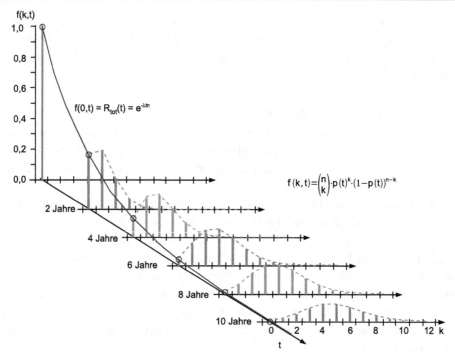

Abb. 4.7 Zeitabhängigkeit einer Binomial-Verteilung

Wenn wir für das gleiche Beispiel eine fehlerhafte Komponente innerhalb von 5 Jahren zulassen, also $F(k, t)$ für $k = 1$ und $\lambda \cdot t = 0,5$ berechnen, so erhalten wir für die so definierte Ausfallsicherheit eine Wahrscheinlichkeit von etwa 35 %; wenn wir gar 2 fehlerhafte Komponenten zulassen, dann erreichen wir eine Ausfallsicherheit von fast 70 %.

Abbildung 4.7 fasst an einem weiteren Beispiel für eine Binomial-Verteilung noch einmal diese Aussagen zusammen. Wir können diese Abbildung in zwei verschiedenen Richtungen lesen und interpretieren. Zunächst betrachten wir die Veränderungen der Form der Funktionen $f(k, t)$ für verschiedene feste Zeitpunkte t. Zu Beginn der Betriebszeit ist die Wahrscheinlichkeit für null Fehler gleich eins; wir sehen also keine „Verteilung" der Fehler im eigentlichen Sinne. Mit fortschreitender Zeit nimmt die Fehlerwahrscheinlichkeit für eine immer größere Anzahl von Fehlern zu, während die Wahrscheinlichkeit für null Fehler und kleinere Fehlerzahlen abnimmt. Die Dichtefunktion „zerfließt". Für null Fehler ($k = 0$) ist die erwartete Exponential-Kurve $R(t) = f(0, t)$ eingezeichnet.

In einer zweiten Lesart können wir den zeitlichen Verlauf von $f(k, t)$ für jeweils ein festes k ($k > 0$) betrachten (den wir aus Gründen der Übersichtlichkeit nicht eingezeichnet haben). Erwartungsgemäß startet $f(k, t)$ für $k > 0$ immer bei Null und steigt mit der Zeit mehr oder weniger steil zu einem Maximum an, ehe es wieder abfällt. Der Anstieg ist dabei umso flacher und das Maximum im zeitlichen Verlauf um so später, je größer die erwartete Fehlerzahl k ist. Für die Funktionsfähigkeit eines realen Systems ist die Funktion $F(k, t)$ entscheidend, die uns die Wahrscheinlichkeit liefert, dass zum Zeitpunkt t höchstens k

Fehler aufgetreten sind. Je flacher der Anstieg der zugehörigen Dichtefunktion $f(i, t)$ ist, desto langsamer wächst auch $F(k, t)$ als die Summe aller $f(i, t)$ mit $i \leq k$. Wenn wir also ein System konstruieren, das k Fehler toleriert, so wird die Wahrscheinlichkeit dafür, dass höchstens k Fehler erreicht werden, im zeitlichen Verlauf umso langsamer ansteigen, je größer k ist. Das bedeutet, dass die Ausfallsicherheit dieses Systems mit dem Wert für k wächst.

4.3 Schranken für die Ausfallsicherheit

Im vorangegangenen Abschnitt haben wir die Aufgabe gelöst, wie wir die Ausfallsicherheit eines Systems berechnen können, das einen oder mehrere Fehler toleriert. Häufig wird das an sich gleiche Problem jedoch von der anderen Seite her zu lösen sein: Mit welcher Sicherheit können wir davon ausgehen, dass in einem bestimmten Zeitraum nicht mehr als k Fehler auftreten werden. Oder welche Fehlerzahl wird mit einer Sicherheit von $x \%$ innerhalb eines Zeitraums τ nicht überschritten.

Die Lösung des letztgenannten Problems wollen wir anhand eines weiteren Beispiels zeigen. Wir wählen jetzt ein System, dessen Fehlerwahrscheinlichkeit mit der Poisson-Verteilung beschrieben wird. Um die Bedingungen für diese Näherung zu erfüllen, soll unser System aus $n = 135$ unabhängigen Objekten mit einer Fehlerrate von jeweils $\lambda = 3000$ FIT bestehen. Der betrachtete Zeitraum τ soll ein Jahr betragen. Damit erhalten wir $p(\tau) = 1 - e^{-\lambda \cdot \tau} \approx 0,026$, also einen hinreichend kleinen Wert, um die Poisson-Verteilung als Näherung einsetzen zu können.

Zunächst berechnen wir mit dem zeitabhängigen Erwartungswert

$$m(\tau) = p(\tau) \cdot n = \left(1 - e^{-\lambda \cdot \tau}\right) \cdot n \tag{4.42}$$

nach den Gl. 4.17 und 4.18 (siehe S. 50) allgemein die Wahrscheinlichkeitsdichte und Verteilungsfunktion:

$$f(k, \tau) = \frac{m^k(\tau)}{k!} \cdot e^{-m(\tau)} \tag{4.43}$$

$$F(k, \tau) = e^{-m(\tau)} \cdot \sum_{i=0}^{k} \frac{m^i(\tau)}{i!} \tag{4.44}$$

Beide sind damit ebenfalls abhängig von der Zeit. Um die Anzahl k_{max} der Fehler zu bestimmen, die innerhalb eines Zeitraums τ mit einer Wahrscheinlichkeit von 95% nicht überschritten wird, müssen wir das k finden, für das gilt

$$F(k, \tau) = \sum_{i=0}^{k} f(i) \leq 0,95 \tag{4.45}$$

Da wir in unserem Fall eine diskrete Wahrscheinlichkeitsverteilung haben, können wir diesen Wert im Allgemeinen nicht exakt berechnen. Stattdessen müssen wir durch kon-

Abb. 4.8 Ausfallsicherheit für $N = 135$, $\lambda = 3000$ FIT bei einer Schranke von 95 %

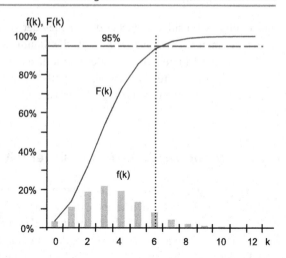

Tab. 4.1 Tabelle zur Ausfallsicherheit für $n = 135$ und $\lambda = 3000$ FIT

k	0	1	2	3	4	5	6	7	8	9	10
$F(k)$	0,030	0,137	0,322	0,538	0,727	0,858	0,935	0,974	0,990	0,997	0,999

krete Berechnung von $F(k, \tau = 1$ Jahr$)$ für aufsteigende k nach dem Wert k_{max} suchen, für den sowohl $F(k_{max}, \tau) \leq 0,95$ als auch $F(k_{max} + 1, \tau) > 0,95$ gelten. Wenn wir diese Berechnung nicht ohnehin automatisieren, können den Wert für k_{max} also allenfalls aus einer Tabelle oder einer grafischen Darstellung ablesen. Für unser Beispiel können wir sowohl aus Abb. 4.8 als auch aus Tab. 4.1 entnehmen, dass die Grenze von 95 % zwischen 6 und 7 Fehlern liegt. Nach unserer Interpretation der Aufgabenstellung ist die gesuchte Zahl Fehlerzahl k_{max} also gleich 6.

Die gleiche Frage könnte man auch bei anderer Interpretation mit 7 beantworten. Wir haben die Aufgabe bisher so interpretiert, dass die Fehlerzahl gesucht ist, deren Wahrscheinlichkeit geringer als 95 % ist. Dann ist die Antwort 6. Wenn wir die Aufgabe allerdings so interpretieren, dass die Fehlerzahl gesucht ist, die mit einer Wahrscheinlichkeit von höchsten 5 % nicht überschritten wird, dann müssen wir die Frage mit 7 beantworten, indem wir so rechnen:

$$1 - F(k, \tau) = 1 - \sum_{i=0}^{k} f(i) \leq 0,05 \qquad (4.46)$$

Der Unterschied der beiden Betrachtungsweisen mag auf den ersten Blick „akademisch" erscheinen. Wir müssen jedoch bedenken, dass derartige Ergebnisse sehr konkret in die Berechnung von Kosten und Risiken eingehen. So können sie unter Umständen auch einen direkten Einfluss auf die Vertragsgestaltung und damit verbundene Gewährleistungspflichten haben. Dabei kann es einen erheblichen Unterschied bedeuten, ob wir ab einer Fehlerzahl von 6 oder 7 zum Beispiel zur Zahlung einer Vertragsstrafe oder zu Leistungen verpflichtet sind, die weit über die eigentliche Fehlerbeseitigung hinaus gehen. Deswegen ist es sehr ratsam, wenn alle Beteiligten sich über die Bedeutung und Verwendung der Ergebnisse sicher sind, auch wenn wir sie grundsätzlich nicht genauer berechnen können.

Mit einer solchen Aussage über die Schranken für das Auftreten einer bestimmten Fehlerzahl können wir also jetzt beispielsweise den Aufwand für Reparaturen und das Risiko für Systemausfälle und deren Kosten abschätzen. Wir können in einem anderen Fall auch prognostizieren, wie viele Rückläufe von produzierten Waren wir innerhalb eines bestimmten Zeitraums, z. B. der Garantiezeit, erwarten müssen. In beiden Fällen kennen wir auch das damit verbundene Rest-Risiko, das wir möglicherweise absichern müssen. Die Schranke von 95 % haben wir hier willkürlich gewählt. Im Einzelfall ist es immer eine Abwägung von Aufwand und Risiko, wie die Schranke festzulegen ist. Die Entscheidung über die tatsächlich verwendete Schranke ist also keine rein technische, sondern eine geschäftliche Entscheidung. Aus Tab. 4.1 können wir zum Beispiel auch entnehmen, dass wir das Rest-Risiko deutlich vermindern können, wenn wir mit einer geringfügig höheren Fehlerzahl pro Jahr rechnen. Im Gegenzug müssen wir dann allerdings höhere Kosten für erwartete Korrekturen oder Rückläufe in ein Angebot oder den Verkaufspreis einkalkulieren und riskieren damit einen Wettbewerbsnachteil.

Wenn wir die Erkenntnisse der letzten Seiten noch einmal zusammenfassen, dann sehen wir, dass die Anzahl an Fehlern, die wir zu erwarten haben, von einer ganzen Reihe von Parametern abhängt. Diese Parameter sind zunächst technische, messbare Größen wie die Fehlerrate, die Anzahl der beteiligten Komponenten oder die Zeit. Wir haben aber auch gesehen, dass wir keine absoluten Aussagen machen können, sondern lediglich Wahrscheinlichkeiten bestimmen. Jede Aussage ist also nur mit einer gewissen Wahrscheinlichkeit gültig. Üblicherweise wird eine Schranke genannt, die die Sicherheit oder „Qualität" unserer Aussage bestimmt. Diese Schranke wird im Allgemeinen nicht ausschließlich durch technische, sondern vor allem auch durch wirtschaftliche Kriterien bestimmt. Es kann eben durchaus auch eine „Fehlkalkulation" sein, sich auf eine zu hohe Fehlerzahl vorzubereiten, denn die Vorbereitung möglicher Instandsetzungen bedeutet bekanntlich auch Aufwand und Kosten, oder zumindest Bindung von Kapital und liquiden Mitteln.

Absolute und relative Fehlerhäufigkeit

Bisher haben wir mit einer konkreten Anzahl n von Objekten gerechnet und dafür konkrete absolute Werte für die Anzahl k der zu erwartenden Fehler erhalten. Eine berechtigte Frage wird aber auch sein, mit welchem relativen Anteil von fehlerhaften Objekten für eine beliebige Anzahl n von Objekten zu rechnen ist. Es wird also nach einem Wert für k_{max}/n gesucht, der für eine bestimmte Schranke S und einen bestimmten Zeitraum τ gilt. Wenn wir die Berechnung

$$F(k, \tau) = e^{-m(\tau)} \cdot \sum_{i=0}^{k} \frac{m^i(\tau)}{i!} \leq S \quad \text{mit: } m(\tau) = \left(1 - e^{-\lambda \cdot \tau}\right) \cdot n \qquad (4.47)$$

unter diesem Aspekt noch einmal betrachten, dann sehen wir auch ohne konkreten Beweis, dass die Anzahl der zu erwartenden Fehler für eine gegebene Schranke S weder linear mit

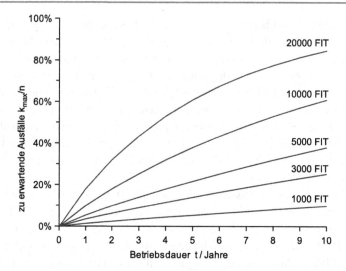

Abb. 4.9 Relative Fehlerhäufigkeit für verschiedene Fehlerraten λ

der Zeit noch linear mit n anwächst. Wir gehen jedoch nach wie vor davon aus, dass alle Komponenten statistisch unabhängig sind und die gleiche Fehlerrate aufweisen. Also sollten wir erwarten, dass tatsächlich der relative Anteil fehlerhafter Komponenten für eine beliebig große Anzahl von Komponenten immer gleich bleibt. Der Grund dafür, dass es nicht genau so ist, liegt in der Natur unserer diskreten Verteilung.

Mit $F(k, \tau)$ berechnen wir zunächst einen Zahlenwert, der uns die Wahrscheinlichkeit angibt, mit der innerhalb des Zeitraums τ höchstens k Fehler auftreten. Diese Anzahl k ist natürlicherweise abhängig von der Gesamtzahl n der betrachteten Objekte. Eine gegebene Schranke S liegt typischerweise zwischen zwei Werten von $F(k, \tau)$ für verschiedene k. Da unsere zu erwartende Fehlerzahl jedoch nur ganzzahlig sein kann, müssen wir entsprechend runden, um die durch S gegebene Bedingung zu erfüllen. Wenn also wie im vorigen Abschnitt unsere eigentliche Schranke verhältnismäßig weit vom tatsächlich berechneten Wert entfernt ist, dann haben wir einen entsprechend hohen „Rundungsfehler" für k_{max}/n. Wenn wir die gleiche Berechnung für eine größere Zahl n durchführen, dann liegen die Werte für $F(k, \tau)$ dichter, und somit wird unser „Rundungsfehler" zunehmend geringer. Für große n konvergiert k_{max}/n.

Für wirklich zuverlässige Aussagen müssen wir also tatsächlich für jeden konkreten Fall eine eigene Berechnung anstellen und können nicht unmittelbar von einem Fall auf den nächsten schließen.

Trotzdem ist es sinnvoll, sich einen Überblick über das generelle Verhalten zu verschaffen. Auf diese Weise können wir zumindest ein „Gefühl" dafür entwickeln, wie sich ähnliche Systeme typischerweise verhalten. Abbildung 4.9 zeigt den zeitlichen Verlauf der relativen Fehlerhäufigkeit (k_{max}/n) für verschiedene Fehlerraten λ mit $n = 1000$ und $F(k_{max}) \leq 0{,}95$.

Verfügbarkeit und Reparatur

5

Bisher haben wir uns im Wesentlichen darauf beschränkt, Objekte und Systeme zu beobachten. Aus diesen Beobachtungen können wir herleiten, in welchem Umfang wir mit Fehlern und Ausfällen zu rechnen haben. Derartige Informationen sind einerseits sehr wertvoll, um zum Beispiel Kosten für Aufwand und den Ersatz von fehlerhaften Objekten zu ermitteln. In der Praxis ist es jedoch andererseits unbefriedigend, sich ausschließlich auf die passive Rolle des Beobachters zu beschränken, der lediglich feststellen kann, ob ein Fehler vorliegt.

In diesem Kapitel werden wir deshalb einen Schritt weiter gehen und berechnen, wie wir das Verhalten eines Systems durch aktives Eingreifen beeinflussen können. Wir werden also nicht mehr ausschließlich feststellen, ob ein Objekt oder ein System fehlerhaft ist, sondern wir werden es aus dem fehlerhaften Zustand wieder in einen fehlerfreien Zustand zurück versetzen – wir werden es also reparieren.

Auch hier können wir nur mit Wahrscheinlichkeiten rechnen. Im Falle der Zuverlässigkeit haben wir die Wahrscheinlichkeit gefunden, mit der ein Objekt oder System, das wir sich selbst überlassen haben, nach einer *bestimmten* Zeit noch funktionsfähig ist. Wenn wir jetzt die Verfügbarkeit berechnen, dann bestimmen wir, mit welcher Wahrscheinlichkeit ein Objekt oder System zu einem *beliebigen* Zeitpunkt funktionsfähig ist, unter der Voraussetzung, dass wir im Falle eines Fehlers eingreifen und diesen beheben. Dahinter steht auch die in der Praxis häufig gestellte Forderung nach einer bestimmten Mindest-Wahrscheinlichkeit für die Verfügbarkeit. So bedeutet zum Beispiel die Forderung nach 99,9 % Verfügbarkeit, dass ein System während 99,9 % der Zeit funktionsfähig sein muss, also z. B. im Laufe eines Jahres für höchstens knapp neun Stunden ausfallen darf.

Abgrenzung: Verfügbarkeit und Zuverlässigkeit
Zunächst wollen wir den neuen Begriff der Verfügbarkeit definieren: Verfügbarkeit (Availability) ist die Wahrscheinlichkeit, dass sich ein System zu einem beliebigen Zeitpunkt in einem Zustand befindet, in dem es seine definierte Funktion erfüllen kann. Im Gegensatz dazu ist die Nicht-Verfügbarkeit (Non-Availability) die Wahrscheinlichkeit, dass

© Springer Fachmedien Wiesbaden 2014
S. Eberlin, B. Hock, *Zuverlässigkeit und Verfügbarkeit technischer Systeme*,
DOI 10.1007/978-3-658-03573-0_5

sich ein System zu einem beliebigen Zeitpunkt in einem Zustand befindet, in dem es seine definierte Funktion *nicht* erfüllen kann. Ein System befindet sich immer in genau einem dieser beiden Zustände. Da es sich in beiden Fällen um Wahrscheinlichkeiten handelt, ist die Summe von Verfügbarkeit und Nicht-Verfügbarkeit immer gleich Eins.

Auf den ersten Blick scheinen Zuverlässigkeit und Verfügbarkeit sehr ähnliche Eigenschaften zu sein. Es gibt jedoch einige wesentliche Unterschiede.

Die Zuverlässigkeit eines beliebigen Objekts und aller aus solchen Objekten aufgebauten Systeme ist eine zeitabhängige Größe, im einfachsten Fall beschrieben durch $R(t) = e^{-\lambda \cdot t}$. In allen Fällen gilt, dass die Zuverlässigkeit zu Beginn der Betriebsdauer gleich eins ist, also $R(t = 0) = 1$ gilt, mit zunehmender Betriebsdauer abnimmt und für $t \to \infty$ gegen Null konvergiert.

Wenn wir die Zuverlässigkeit einer Menge aus n Objekten betrachten, dann erwarten wir für jeden gegebenen Zeitpunkt t einen Anteil von noch fehlerfrei vorhandenen Objekten, der proportional zur Zuverlässigkeitsfunktion $R(t)$ ist. Die grundlegende Annahme dabei ist, dass wir keine Teile austauschen oder reparieren, sondern lediglich die Betriebsbedingungen sicher stellen und ansonsten die Objekte sich selbst überlassen.

Die Verfügbarkeit haben wir als Wahrscheinlichkeit definiert, ein System zu einem *beliebigen* Zeitpunkt in einem fehlerfreien Zustand vorzufinden. Diese Betrachtungsweise legt nahe, dass wir ein System dauerhaft betreiben und es auch nach längerer Zeit mit (mindestens) konstant hoher Wahrscheinlichkeit in einem funktionsfähigen Zustand vorfinden. Die tatsächliche Betriebsdauer hat im Dauerbetrieb in den meisten Fällen keinen Einfluss auf die Verfügbarkeit.[1]

Der wesentliche Unterschied zur Zuverlässigkeit besteht hier darin, dass wir bei der Verfügbarkeit die unmittelbare Reparatur von fehlerhaften Objekten mit einbeziehen. Wir tauschen also beispielsweise defekte Teile immer wieder innerhalb einer bestimmten Zeitspanne aus und versetzen dadurch das System wieder in den Ausgangszustand der Fehlerfreiheit. Aus der Sichtweise der Zuverlässigkeit bedeutet das, dass wir einen Zustand wieder herstellen, der $R(t = 0)$ entspricht.

Reparatur und Austauschbare Einheiten

Wir hatten ein „System" bereits so definiert, dass es aus mehreren Komponenten besteht, von denen jede einzelne fehlerfrei oder fehlerhaft sein kann. Das System als Ganzes ist dann fehlerhaft, wenn mindestens eine Komponente fehlerhaft ist.[2] Um ein solches System wieder in den fehlerfreien Zustand zu versetzen, müssen wir eine fehlerhafte Komponente durch eine fehlerfreie ersetzen. Dabei ist es unerheblich, ob wir dieselbe Komponente wieder verwenden, nachdem wir sie in irgendeiner Form wieder instand gesetzt haben, oder ob wir sie durch eine andere, gleichartige Komponente ersetzen.

---

[1] Lediglich zu Beginn des Betriebs ist die Verfügbarkeit höher als der später asymptotisch erreichte Wert, da zu dieser Zeit Fehler noch nicht gleichmäßig verteilt auftreten. Je nach Fehlerrate und Reparaturzeit ist dieser Zeitraum jedoch im Vergleich zu der im Dauerbetrieb erreichten Zeitspanne kurz.

[2] In Abschn. 4.2 hatten wir gesehen, dass eine fehlerhafte Komponente nicht notwendigerweise zum Ausfall des Systems führen muss. Das System als Ganzes betrachten wir hier aber trotzdem als fehlerhaft im Sinne von „nicht fehlerfrei".

Eine solche Komponente, die wir als Ganzes als fehlerhaft oder fehlerfrei betrachten und deren Ersatz das System wieder insgesamt in einen fehlerfreien Zustand versetzen kann, bezeichnen wir als *austauschbare Einheit*. Es ist nicht erforderlich, den inneren Aufbau dieser Einheit zu kennen; wir betrachten sie als „Black Box". Wenn wir die Verfügbarkeit oder Nicht-Verfügbarkeit aller austauschbaren Einheiten eines Systems kennen, dann können wir die Verfügbarkeit bzw. Nicht-Verfügbarkeit des Systems als Ganzes berechnen.

Im Einzelfall ist die Entscheidung, welche Komponenten eines Systems wir als austauschbare Einheiten betrachten, nicht ausschließlich auf die Nutzung aller theoretischen technischen Möglichkeiten begründet. Wie wir bereits bei der Berechnung der Zuverlässigkeit von Systemen in Abschn. 3.2 gesehen hatten, können wir größere Systeme auch hierarchisch betrachten. Eine Anzahl von Komponenten kann zu einem System zusammengefasst werden, das seinerseits wieder als Komponente in einem System höherer Ordnung betrachtet wird. Ebenso können wir auch größere Einheiten als „austauschbar" definieren, obwohl sie aus Komponenten bestehen, die ihrerseits theoretisch sehr wohl austauschbar wären. Größere Einheiten können zum Beispiel einfacher zu tauschen sein als kleine Komponenten. In einigen Fällen liegt der Definition austauschbarer Einheiten auch ein Geschäfts- oder Wartungs-Konzept zu Grunde, z. B. weil der Austausch bestimmter Komponenten für den Lieferanten wirtschaftlich vorteilhafter ist als eine mögliche Reparatur oder weil der Betreiber aus Sicherheitsgründen in bestimmte Komponenten nicht eingreifen soll oder weil bestimmte Leistungen als Dienstleistung verkauft werden sollen.

Bei unseren nachfolgenden Betrachtungen und Berechnungen gehen wir immer von Komponenten aus, die gleichzeitig austauschbare Einheiten sind, sofern nicht ausdrücklich anders angegeben.

Erweiterung der Begriffe „Komponente" und „Austauschbare Einheit"

Auch den Begriff Komponenten hatten wir bereits definiert und verwendet. Komponenten sind austauschbare Einheiten, austauschbare Einheiten bestehen aus (einer oder mehreren) Komponenten. Sowohl Komponenten als auch aus Komponenten aufgebaute Systeme können fehlerhaft bzw. nicht verfügbar sein. Bis zu diesem Punkt gibt es eher keine Missverständnisse.

Wenn wir jedoch jetzt den nächsten Schritt zur Berechnung der Verfügbarkeit gehen wollen, dann müssen wir den Begriff Komponente doch noch einmal genauer definieren. Intuitiv denken wir vielleicht eher an die zentralen Teile, aus denen irgend ein System aufgebaut ist. Ist das System eine Platine, so sind darauf zum Beispiel Widerstände, Transistoren, ICs und Ähnliches aufgelötet. Ist das System ein PC, dann denken wir an Prozessor, Festplatte, Speicherbausteine, usw.

Aus Sicht der Verfügbarkeit müssen wir grundsätzlich alle Teile betrachten, die an sich und unabhängig voneinander fehlerhaft sein können. Neben den eigentlich funktionalen Teilen eines Systems können das auch die Verbindungen zwischen diesen Teilen sein. In unseren Beispielen kann auch jede einzelne Lötstelle und jedes Verbindungskabel fehlerhaft sein. Also müssen wir bei der Berechnung der Verfügbarkeit auch derartige Systemteile als eigenständige und damit „austauschbare" Komponenten betrachten und mit einbeziehen, sofern sie tatsächlich durch eine eigenständige Aktivität ausgetauscht bzw. repariert werden können oder sollen. Allgemein formuliert sind Komponenten, die wir mit austauschbare Einheiten gleichsetzen, also alle potentiell fehlerhaften materiellen Teile, deren Fehler durch einen in sich geschlossenen Arbeitsgang behoben werden sollen.

5.1   Berechnung von Verfügbarkeit und Nicht-Verfügbarkeit

Den Begriff Verfügbarkeit hatten wir bereits definiert als Wahrscheinlichkeit, ein System zu einem beliebigen Zeitpunkt in funktionsfähigem Zustand vorzufinden. Eine andere Betrachtungsweise ist, dass die Verfügbarkeit im Mittel den Anteil der Zeit beschreibt, in dem sich das System im funktionsfähigen Zustand befindet. Im Gegensatz dazu steht der Anteil der Zeit, in dem das System seine spezifizierte Funktion *nicht* erfüllen kann.

Wenn wir davon ausgehen, dass ein System gelegentlich ausfällt und dass der zu diesem Ausfall führende Fehler nach Auftreten des Ausfalls behoben wird, so befindet sich das System abwechselnd entweder „in Betrieb" oder „außer Betrieb". Als Verfügbarkeit können wir jetzt den Anteil an der gesamten Zeit betrachten, der zum Zustand „in Betrieb" gehört. Wir müssen also diesen Zustand in Relation zur gesamten Zeit setzen.

In den Abschn. 3.1 und 3.3 hatten wir bereits die Zeitspanne berechnet, die zwischen zwei Fehlerzuständen von Komponenten oder Systemen im Mittel vergeht. Es ist die MTBF, die wir aus der Fehlerrate λ herleiten können.

Im Gegensatz dazu steht die „mittlere Ausfallzeit" (MDT, Mean Down Time). Darunter verstehen wir die Zeit, die im Mittel zwischen dem Auftreten eines Fehlers und der vollständigen Wiederherstellung der System-Funktion vergeht. Am Anfang der MDT steht der Ausfall des Systems, am Ende der MDT die vollständige und abgeschlossene Wiederinbetriebnahme des Systems. Abbildung 5.1 zeigt den Wechsel der Betriebszustände im Zusammenhang mit den Zeiten MTBF und MDT.

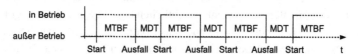

Abb. 5.1 Wechsel der Betriebszustände in Abhängigkeit von MTBF und MDT

Die MDT wird nicht nur durch die Zeit bestimmt, die für die eigentliche Reparatur benötigt wird. Je nach Komplexität des aufgetretenen Problems wird man zunächst eine Zeitlang nach der eigentlichen Fehlerursache suchen müssen, dann vielleicht auch erst ein Ersatzteil beschaffen müssen, die Reparatur durchführen und schließlich das System mehr oder weniger aufwändig testen, um den Erfolg der Reparatur zu überprüfen, ehe man das System wieder zur Nutzung freigibt. Unter Umständen ist auch die Zeit für die Anreise eines Technikers zu berücksichtigen, die nicht unwesentlich sein kann.[3]

---

[3]In der Literatur wird häufig auch der Begriff MTTR (Mean Time To Repair) verwendet. Damit wird ausschließlich die Zeit für die eigentliche Reparatur beschrieben. Die MDT schließt jedoch die Zeit für weitere notwendige Aktivitäten ein. Ein Sonderfall ist, dass die MTTR gleich der MDT ist.

Mit diesen Definitionen für MTBF und MDT können wir jetzt den Begriff „Verfügbarkeit" als berechenbare Größe definieren. Unter Verfügbarkeit verstehen wir den relativen Anteil der Zeit, während dessen eine Komponente oder ein System seine definierte Funktion erfüllen kann. Die Verfügbarkeit (Availability) A ist das Verhältnis der Zeit, in der das System funktionsfähig ist, zur gesamten Zeit. Die gesamte Zeit setzt sich aus den Anteilen von MTBF und MDT zusammen, die sich jeweils abwechseln. Wir können also für die Verfügbarkeit A somit schreiben

$$A = \frac{MTBF}{MTBF + MDT} \tag{5.1}$$

Die Nicht-Verfügbarkeit (Non-Availability) N erhalten wir in analoger Weise als

$$N = 1 - A = \frac{MDT}{MTBF + MDT} \tag{5.2}$$

Sowohl A als auch N werden mit Hilfe von statistischen Mittelwerten berechnet; daher sind auch A und N statistische Größen, die keine Aussagen über Einzelfälle machen können. Die tatsächlich beobachtete Verfügbarkeit bzw. Nicht-Verfügbarkeit eines Systems kann also in kürzeren Zeiträumen von den berechneten Werten deutlich abweichen. Im Mittel werden wir jedoch diese Werte beobachten, wenn der betrachtete Zeitraum sehr viel größer ist als die Zeiten für MTBF und MDT.

Die hier intuitiv hergeleitete Berechnungs-Methode für Verfügbarkeit und Nicht-Verfügbarkeit ist in der Praxis für Systeme im Dauerbetrieb im Allgemeinen hinreichend, obwohl sie bereits eine Vereinfachung der exakten Berechnung ist. Bei allgemeiner Betrachtung sind A und N zeitabhängig; wir erhalten Gl. 5.1 und 5.2 als Grenzwerte für $t \to \infty$ der exakten Berechnung:

$$A(t) = \frac{MTBF}{MTBF + MDT} + \frac{MDT}{MTBF + MDT} \cdot e^{-\left(\frac{MTBF + MDT}{MTBF \cdot MDT}\right) \cdot t} \tag{5.3}$$

Für die Nicht-Verfügbarkeit gilt auch hier $N(t) = 1 - A(t)$. Wir sehen also, dass bei exakter Berechnung A und N tatsächlich zeitabhängig sind und sich erst nach einer gewissen Betriebsdauer einem konstanten Wert annähern. Für die meisten Fälle ist jedoch der Zeitraum, während dessen der zeitabhängige Summand einen signifikanten Beitrag liefert, im Vergleich zu MTBF und MDT sehr kurz (siehe auch Abb. 5.2). Die Herleitung der exakten Berechnung werden wir in Kap. 6 zeigen.

In Abschn. 3.3 haben wir gesehen, wie wir die MTBF als die mittlere Lebensdauer T einer Komponente berechnen. Wir können also ebenso gut die mittlere Lebensdauer T in die Gl. 5.1 und 5.2 einsetzen und erhalten somit:

$$A = \frac{T}{T + MDT} \tag{5.4}$$

$$N = \frac{MDT}{T + MDT} \tag{5.5}$$

Für Systeme, bei denen wir die mittlere Lebensdauer der Komponenten kennen, ist die Berechnung von A und N damit vergleichsweise einfach. Wir können jedoch prinzipiell

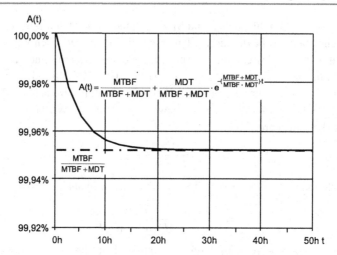

Abb. 5.2 Zeitabhängigkeit der System-Verfügbarkeit (Beispiel: $MTBF = 1$ Jahr, $MDT = 4$ Stunden)

auch unmittelbar von den Fehlerraten der Komponenten ausgehen. Wie wir im folgenden Abschnitt sehen werden, ist diese Berechnung dann sehr einfach, wenn die MTBF und die Fehlerrate λ in einem sehr einfachen Zusammenhang stehen. Wenn wir jedoch die Fehlerraten von größeren Schaltungen einsetzen, werden die Gleichungen schnell unübersichtlich.

5.2   Verfügbarkeit und Nicht-Verfügbarkeit in Abhängigkeit von Fehlerraten

In einigen Fällen kann es vorteilhaft sein, bei der Berechnung der Verfügbarkeit unmittelbar von den Fehlerraten der Komponenten eines Systems auszugehen. Wir wollen das hier für einige der einfachen Schaltungen betrachten, für die wir die Fehlerraten in Abschn. 3.3 berechnet haben.

Für das einfachste Beispiel $MTBF = 1/\lambda$ erhalten wir

$$A = \frac{1}{1 + \lambda \cdot MDT} \tag{5.6}$$

$$N = \frac{\lambda \cdot MDT}{1 + \lambda \cdot MDT} \tag{5.7}$$

Wie wir in den Beispielen von Abschn. 3.3 gesehen haben, gilt der einfache Zusammenhang $MTBF = 1/\lambda$ nur für die beiden Fälle, wenn wir entweder die Fehlerrate einer einzigen austauschbaren Komponente experimentell bestimmen oder aber wir eine serielle Schaltung haben, bei der sich die Fehlerraten der Einzel-Komponenten addieren. Die MDT bezieht sich grundsätzlich auf den Austausch der gesamten Einheit. Wenn es sich dabei also um ein System handelt, dann gilt die MDT für den Austausch dieses Systems.

Um allgemein die Verfügbarkeit eines Systems aus mehreren Komponenten in Abhängigkeit von den Fehlerraten der Einzelkomponente zu bestimmen, müssen wir die MTBF als mittlere Lebensdauer T dieses Systems errechnen. Auch hier ist die MDT die Zeit, die dem Ausfall des Systems für den Fall entspricht, dass die austauschbare Einheit fehlerhaft ist. Der Austausch (oder – gleichwertig – eine Reparatur) der Einzelkomponenten ist für diese Art der Berechnung nicht vorgesehen – dieses System ist eine „Black Box".

Die mittlere Lebensdauer T eines Systems hatten wir in Abschn. 3.3 für einige einfache Beispiele berechnet:

$$MTBF = T = \int_0^\infty R(t)\,dt \tag{5.8}$$

Für den allgemeinen Fall der k-aus-n Majoritätsredundanz (siehe Abschn. 3.3.3) mit $\lambda = \lambda_e$ für alle Komponenten sehen die Gleichungen für Verfügbarkeit und Nicht-Verfügbarkeit in Abhängigkeit von λ_e dann beispielsweise so aus:

$$A = \frac{\frac{1}{\lambda_e}\sum_{i=k}^n \frac{1}{i}}{\frac{1}{\lambda_e}\sum_{i=k}^n \frac{1}{i} + MDT} = 1 - \frac{MDT}{\frac{1}{\lambda_e}\sum_{i=k}^n \frac{1}{i} + MDT} \tag{5.9}$$

$$N = \frac{MDT}{\frac{1}{\lambda_e}\sum_{i=k}^n \frac{1}{i} + MDT} \tag{5.10}$$

Für Fälle, bei denen wir Komponenten mit verschiedenen Fehlerraten λ_i betrachten, müssen wir die mittlere Lebensdauer im Einzelfall nach den in Abschn. 3.3 vorgestellten Methoden berechnen. In der Praxis kommen allerdings im Wesentlichen einfache Spezialfälle vor.

Eine serielle Schaltung hatten wir so definiert, dass alle Komponenten dieser Schaltung gleichzeitig verfügbar sein müssen. Dieser Fall beschreibt die Situation, in der verschiedene Komponenten gemeinsam und gleichzeitig als System funktionieren müssen. Hier dürfen wir tatsächlich die Fehlerraten der Komponenten addieren und erhalten als mittlere Lebensdauer den Kehrwert der Summe (siehe Abschn. 3.3.1). Damit erhalten wir für Verfügbarkeit und Nicht-Verfügbarkeit:

$$A = \frac{\frac{1}{\sum_{i=1}^n \lambda_i}}{\frac{1}{\sum_{i=1}^n \lambda_i} + MDT} = 1 - \frac{MDT}{\frac{1}{\sum_{i=1}^n \lambda_i} + MDT} \tag{5.11}$$

$$N = \frac{MDT}{\frac{1}{\sum_{i=1}^n \lambda_i} + MDT} = \frac{MDT\sum_{i=1}^n \lambda_i}{1 + MDT\sum_{i=1}^n \lambda_i} \tag{5.12}$$

Eine parallele Schaltung dient im praktischen Fall häufig dazu, eine Redundanz zwischen zwei identischen Komponenten mit dann auch identischer Fehlerrate zu erzeugen. Wir können also hier die oben beschriebene k-aus-n Majoritätsredundanz auf eine 1-aus-2 Majoritätsredundanz zurück führen. Wenn wir jedoch ein paralleles System mit verschiedenen Fehlerraten berechnen wollen, dann müssen wir das exakte Integral über die die

Zuverlässigkeitsfunktion $R(t)$ berechnen:

$$T = \int_0^\infty \left(1 - \prod_{i=1}^n \left(1 - R_i(t)\right)\right) dt$$

$$= \int_0^\infty \left(1 - \prod_{i=1}^n \left(1 - e^{-\lambda_i \cdot t}\right)\right) dt \tag{5.13}$$

Für $n = 2$ erhalten wir jetzt einen deutlich komplexeren Ausdruck für die mittlere Lebensdauer T:

$$T = \int_0^\infty \left(1 - \left(1 - e^{-\lambda_1 \cdot t}\right)\left(1 - e^{-\lambda_2 \cdot t}\right)\right) dt$$

$$= \int_0^\infty \left(e^{-\lambda_1 \cdot t} + e^{-\lambda_2 \cdot t} - e^{-(\lambda_1 + \lambda_2) \cdot t}\right) dt$$

$$= \frac{1}{\lambda_1} + \frac{1}{\lambda_2} - \frac{1}{\lambda_1 + \lambda_2} \tag{5.14}$$

Nach diversen Umformungen können wir auch hier die Verfügbarkeit und Nicht-Verfügbarkeit in Abhängigkeit von λ_1 und λ_2 berechnen:

$$A = \frac{(\lambda_1 + \lambda_2)^2 - \lambda_1 \lambda_2}{(\lambda_1 + \lambda_2)^2 - \lambda_1 \lambda_2 + \lambda_1 \lambda_2 (\lambda_1 + \lambda_2) MDT} \tag{5.15}$$

$$N = \frac{\lambda_1 \lambda_2 (\lambda_1 + \lambda_2) MDT}{(\lambda_1 + \lambda_2)^2 - \lambda_1 \lambda_2 + \lambda_1 \lambda_2 (\lambda_1 + \lambda_2) MDT} \tag{5.16}$$

Wir sehen an diesen einfachen Beispielen, dass es möglich ist, die Verfügbarkeit A und Nicht-Verfügbarkeit N von einfachen Systemen allein mit den Fehlerraten der beteiligten Komponenten zu berechnen. Derartige Berechnungen sind jedoch nicht nur unbequem, sondern offensichtlich auch sehr umständlich und fehlerträchtig. Sehr viel einfacher ist es, die Verfügbarkeit und Nicht-Verfügbarkeit der einzelnen Komponenten mit Hilfe einer bekannten mittleren Lebensdauer oder MTBF zu berechnen und aus diesen Werten dann A und N für die aus diesen Komponenten aufgebauten Systeme abzuleiten. Diese Vorgehensweise wollen wir in den folgenden Abschnitten zeigen.

5.3 Verfügbarkeit und Nicht-Verfügbarkeit serieller und paralleler Systeme

Grundsätzlich können wir die Verfügbarkeit A und die Nicht-Verfügbarkeit N für Systeme mit den gleichen Methoden betrachten, die wir schon bei der einfachen Bestimmung Zuverlässigkeitsfunktion derartiger Systeme eingesetzt haben. Da wir hier von der Verfügbarkeit der einzelnen Komponenten ausgehen, ist der wesentliche Unterschied zur Zuverlässigkeit (nämlich die zwischenzeitliche Reparatur) bereits in den Verfügbarkeitswerten der individuellen Komponenten mit enthalten und somit nicht mehr eigens zu berücksichtigen. Die Berechnungen unterscheiden sich auch nicht, wenn wir statt der einfachen Form für A und N aus den Gl. 5.1 und 5.2 die zeitabhängige Form aus Gl. 5.3 verwenden. In allen Fällen – also sowohl für jede Einzel-Komponente als auch für ein System als Ganzes – gilt für jeden Zeitpunkt der Zusammenhang $A + N = 1$ und ebenso $A(t) + N(t) = 1$.

Serielle Schaltung

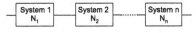

Eine serielle Schaltung hatten wir bereits so definiert, dass alle Komponenten gleichzeitig verfügbar sein müssen. Der Ausfall einer Komponente bedeutet also den Ausfall des Gesamtsystems. Das System ist also genau dann verfügbar, wenn alle Komponenten gleichzeitig verfügbar sind. Das System ist dann nicht verfügbar, wenn mindestens eine der Komponenten 1 bis n nicht verfügbar ist. Für die Berechnung der Nicht-Verfügbarkeit gehen wir idealerweise vom umgekehrten Fall aus und berechnen zunächst die Verfügbarkeit der Schaltung. Damit erhalten wir für die Verfügbarkeit der seriellen Schaltung

$$A = A_1 \cdot A_2 \cdot \ldots \cdot A_n$$
$$= (1 - N_1) \cdot (1 - N_2) \cdot \ldots \cdot (1 - N_n)$$
$$= \prod_{i=1}^{n} (1 - N_i) \tag{5.17}$$

und daraus die Nicht-Verfügbarkeit der seriellen Schaltung als

$$N_{seriell} = 1 - \prod_{i=1}^{n} (1 - N_i) \tag{5.18}$$

Für sehr kleine Werte von N_i können wir hier als Näherung auch verwenden[4]

$$N_{seriell} \approx \sum_{i=1}^{n} N_i$$

$$A_{seriell} \approx 1 - \sum_{i=1}^{n} N_i \tag{5.19}$$

---

[4]Diese Näherung erhalten wir aus:

$$1 - \prod_{i=1}^{n} (1 - N_i) = 1 - \big[1 - (N_1 + N_2 + N_3 + \cdots + N_n)$$
$$+ (N_1 N_2 + N_1 N_3 + N_1 N_4 + \cdots + N_{n-1} N_n)$$
$$\mp \cdots$$
$$+ (-1)^n \cdot (N_1 N_2 N_3 \cdots N_n) \big]$$

Für sehr kleine Werte von N_i können alle Produkte aus mindestens zwei Werten von N_i vernachlässigt werden.

Parallele Schaltung

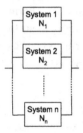

Eine parallele Schaltung hatten wir so definiert, dass das System nur dann nicht verfügbar ist, wenn alle Komponenten gleichzeitig nicht verfügbar sind. Die Nicht-Verfügbarkeit des Systems erhalten wir also als Produkt der einzelnen Werte der Nichtverfügbarkeit:

$$N_{parallel} = N_1 \cdot N_1 \cdot \ldots \cdot N_n = \prod_{i=1}^{n} N_i \qquad (5.20)$$

Daraus ergibt sich für die Verfügbarkeit A:

$$A_{parallel} = 1 - N_1 \cdot N_1 \cdot \ldots \cdot N_n = 1 - \prod_{i=1}^{n} N_i \qquad (5.21)$$

Rechenbeispiel

Wie sich das Verhalten von seriellen und parallelen Schaltungen unterscheidet, wollen wir an einem kleinen Beispiel verdeutlichen. Wir betrachten zwei identische Komponenten mit jeweils $MTBF = 10$ Jahre $= 87\,600$ Stunden und $MDT = 4$ Stunden. Die Wahrscheinlichkeit der Nicht-Verfügbarkeit einer dieser Komponenten ist also[5]

$$N = \frac{MDT}{MTBF + MDT} = \frac{4}{87\,600 + 4} = 4{,}6 \cdot 10^{-5} \qquad (5.22)$$

Wenn wir diese beiden Komponenten in Serie schalten, erhalten wir als Nicht-Verfügbarkeit des Systems

$$N_{seriell} = 1 - (1 - N)^2 = 9{,}2 \cdot 10^{-5} \qquad (5.23)$$

Für eine Parallelschaltung wird die Nicht-Verfügbarkeit wesentlich kleiner:

$$N_{parallel} = N^2 = 2{,}1 \cdot 10^{-9} \qquad (5.24)$$

Dieser Vergleich als solcher ist relativ nutzlos, denn eine seriellen Schaltung kann normalerweise nicht durch eine parallele ersetzt werden. Wenn wir aber in unserer seriellen Schaltung nicht Einzel-Komponenten verschalten, sondern diese Komponenten jeweils durch ein redundantes Komponenten-Paar ersetzen, dann sehen wir sofort den signifikanten Vorteil dieser Redundanz. Die Nicht-Verfügbarkeit des Systems wird dann im Vergleich zur einfachen seriellen Schaltung um mehrere Zehnerpotenzen reduziert:

$$N_{redundant} = 1 - \left(1 - N^2\right)^2 = 4{,}2 \cdot 10^{-9} \qquad (5.25)$$

Bei einer anderen Form der Redundanz ersetzen wir eine serielle Schaltung durch zwei (identische oder verschiedene) serielle Schaltungen, die dann zueinander parallel geschal-

---

[5]Die Ergebnisse der Beispielrechnungen sind mit den gerundeten Zwischenergebnissen berechnet. Eine Rechnung mit den exakten Zwischenergebnissen führt zu leicht abweichenden Werten.

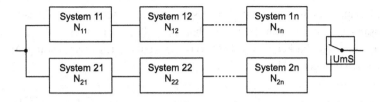

Abb. 5.3 Redundante Schaltung

tet sind (siehe Abb. 5.3). Während des Betriebs dieses Systems ist einer der Zweige aktiv, der andere in Bereitschaft. Wenn im aktiven Zweig ein Fehler auftritt, wird durch den Umschalter (UmS) der bis zu diesem Zeitpunkt passive Zweig aktiviert, so dass das System maximal für die Zeit der Umschaltung (die normalerweise vernachlässigbar ist) ausfällt. Für die beiden Zweige errechnen wir hier jeweils die Nicht-Verfügbarkeit als:

$$N_{1,seriell} = 1 - \prod_{i=1}^{n}(1 - N_{1i}) \quad \text{bzw.} \quad N_{2,seriell} = 1 - \prod_{i=1}^{n}(1 - N_{2i}) \tag{5.26}$$

Falls beide Zweige der Schaltung identisch sind, erhalten wir eine einfache Lösung für die Nicht-Verfügbarkeit der gesamten redundanten Schaltung als

$$N_{reduant} = \left[1 - \prod_{i=1}^{n}(1 - N_i) \right]^2 \tag{5.27}$$

Für $n = 2$ können wir auch hier einfach nachrechnen, wenn wir annehmen, dass alle Systeme gleich sind und jeweils die im vorigen Beispiel verwendete Nicht-Verfügbarkeit aufweisen. Die Nicht-Verfügbarkeit der einfachen seriellen Schaltung erhalten wir wie oben zu

$$N_{seriell} = 1 - (1 - N)^2 = 9{,}2 \cdot 10^{-5} \tag{5.28}$$

Für die redundante Schaltung zweier identischer Serienschaltungen ergibt sich damit

$$N_{redundant} = \left[1 - (1 - N)^2 \right]^2 = 8{,}5 \cdot 10^{-9} \tag{5.29}$$

Diese Methode können wir grundsätzlich auch einsetzen, wenn beide Zweige der Schaltung verschieden sind. Einzige Voraussetzung ist, dass beide die gleiche Funktion erfüllen. Eine wichtige Anwendung dafür sehen wir in Kap. 7, wenn wir die Verfügbarkeit von Netzwerken und allgemein Mehrkomponentensystemen betrachten.

5.4 Verfügbarkeit komplexer Strukturen

Mit den einfachen Ansätzen für die Berechnung der Verfügbarkeit von seriell und parallel geschalteten Komponenten können wir jetzt bereits die Verfügbarkeit auch komplexer Strukturen berechnen. Im Allgemeinen wird man zwar eher die Methoden für Netzwerke

und Mehrkomponentensysteme anwenden (siehe Kap. 7). Bei vergleichsweise übersichtlichen Zusammenhängen können wir jedoch auch größere Strukturen dadurch berechnen,
indem wir die Verfügbarkeit bzw. Nicht-Verfügbarkeit schrittweise aus den Werten für
elementare Schaltungen herleiten.

Abb. 5.4 Beispiel-Schaltung
für komplexe
Verfügbarkeits-Berechnung

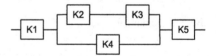

Als Beispiel soll uns die Schaltung aus Abb. 5.4 dienen. Für die Berechnung zerlegen
wir diese Schaltung schrittweise in einfach zu berechnende Einheiten. Als kleinste berechenbare Einheit können wir die Serienschaltung der Komponenten K2 und K3 betrachten.
Diese Einheit geht in die Berechnung der Parallelschaltung mit der Komponente K4 ein,
und dieses Ergebnis dient zur Berechnung der Serienschaltung aus Komponente K1, Parallelschaltung und Komponente K5.

Die Verfügbarkeit A_{23} der Serienschaltung von K2 und K3 erhalten wir als

$$A_{23} = A_2 \cdot A_3 \tag{5.30}$$

Für die Berechnung der Verfügbarkeit A_p der zentralen Parallelschaltung gehen wir
sinnvollerweise wieder von ihrer Nicht-Verfügbarkeit N_p aus:

$$A_p = 1 - N_p = 1 - (1 - A_4) \cdot (1 - A_{23}) \tag{5.31}$$

Wenn wir diese Konstruktion jetzt als Serienschaltung mit A_1 und A_5 betrachten, erhalten wir als endgültige Lösung für die Verfügbarkeit A der gesamten Schaltung:

$$A = A_1 \cdot A_p \cdot A_5$$
$$= A_1 A_4 A_5 + A_1 A_2 A_3 A_5 - A_1 A_2 A_3 A_4 A_5 \tag{5.32}$$

Die hier gezeigte intuitive Vorgehensweise führt auch für komplexe Schaltungen zum
richtigen Ergebnis, wird allerdings mit der Komplexität der Schaltung zunehmend umfangreich und damit auch fehlerträchtig. Eine systematische Methode zur Berechnung
komplexer Strukturen werden wir im Kap. 7 herleiten. Zunächst wollen wir uns jedoch
in Kap. 6 mit einer weiteren grundsätzlichen Methode zur Berechnung von Zuverlässigkeit und Verfügbarkeit beschäftigen.

Verfahren nach Markov

6

Das Verfahren nach Markov[1] ermöglicht die exakte Berechnung von Verfügbarkeit und Zuverlässigkeit von Systemen aus beliebigen Komponenten mit Hilfe eines mathematisch-theoretischen Ansatzes. Die Ergebnisse stimmen mit unseren bisherigen Betrachtungen überein; zusätzlich wird der im einfachen Ansatz vernachlässigte zeitabhängige Anteil der Verfügbarkeit exakt mit berechnet.

In Kap. 5 hatten wir bereits gesehen, dass wir bei exakter Betrachtung bei der Berechnung der Verfügbarkeit eine zeitliche Abhängigkeit berücksichtigen müssen:

$$A(t) = \frac{MTBF}{MTBF + MDT} + \frac{MDT}{MTBF + MDT} \cdot e^{-\left(\frac{MTBF+MDT}{MTBF \cdot MDT}\right) \cdot t} \tag{6.1}$$

In den meisten praktisch relevanten Fällen geht der zeitabhängige Anteil sehr schnell gegen Null und kann deshalb vernachlässigt werden. Wenn wir jedoch nur sehr kurze Zeiträume betrachten und/oder der Wert für die MDT im Vergleich zum Wert für die MTBF ungewöhnlich groß ist, dann müssen wir unter Umständen auch die zeitabhängigen Anteile mit berücksichtigen.

Ein weiterer Vorteil des Markov-Verfahrens ist, dass wir mit einer einzigen, in sich geschlossenen Methode alle bisher berechneten Größen (Verfügbarkeit, Nicht-Verfügbarkeit, Zuverlässigkeit und Fehlerdichte-Funktion) in einem gemeinsamen Ergebnis wieder finden. Da diese Methode jedoch sehr aufwändig sein kann, bleibt es dem Einzelfall überlassen, auf welche Weise die konkreten Berechnungen in der Praxis am vorteilhaftesten ausgeführt werden.

6.1 Prinzip

Grundlage unserer Betrachtungen ist eine Markov-Analyse. Die Markov-Analyse ist ein mathematisches Verfahren, das es erlaubt, die Wahrscheinlichkeit für das Auftreten von

---

[1]Benannt nach dem russischen Mathematiker Andrei Andrejewitsch Markov.

© Springer Fachmedien Wiesbaden 2014
S. Eberlin, B. Hock, *Zuverlässigkeit und Verfügbarkeit technischer Systeme*,
DOI 10.1007/978-3-658-03573-0_6

bestimmten Zuständen eines Systems zu berechnen. Betrachtet werden dabei alle möglichen Zustände, die das System grundsätzlich einnehmen kann. Die Eingabewerte für die Analyse sind die Zustände Z_i, die das System annehmen kann, und die „Übergangsraten" a_{ij} zwischen diesen Zuständen. a_{ij} ist dabei die Übergangsrate vom Zustand i in den Zustand j. $P_i(t)$ ist die Wahrscheinlichkeit, mit der sich ein System zum Zeitpunkt t im Zustand Z_i befindet.

Eine der wichtigsten Kernaussagen für eine Markov-Analyse ist, dass die zukünftige Entwicklung eines Systems ausschließlich vom aktuellen Zustand und von der Zeit abhängig ist. Die „Vorgeschichte" – also frühere Zustände und die Zeiten für Übergänge zwischen diesen Zuständen – ist vollkommen unerheblich. Wenn sich also eine Komponente zu einem gegebenen Zeitpunkt in einem bestimmten Zustand Z_i befindet, dann sind die Aussagen über zukünftige Übergänge in einen anderen Zustand ausschließlich vom aktuellen Zustand Z_i und den für diesen Zustand gültigen Übergangsraten abhängig.[2]

In unserem Fall haben wir nur zwei Zustände für ein System, nämlich den fehlerfreien Zustand Z_1 und den fehlerhaften Zustand Z_2. Die Übergangsrate a_{12} von Z_1 nach Z_2 ist gleich der bekannten Fehlerrate λ. Die Übergangsrate a_{21} von Z_2 nach Z_1 wollen wir zunächst als „Reparaturrate" μ bezeichnen. Diese Reparaturrate μ definieren wir in vollkommener Analogie zur Fehlerrate λ als relativen Anteil der Objekte, die sich aktuell im Zustand Z_2 befinden und im zeitlichen Verlauf in den Zustand Z_1 übergehen. Sowohl λ als auch μ sind zeitlich konstant.

Wenn wir λ und μ als „Übergangsraten" bezeichnen, dann beschreiben wir damit eine Wahrscheinlichkeit, mit der sich der aktuelle Zustand innerhalb einer definierten Zeitspanne Δt ändert. Wenn sich also eine Komponente mit einer Wahrscheinlichkeit $P_1(t)$ im Zustand Z_1 befindet, dann nimmt $P_1(t)$ innerhalb der definierten Zeitspanne mit der Wahrscheinlichkeit λ ab. Gleichzeitig wird sich allerdings innerhalb dieser Zeitspanne auch die Wahrscheinlichkeit $P_2(t)$ für den Zustand Z_2 mit der Wahrscheinlichkeit μ ändern. Da sich jeder der Zustände nur ändern kann, indem er in den jeweils anderen übergeht, nimmt also die Wahrscheinlichkeit $P_1(t)$ im gleichen Maße zu, wie die Wahrscheinlichkeit $P_2(t)$ abnimmt, und umgekehrt. Abbildung 6.1 zeigt diesen Zusammenhang.

Abb. 6.1 Markov-Analyse für 2 Zustände

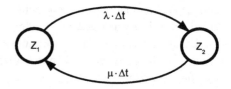

Allgemein formuliert ergibt sich die zeitliche Änderung einer Zustandswahrscheinlichkeit $P_i(t)$ aus der Summe der möglichen Übergange aus einem beliebigen Zustand in den

---

[2]Diese Aussage ist gleichbedeutend mit der bisher verwendeten Formulierung der „statistischen Unabhängigkeit": Der Übergang eines Objekts vom fehlerfreien in einen fehlerhaften Zustand ist unabhängig vom Zustand aller anderen Objekte und unabhängig vom Alter bzw. bisheriger Betriebsdauer des Objekts.

Zustand Z_i und der möglichen Übergänge von Z_i in einen beliebigen anderen Zustand. Wenn wir jetzt noch die oben genannte „Zeitspanne" Δt infinitesimal klein werden lassen, können wir für unser Beispiel für zwei mögliche Zustände die Änderungen der Zustandswahrscheinlichkeit als zeitliche Ableitung beschreiben. Damit erhalten wir ein einfaches Systems von Differentialgleichungen:

$$\frac{d}{dt}P_1(t) = -\lambda P_1(t) + \mu P_2(t)$$
$$\frac{d}{dt}P_2(t) = \lambda P_1(t) - \mu P_2(t)$$

(6.2)

Um dieses System zu lösen, benötigen wir noch die Anfangsbedingungen. Zum Zeitpunkt $t = 0$ soll sich unser System im fehlerfreien Zustand Z_1 befinden. Da sich das System immer in genau einem der möglichen Zustände befinden muss (also die Summe aller $P_i(t)$ gleich 1 ist), gilt somit die Anfangsbedingung

$$P_1(0) = 1$$
$$P_2(0) = 0$$

(6.3)

Die Wahrscheinlichkeit, dass sich das System im fehlerfreien Zustand Z_1 befindet, haben wir als Verfügbarkeit A bezeichnet. Die Wahrscheinlichkeit für den fehlerhaften Zustand Z_2 ist die Nicht-Verfügbarkeit N. Damit können wir die Lösungen[3] des Differentialgleichungs-Systems schreiben als

$$A(t) = P_1(t) = \frac{\mu}{\lambda + \mu} + \frac{\lambda}{\lambda + \mu} \cdot e^{-(\lambda + \mu)\cdot t}$$

(6.4)

$$N(t) = P_2(t) = \frac{\lambda}{\lambda + \mu} - \frac{\lambda}{\lambda + \mu} \cdot e^{-(\lambda + \mu)\cdot t}$$

(6.5)

Um die in Gl. 6.1 dargestellte Form für $A(t)$ und damit auch $N(t) = 1 - A(t)$ zu erhalten, müssen wir jetzt noch zeigen, dass gilt:

$$\mu = \frac{1}{MDT}$$

(6.6)

Wir hatten in Abschn. 3.3 auf intuitive Weise die mittlere Lebensdauer einer Komponente hergeleitet. Diesen Ansatz können wir jetzt ausweiten, um die bekannte MDT auf die Reparaturrate μ zurückzuführen. Die mittlere Lebensdauer war definiert als die mittlere Zeit, die ein Objekt im fehlerfreien Zustand ist, ehe es fehlerhaft wird. Auf gleiche Weise können wir die „mittlere Lebensdauer" des entgegengesetzten Zustands bestimmen – nämlich als Zeit, die im Mittel vergeht, ehe das Objekt wieder vom fehlerhaften in den fehlerfreien Zustand übergeht. Auch hier können wir davon ausgehen, dass die Anzahl der

---

[3]Einen Lösungsweg für dieses System von Differentialgleichungen finden wir im Anhang in Abschn. 10.4.

Objekte, die innerhalb eines Zeitraums „repariert" werden proportional ist der Anzahl der Objekte, die sich insgesamt im Fehlerzustand befinden. Wenn wir für den Proportionalitätsfaktor μ setzen, dann erhalten wir in vollkommener Analogie zu Gl. 3.8

$$dn = -\mu \cdot n(t)\, dt = -n_0 \mu e^{-\mu t}\, dt \tag{6.7}$$

und analog zu Gl. 3.11

$$\sum T_i = \int_0^\infty t\, dn = n_0 \mu \int_0^\infty t e^{-\mu t}\, dt = \frac{n_0}{\mu} \tag{6.8}$$

Die „mittlere Lebensdauer" des fehlerhaften Zustands haben wir als MDT bezeichnet. Deswegen können wir hier schreiben

$$MDT = \frac{\sum T_i}{n_0} = \frac{1}{\mu} \tag{6.9}$$

Wenn wir jetzt MTBF und MDT entsprechend einsetzen, dann erhalten wir tatsächlich die erwarteten zeitabhängigen Zusammenhänge für A und N:

$$A(t) = \frac{MTBF}{MTBF + MDT} + \frac{MDT}{MTBF + MDT} \cdot e^{-\left(\frac{MTBF+MDT}{MTBF \cdot MDT}\right) \cdot t} \tag{6.10}$$

$$N(t) = \frac{MDT}{MTBF + MDT} - \frac{MDT}{MTBF + MDT} \cdot e^{-\left(\frac{MTBF+MDT}{MTBF \cdot MDT}\right) \cdot t} \tag{6.11}$$

In beiden Fällen konvergieren die Ergebnisse für $t \to \infty$ gegen die bekannten zeitunabhängigen Beziehungen für A und N:

$$A(t \to \infty) = \frac{MTBF}{MTBF + MDT} \tag{6.12}$$

$$N(t \to \infty) = \frac{MDT}{MTBF + MDT} \tag{6.13}$$

6.2   Systeme mit und ohne Reparatur

Wir haben bisher unterschieden zwischen Zuverlässigkeit $R(t)$ und der Verfügbarkeit $A(t)$. Dabei werden wir auch grundsätzlich bleiben. Wenn wir beide Sichtweisen vergleichen, dann können wir feststellen, dass sie sich lediglich darin unterscheiden, dass wir die Objekte bei der Berechnung der Zuverlässigkeit sich selbst überlassen, während wir bei der Berechnung der Verfügbarkeit immer wieder eingreifen und die Objekte reparieren. Es handelt sich also im Wesentlichen um eine Unterscheidung zwischen „Systemen ohne Reparatur" (Zuverlässigkeit) und „Systemen mit Reparatur" (Verfügbarkeit); diese Bezeichnungen finden sich auch gelegentlich in der Literatur.

Wenn wir diese Betrachtungsweise in das Markov-Verfahren einführen, dann sehen wir, dass sich die Reparatur eines Systems in der Reparaturrate μ widerspiegelt. Wenn wir $\mu = 0$ setzen, dann schließen wir den Übergang von fehlerhaften Zustand in den fehlerfreien Zustand aus – wir reparieren das System also niemals. Wenn wir $\mu = 0$ setzen, dann berechnen wir die Zuverlässigkeit $R(t)$ des Systems.

Betrachten wir dazu Abb. 6.2. Im unteren Teil sehen wir grundsätzlich die gleiche Darstellung wie in Abb. 6.1. Eine Komponente, die zwei Zustände annehmen kann, wechselt zwischen diesen Zuständen mit der Fehlerrate λ und der Reparaturrate μ. Solange sich die Komponente im Zustand Z_1 befindet, ist sie verfügbar, solange sie sich im Zustand Z_2 befindet, ist sie nicht verfügbar. Die Wahrscheinlichkeit, mit der sie sich im Zustand Z_1 befindet, ist also die Verfügbarkeit $A(t)$, die Wahrscheinlichkeit, mit der sie sich im Zustand Z_2 befindet, ist die Nichtverfügbarkeit $N(t)$.

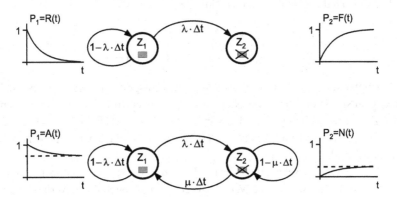

Abb. 6.2 Zustandsübergänge ohne Reparatur (*oben*) und mit Reparatur (*unten*)

Beobachten wir jetzt die zeitliche Entwicklung dieser Komponente, die sich zu Beginn der Beobachtung beispielsweise im Zustands Z_1 befindet, über einen Zeitraum Δt. Diese Komponente wird im Verlauf dieses Zeitraums Δt mit der Wahrscheinlichkeit $\lambda \cdot \Delta t$ in den Zustand Z_2 übergehen oder mit der Wahrscheinlichkeit $1 - \lambda \cdot \Delta t$ im Zustand Z_1 verharren. Analog wird die selbe Komponente, wenn sie sich im Anfangszustand Z_2 befindet, innerhalb von Δt mit der Wahrscheinlichkeit $\mu \cdot \Delta t$ in den Zustand Z_1 übergehen oder mit der Wahrscheinlichkeit $1 - \mu \cdot \Delta t$ im Zustand Z_2 verharren. Diese Darstellung beschreibt ein System mit Reparatur – die Reparatur ist der Vorgang, der den Übergang von Z_2 nach Z_1 auslöst.

Wenn wir im Vergleich dazu jetzt den oberen Teil von Abb. 6.2 betrachten, dann sehen wir als wesentlichen Unterschied, dass es keinen Übergang von Z_2 nach Z_1 gibt. Wenn also der ursprüngliche Zustand Z_1 der Komponente einmal in den Zustand Z_2 übergegangen ist, dann wird er für immer in Z_2 verharren. Diese Aussage ist gleichbedeutend damit, dass es keine Reparatur gibt, wir also im oben genannten Sinne ein System ohne Reparatur haben.

In der Darstellung des Systems ohne Reparatur haben wir den Übergang von Z_2 nach Z_1 weg gelassen. Die gleiche Aussage hätten wir auch dann erhalten, wenn wir die Reparaturrate μ gleich Null gesetzt und für das System mit und ohne Reparatur die gleiche Darstellung verwendet hätten. Mit genau dieser Sichtweise können wir das System ohne Reparatur jetzt auch mathematisch modellieren.

Für ein System, das wir während seiner Betriebsdauer nicht reparieren, wo wir also keine defekten Komponenten austauschen, ist die Übergangsrate μ vom Zustand Z_2 in den Zustand Z_1 gleich Null. Wenn wir diesen Wert einsetzen, vereinfacht sich unser Differentialgleichungs-System 6.2 zu

$$
\frac{d}{dt} P_1(t) = -\lambda P_1(t)
$$
$$
\frac{d}{dt} P_2(t) = \lambda P_1(t)
$$
(6.14)

Die Lösungen dafür sind für μ gleich Null ebenfalls einfacher:

$$
A(t) = P_1(t) = e^{-\lambda \cdot t} = R(t)
$$
(6.15)

$$
N(t) = P_2(t) = 1 - e^{-\lambda \cdot t} = 1 - R(t) = F(t)
$$
(6.16)

Die Verfügbarkeit von nicht reparierten Systemen entspricht also erwartungsgemäß der Zuverlässigkeitsfunktion $R(t)$. Die Nichtverfügbarkeit entspricht dem komplementären Wert der Zuverlässigkeitsfunktion, den wir im Abschnitt „MTBF und mittlere Lebensdauer" auf S. 52 als Verteilungsfunktion $F(t)$ für den Ausfall einer Komponente verwendet hatten (siehe Gl. 4.23).

Wir haben also hier gesehen, dass wir mit Hilfe des Markov-Verfahrens mit dem prinzipiell gleichen Ansatz sowohl die Verfügbarkeit $A(t)$ als auch die Zuverlässigkeit $R(t)$ eines Systems berechnen können.

6.3 Systeme aus mehreren Komponenten

Nach der Einführung in die Prinzipien des Markov-Verfahren wollen wir jetzt betrachten, wie wir damit Systeme aus mehreren Komponenten berechnen können. Wir müssen dabei beachten, dass wir für ein System aus n Komponenten, die jeweils 2 Zustände annehmen können, insgesamt 2^n Systemzustände und alle möglichen Übergänge zwischen diesen Zuständen berücksichtigen.

Um die Vorgehensweise für ein System mit mehreren Komponenten zu erläutern, wollen wir uns zunächst auf ein System aus 2 Komponenten beschränken. Der Übergang zu Systemen mit mehr Komponenten ist dann mit Anwendung der gleichen Verfahren grundsätzlich einfach. Die analytische Lösung der resultierenden mathematischen Aufgabenstellung wird jedoch zunehmend komplex und unübersichtlich.

Um die Verfügbarkeit eines Systems zu bestimmen, müssen wir drei gleich wichtige Schritte mit gleicher Sorgfalt ausführen. Zunächst müssen wir unser System dahin gehend analysieren, welche Zustände es grundsätzlich annehmen kann und welche Übergänge zwischen diesen Zuständen möglich sind. Danach müssen wir diese Erkenntnisse

Abb. 6.3 Zustände und
mögliche Übergänge im
2-Komponenten-System

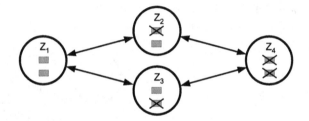

in ein mathematisches Modell fassen und die Wahrscheinlichkeiten für das Auftreten der
möglichen Zustände konkret berechnen. Und schließlich müssen wir unsere Ergebnisse so
interpretieren, dass wir die benötigten konkreten Aussagen über Verfügbarkeit oder Zuverlässigkeit unseres Systems erhalten.

Analyse

Ein System, das aus zwei getrennt austauschbaren Komponenten K_1 und K_2 besteht, kann
insgesamt vier verschiedene Zustände annehmen (siehe Abb. 6.3):

Z_1:   Beide Komponenten sind gleichzeitig fehlerfrei.

Z_2: K_2 ist fehlerfrei und K_1 ist fehlerhaft.

Z_3: K_1 ist fehlerfrei und K_2 ist fehlerhaft.

Z_4:   Beide Komponenten sind gleichzeitig fehlerhaft.

Der Ausgangszustand Z_1 kann entweder in den Zustand Z_2 oder Z_3 übergehen, die
ihrerseits wiederum in den Zustand Z_1 oder Z_4 übergehen können. Z_4 kann unmittelbar entweder in Z_2 oder Z_3 übergehen. Dabei gehen wir der Einfachheit halber davon
aus, dass sich zum gleichen Zeitpunkt immer nur der individuelle Zustand einer einzigen
Komponente ändert. Eine gleichzeitige oder quasi-gleichzeitige Änderung des Zustands
von beiden Komponenten lässt sich ohne Einschränkung auch als Verkettung von zwei
Zustandsänderungen betrachten.

Die in Abb. 6.3 gezeigten Zustände und Zustandsübergänge sind zunächst prinzipiell
alle möglich. Die durch die Fehlerrate λ und die Reparaturrate μ bestimmten praktisch
möglichen Übergänge zwischen den Zuständen bedürfen jedoch noch einer genaueren Betrachtung.

Als wesentliche Grundlage müssen wir uns darüber im Klaren sein, dass die einzelnen
Zustände sich gegenseitig ausschließen – das System befindet sich immer in genau einem
Zustand. Insbesondere dürfen wir auf Grund der Darstellung nicht den Fehler machen
anzunehmen, dass die Zustände Z_2 und Z_3 gleichzeitig vorhanden sein könnten.

Stattdessen müssen wir genau überlegen, wie sich das System ausgehend von dem jeweils aktuellen Zustand verhalten kann und welche Rolle dabei die Fehlerraten und Reparaturraten der Komponenten übernehmen (siehe Abb. 6.4).

Der Einfachheit halber gehen wir bei unseren weiteren Betrachtungen zunächst davon
aus, dass sowohl Fehlerraten als auch Reparaturraten in allen Zuständen für beide Komponenten jeweils gleich sind. Jede fehlerfreie Komponente wird also mit der individuel-

Abb. 6.4 Übergangsraten im
2-Komponenten-System

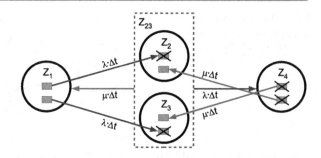

len Fehlerrate λ in den fehlerhaften Zustand wechseln; analog dazu wird jede fehlerhafte Komponente mit der individuellen Reparaturrate μ in den fehlerfreien Zustand wechseln. (Andere Varianten sind in Abschn. 6.4 kurz dargestellt.)

Im Zustand Z_1 haben wir zwei fehlerfreie Komponenten; das heißt, dass zwei Komponenten potentiell mit der Fehlerrate λ in den (aus Sicht der Komponente) individuellen fehlerhaften Zustand übergehen können. Der Zustand Z_1 wird sich also mit der Fehlerrate 2λ ändern. Je nachdem, welche der Komponenten aus dem Zustand Z_1 fehlerhaft wird, geht das gesamte System entweder in den Zustand Z_2 oder in den Zustand Z_3 über. Da nur einer dieser Zustände existieren kann und in diesem Zustand nur eine fehlerhafte Komponente vorhanden ist, kann insgesamt der Übergang aus einem Zustand mit einer fehlerhaften Komponente in den vollständig fehlerfreien Zustand Z_1 nur mit der einfachen Reparaturrate μ erfolgen. In analoger Weise kann der Übergang aus einem Zustand mit einer fehlerhaften Komponente in den Zustand Z_4 nur mit der einfachen Fehlerrate λ erfolgen, da nur eine Komponente fehlerfrei ist und infolge dessen nur diese eine Komponente fehlerhaft werden kann. Der Zustand Z_4 wiederum kann sich mit der Reparaturrate 2μ entweder in den Zustand Z_2 oder Z_3 entwickeln.

Für unsere Analyse bedeutet das, dass die Zustände Z_2 und Z_3 für das Verhalten des gesamten Systems gleichwertig sind. Wir können sie deshalb zu einem einzigen Zustand Z_{23} zusammenfassen und diesem Zustand die Fehlerrate λ und die Reparaturrate μ zuordnen. Wenn wir in gleicher Weise dem Zustand Z_1 die Fehlerrate 2λ und dem Zustand Z_4 die Reparaturrate 2μ zuordnen, können wir unser gesamtes System vereinfacht darstellen wie in Abb. 6.5. Diese Darstellung werden wir im nächsten Abschnitt als Grundlage für unser mathematisches Modell benutzen.

Abb. 6.5 Übergangsraten im
2-Komponenten-System
(vereinfacht)

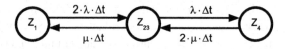

Mathematisches Modell

Aus der Darstellung in Abb. 6.5 können wir jetzt systematisch unser mathematisches Modell ableiten. Wie bereits im einfachen Fall einer Komponente betrachten wir dabei die zeitliche Änderung für die Wahrscheinlichkeit jedes einzelnen Zustands. Diese zeitliche Änderung setzt sich aus der Summe negativer und positiver Anteile zusammen. Die negativen Anteile werden durch die Fehlerrate und Reparaturrate des aktuellen Zustands bestimmt. Die positiven Anteile ergeben sich durch die Fehlerraten und Reparaturraten der möglichen Vorgänger-Zustände. Sowohl die Fehlerrate λ als auch die Reparaturrate μ sollen in unserem Beispiel für beide Komponenten jeweils gleich sein.

Mit diesem Ansatz erhalten wir wieder ein Differentialgleichungs-System, dessen Lösungen die Wahrscheinlichkeiten $P_i(t)$ sind, mit denen sich das System im Zustand Z_i befindet:

$$\frac{d}{dt}P_1(t) = -2\lambda P_1(t) + \mu P_{23}(t)$$

$$\frac{d}{dt}P_{23}(t) = +2\lambda P_1(t) - (\lambda + \mu)P_{23}(t) + 2\mu P_4(t) \tag{6.17}$$

$$\frac{d}{dt}P_4(t) = +\lambda P_{23}(t) - 2\mu P_4(t)$$

Wir können dieses Gleichungssystem auch in Matrix-Form darstellen

$$\frac{d}{dt}\begin{pmatrix} P_1 \\ P_{23} \\ P_4 \end{pmatrix} = \begin{pmatrix} -2\lambda & \mu & 0 \\ 2\lambda & -(\lambda+\mu) & 2\mu \\ 0 & \lambda & -2\mu \end{pmatrix} \begin{pmatrix} P_1 \\ P_{23} \\ P_4 \end{pmatrix} \tag{6.18}$$

und damit auch auf einfache Weise die Konsistenz unseres Ansatzes überprüfen. Da sich die Änderung jedes einzelnen Zustands aus der Summe der dazu beitragenden Änderungen aller anderen Zustände ergibt, muss die Summe jeder Spalte der Matrix gleich Null sein.

Dieses Differentialgleichungs-System können wir mit üblichen Standard-Verfahren lösen (im Detail in Abschn. 10.4 ausgeführt) und erhalten damit die Wahrscheinlichkeiten $P_i(t)$ für die einzelnen Zustände:

$$P_1(t) = \frac{2\lambda\mu}{(\lambda+\mu)^2} \cdot e^{-(\lambda+\mu)\cdot t} + \frac{\lambda^2}{(\lambda+\mu)^2} \cdot e^{-2(\lambda+\mu)\cdot t} + \frac{\mu^2}{(\lambda+\mu)^2}$$

$$P_{23}(t) = \frac{2\lambda(\lambda-\mu)}{(\lambda+\mu)^2} \cdot e^{-(\lambda+\mu)\cdot t} - \frac{2\lambda^2}{(\lambda+\mu)^2} \cdot e^{-2(\lambda+\mu)\cdot t} + \frac{2\lambda\mu}{(\lambda+\mu)^2} \tag{6.19}$$

$$P_4(t) = -\frac{2\lambda^2}{(\lambda+\mu)^2} \cdot e^{-(\lambda+\mu)\cdot t} + \frac{\lambda^2}{(\lambda+\mu)^2} \cdot e^{-2(\lambda+\mu)\cdot t} + \frac{\lambda^2}{(\lambda+\mu)^2}$$

Für lange Zeiträume und/oder sehr große Werte von λ und μ können wir auch hier die exponentiellen Anteile vernachlässigen und erhalten dann die gleichen Werte wie durch das in Kap. 5 intuitiv hergeleitete Näherungsverfahren.

Für Systeme, die aus einer größeren Anzahl von Komponenten bestehen, ist die exakte analytische Lösung des dann resultierenden Gleichungssystems sehr aufwändig und unübersichtlich. Daher wird man im Allgemeinen eher eine rechner-gestützte numerische Lösung bevorzugen. Für die Problemstellung ist es jedoch nicht unbedingt erforderlich, eine umfassende Lösung für jeden möglichen Einzel-Zustand des Systems zu finden. Vielmehr interessieren uns häufig nur bestimmte Zustände, die der Verfügbarkeit und Zuverlässigkeit der betrachteten Komponenten für bestimmte Formen der Verschaltung entsprechen.

Abb. 6.6 Schaltungsvarianten
für 2 Komponenten

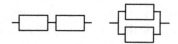

Interpretation

Deshalb wollen wir zunächst die Bedeutung der möglichen Lösungen im Rahmen von Zuverlässigkeit und Verfügbarkeit interpretieren.

In einem System aus zwei Komponenten können diese Komponenten entweder seriell oder parallel angeordnet sein (Abb. 6.6). Für beide Fälle können wir die Verfügbarkeit und die Zuverlässigkeit problemlos aus unseren Ergebnissen ableiten.

$P_1(t)$ gibt uns die Wahrscheinlichkeit, dass sich das System im vollkommen fehlerfreien Zustand befindet. Wir hatten die Zuverlässigkeit und die Verfügbarkeit von seriellen Systemen so definiert, dass alle Komponenten gleichzeitig funktionsfähig sein müssen. Allgemein ist diese Lösung also die Verfügbarkeit eines solchen seriellen Systems. Wenn wir μ gleich Null setzen, dann erhalten wir die Zuverlässigkeitsfunktion eines seriellen Systems. Es sind also:

$$A_{seriell}(t) = P_1(t) \tag{6.20}$$

$$R_{seriell}(t) = P_{1,\mu=0}(t) = e^{-2\lambda t} \tag{6.21}$$

$P_{23}(t)$ ist die Wahrscheinlichkeit, dass genau eine der beiden Komponenten funktionsfähig und gleichzeitig die andere Komponente defekt ist. Für das System als Ganzes erhalten wir damit allein keine brauchbare Bewertung. Wenn wir jedoch $P_{23}(t)$ und $P_1(t)$ addieren, so haben wir damit die Wahrscheinlichkeit dafür, dass mindestens eine der Komponenten funktionsfähig ist. Genau das aber ist unsere Definition für die Verfügbarkeit eines Systems, in dem beide Komponenten parallel geschaltet sind. Somit gilt:

$$A_{parallel}(t) = P_1(t) + P_{23}(t) \tag{6.22}$$

$$R_{parallel}(t) = P_{1,\mu=0}(t) + P_{23,\mu=0}(t)$$
$$= 2e^{-2\lambda t} - e^{-2\lambda t}$$
$$= 1 - \left(1 - e^{-\lambda t}\right)^2 \tag{6.23}$$

In analoger Weise können wir auch die Nicht-Verfügbarkeit des Systems betrachten. Ein paralleles System ist dann nicht verfügbar, wenn beide Komponenten gleichzeitig defekt sind. $P_4(t)$ ist also die Nicht-Verfügbarkeit eines parallelen Systems. Für $\mu = 0$ ist $P_4(t)$ gleich der Fehlerdichte-Funktion. Ein serielles System ist dann nicht verfügbar, wenn mindestens eine Komponente nicht verfügbar ist. Somit ist die Summe von $P_{23}(t)$ und $P_4(t)$ die Nicht-Verfügbarkeit eines seriellen Systems, mit $\mu = 0$ die Verteilungsfunktion $F(t)$ des seriellen Systems.

Wir sehen also, dass wir mit Hilfe des Markov-Verfahrens alle Ergebnisse, die wir durch die eher „intuitive" Betrachtungsweise in den früheren Kapiteln erhalten haben, durch Lösung eines einzigen umfassenden Ansatzes reproduzieren können. Im Falle der Verfügbarkeit haben wir überdies mögliche Fehler aus der Vernachlässigung der Zeitabhängigkeit eliminiert.

6.4   Erweiterte Anwendungen

Eine einfache Anwendung des Markov-Verfahrens, wie wir sie hier bisher dargestellt haben, bietet keinen signifikanten Vorteil gegenüber der konventionellen Berechnung der Verfügbarkeit und Zuverlässigkeit eines Systems, sofern und soweit wir die zeitabhängige Komponente vernachlässigen können. Zumindest können wir die gleichen bzw. in den meisten Fällen zumindest gleichwertige Ergebnisse auf beiden Wegen erhalten.

Das Markov-Verfahren bietet jedoch weitaus mehr Möglichkeiten, mit denen auch nicht-triviale Spezialfälle vergleichsweise einfach in den Griff zu bekommen sind. Als Anregung wollen wir hier kurz die Erweiterung auf mehr als zwei Komponenten und einen Ansatz für situations-abhängig verschiedene Fehlerraten und Reparaturraten kurz andiskutieren. Eine vollständige Darstellung aller Möglichkeiten des Verfahrens ginge weit über das Ziel dieses Buches hinaus.

Erweiterung auf n Komponenten

Am Anfang des Kapitels hatten wir festgestellt, dass wir für ein System aus n Komponenten, die jeweils zwei verschiedene Zustände annehmen können, insgesamt 2^n System-Zustände betrachten müssen. Im weiteren Verlauf hatten wir jedoch am Beispiel $n = 2$ gesehen, dass wir gleichwertige Zustände zusammenfassen und dadurch unser System von Differentialgleichungen vereinfachen können.

Betrachten wir als nächstes ein System aus den drei Komponenten K_1, K_2 und K_3. Analog zu Abb. 6.3 können wir auch hier auf einfache Weise die möglichen System-Zustände und die Zustandsübergänge identifizieren (Abb. 6.7). Wir erhalten einen Zustand

Abb. 6.7 Übergangsraten im 3-Komponenten-System

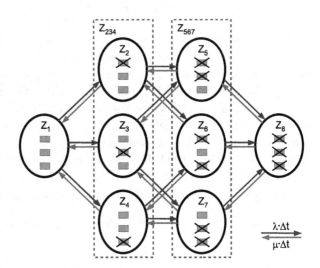

(Z_1) mit null und einen Zustand (Z_8) mit drei fehlerhaften Komponenten, drei Zustände (Z_2, Z_3, Z_4) mit jeweils einer fehlerhaften Komponente und drei Zustände (Z_5, Z_6, Z_7) mit jeweils zwei fehlerhaften Komponenten.

Wir gehen auch hier wieder davon aus, dass sowohl die Fehlerraten als auch die Reparaturraten für alle Komponenten gleich sind. Allein auf Grund von Symmetrie-Überlegungen können wir deshalb auch hier erwarten, dass die Wahrscheinlichkeit für das Auftreten aller System-Zustände mit jeweils einer fehlerhaften Komponente gleich groß ist. Das gleiche gilt für alle System-Zustände mit zwei fehlerhaften Komponenten. Deswegen können wir zur Berechnung der Wahrscheinlichkeiten für das Auftreten dieser System-Zustände diese gleich wahrscheinlichen Zustände als Z_{234} und Z_{567} zusammenfassen. Damit lassen sich die Übergangsraten vereinfacht wie in Abb. 6.8 darstellen.

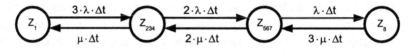

Abb. 6.8 Übergangsraten im 3-Komponenten-System (vereinfacht)

Wenn wir diesen Zuständen Z_i die jeweilige Wahrscheinlichkeit mit P_i für ihr Auftreten zuordnen, erhalten wir wiederum ein vereinfachtes Differentialgleichungs-System:

$$\frac{d}{dt}P_1 = -3\lambda P_1 + \mu P_{234}$$

$$\frac{d}{dt}P_{234} = 3\lambda P_1 - (2\lambda + \mu)P_{234} + 2\mu P_{567}$$

$$\frac{d}{dt}P_{567} = 2\lambda P_{234} - (\lambda + 2\mu)P_{567} + 3\mu P_8 \tag{6.24}$$

$$\frac{d}{dt}P_8 = \lambda P_{567} - 3\mu P_8$$

Bei der Interpretation der Ergebnisse müssen wir jedoch zwei zusätzliche Dinge berücksichtigen. Erstens können drei Komponenten auf verschiedene Weise verschaltet werden, so dass die Positionen und damit die Gewichtung der einzelnen Komponenten für die Verfügbarkeit nicht in jedem Fall gleich oder gleichwertig sind (Abb. 6.9). Zweitens haben wir mit P_{234} und P_{567} die Wahrscheinlichkeiten dafür berechnet, dass ein beliebiger Zustand mit einer bzw. zwei fehlerhaften Komponente(n) auftritt. Um alle möglichen Schaltung abdecken zu können, müssen wir diese Zustände jetzt unterscheidbar machen. Wir müssen also die Wahrscheinlichkeit für das Auftreten eines bestimmten Zustands bestimmen. Da jedoch wegen der bereits erwähnten Symmetrie jeder der „zusammengefassten" Zustände gleich wahrscheinlich ist, können wir einfach schreiben:

$$P_2 = P_3 = P_4 = 1/3 \cdot P_{234} \tag{6.25}$$

$$P_5 = P_6 = P_7 = 1/3 \cdot P_{567} \tag{6.26}$$

Abb. 6.9 Schaltungsvarianten
für 3 Komponenten

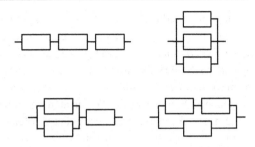

Wir wollen jetzt als Beispiel ein System betrachten, wo K_1 und K_2 parallel geschaltet sind, während K_3 mit dieser Konstruktion in Serie geschaltet ist (vgl. Schaltung in Abb. 6.9 links unten). Für die Verfügbarkeit dieses Systems muss also K_3 immer verfügbar sein; zusätzlich ist die Verfügbarkeit von mindestens K_1 oder K_2 erforderlich. Diese Bedingungen werden von insgesamt drei System-Zuständen erfüllt. Neben dem absolut fehlerfreien Zustand, bei dem K_1 und K_2 gleichzeitig fehlerfrei sind, sind dies zwei weitere Zustände, bei denen K_1 oder K_2 jeweils gleichzeitig mit K_3 verfügbar ist, während die jeweils dritte Komponente (K_2 oder K_1) fehlerhaft ist. Als Verfügbarkeit A_{sp} für dieses spezielle System erhalten wir also

$$A_{sp} = P_1 + \frac{2}{3} \cdot P_{234} \tag{6.27}$$

Mit diesen Überlegungen können wir das Verfahren jetzt auch auf beliebig große n ausdehnen. Wir erhalten immer jeweils einen System-Zustand mit n fehlerfreien und einen System-Zustand mit n fehlerhaften Komponenten. Alle weiteren Zustände des Systems ergeben sich aus allen möglichen Kombinationen von i fehlerhaften Komponenten mit $(n-i)$ fehlerfreien Komponenten ($2 \le i \le n-1$). Alle Systemzustände für ein bestimmtes i können im Differentialgleichungs-System in einem gemeinsamen P_i zusammengefasst werden. Die Anzahl der möglichen Systemzustände mit i fehlerhaften Komponenten entspricht dem Binomial-Koeffizienten $\binom{n}{i}$. Die Anzahl der Differentialgleichungen ist $n+1$ und lässt sich durch die Bedingung $\sum P_i = 1$ auf n reduzieren.

Wenn wir die Bezeichnungen P_i so definieren, dass P_i für die Wahrscheinlichkeit steht, dass ein beliebiger Zustand mit i fehlerhaften Komponenten auftritt, dann erhalten wir n Differentialgleichungen der Form:

$$\frac{dP_i}{dt} = -(n-i)\lambda P_i - i\mu P_i + (n-i+1)\lambda P_{i-1} + (i+1)\mu P_{i+1} \tag{6.28}$$

Die Wahrscheinlichkeit P_i^*, dass ein bestimmter Zustand mit i fehlerhaften Komponenten auftritt, erhalten wir nach Lösung des Differentialgleichungs-Systems als

$$P_i^* = \frac{P_i}{\binom{n}{i}} \tag{6.29}$$

Komponenten mit unterschiedlichen Fehlerraten und Reparaturraten

Bisher haben wir immer vorausgesetzt, dass sowohl die Fehlerrate als auch die Reparaturrate für alle Komponenten und in allen System-Zuständen gleich ist. Das Markov-

Verfahren ist jedoch keinesfalls auf derartig einfache Systeme beschränkt. In der Praxis haben wir nicht nur verschiedenartige Komponenten, die natürlicherweise auch verschiedene Fehlerraten und Reparaturraten aufweisen. Es gibt auch eine Reihe von Situationen, in denen sich die Fehlerrate und/oder die Reparaturrate einer Komponente in Abhängigkeit vom System-Zustand ändern kann. Deshalb wollen wir jetzt noch zwei Ansätze herleiten, in denen sich entweder die Fehlerraten und/oder Reparaturraten mit dem Systemzustand ändern bzw. Komponenten verwendet werden, für die von vornherein verschiedene Fehlerraten bzw. Reparaturraten gelten.

Für derartige Systeme müssen wir bei der Analyse diese Unterschiede beachten und können insbesondere auch die Zustände nicht mehr so einfach zusammenfassen. Dadurch unterscheiden sich die für die Berechnung zu verwendenden Differentialgleichungs-Systeme. Der Lösungsweg ist jedoch prinzipiell gleich und wird deshalb nicht noch einmal ausdrücklich dargestellt.

Zunächst wollen wir ein 2-Komponenten-System betrachten, in dem für jede Komponente verschiedene Werte für die Fehlerrate λ und die Reparaturrate μ gelten. Dafür modifizieren wir das Beispiel für $n = 3$ aus Abschn. 6.3 so, dass wir diese verschiedenen Werten in die Analyse einbeziehen und damit ein Differentialgleichungs-System aufstellen.

Zunächst können wir die Darstellung aus Abb. 6.4 genau so weiter verwenden. Wir dürfen jedoch die Zustände nicht mehr zusammenfassen (Abb. 6.5 gilt also nicht). Wenn wir jetzt der Komponente K_1 die Fehlerrate λ_1 und die Reparaturrate μ_1 zuordnen und der Komponente K_2 die Fehlerrate λ_2 und die Reparaturrate μ_2 zuordnen, erhalten wir in vollkommen analoger Weise zu Abschn. 6.3 dieses Differentialgleichungs-System:

$$\frac{d}{dt}P_1 = -(\lambda_1 + \lambda_2)P_1 + \mu_1 P_2 + \mu_2 P_3$$

$$\frac{d}{dt}P_2 = \lambda_1 P_1 - (\lambda_2 + \mu_1)P_2 + \mu_2 P_4$$

$$\frac{d}{dt}P_3 = \lambda_2 P_1 - (\lambda_1 + \mu_2)P_3 + \mu_1 P_4 \qquad (6.30)$$

$$\frac{d}{dt}P_4 = \lambda_1 P_3 + \lambda_2 P_2 - (\mu_1 + \mu_2)P_4$$

In der Matrixdarstellung

$$\begin{pmatrix} \dot{P}_1 \\ \dot{P}_2 \\ \dot{P}_3 \\ \dot{P}_4 \end{pmatrix} = \begin{pmatrix} -(\lambda_1 + \lambda_2) & \mu_1 & \mu_2 & 0 \\ \lambda_1 & -(\lambda_2 + \mu_1) & 0 & \mu_2 \\ \lambda_2 & 0 & -(\lambda_1 + \mu_2) & \mu_1 \\ 0 & \lambda_2 & \lambda_1 & -(\mu_1 + \mu_2) \end{pmatrix} \begin{pmatrix} P_1 \\ P_2 \\ P_3 \\ P_4 \end{pmatrix} \qquad (6.31)$$

sehen wir, dass auch hier die Summe jeder Spalte gleich Null ist. Die Lösungen P_1 bis P_4 dieses Differentialgleichungs-Systems sind genau so zu interpretieren, wie in Abschn. 6.3 gezeigt. In den Gl. 6.22 und 6.23 ist lediglich P_{23} jeweils durch die Summe $(P_2 + P_3)$ zu ersetzen.

Als zweiten Fall wollen wir jetzt noch den sehr speziellen Fall betrachten, in dem die Fehlerrate vom aktuellen Systemzustand abhängig ist. Die Fehlerrate haben wir bisher immer und richtigerweise als technisch bedingte Größe betrachtet, die allein durch die Natur einer Komponente bestimmt ist. Wie wir am Beispiel eines Dioden-Lasers in Abschn. 10.2.1 zeigen, kann sich jedoch die Fehlerrate durch eine Änderung der Betriebsbedingungen deutlich ändern.

Nehmen wir als Beispiel ein System von drei Lasern an, die gemeinsam eine bestimmte optische Leistung erbringen. Jeder dieser Laser wird im Normalbetrieb (d. h. alle drei Laser arbeiten fehlerfrei) mit 30 % seiner Maximal-Leistung betrieben. Sobald ein Laser ausfällt, müssen die oder der verbleibende Laser eine individuell höhere Leistung erbringen, um die Gesamt-Leistung des Systems aufrecht zu erhalten. Dadurch steigt die jeweilige individuelle Fehlerrate erheblich an.

Eine Reparaturrate ist im Allgemeinen nicht ausschließlich durch technische Notwendigkeiten bestimmt, sondern auch durch organisatorische Abläufe im Betrieb. Wir können beispielsweise annehmen, dass bei Ausfall nur eines Lasers eine „normale" Wartungs-Prozedur während der üblichen Arbeitszeiten ausgeführt wird. Wenn zwei Laser gleichzeitig ausfallen, wird die Reparatur mit höherer Dringlichkeit ausgeführt. Der gleichzeitige Ausfall aller Laser führt zu maximaler Dringlichkeit und auch außerhalb der Arbeitszeit zum Herbeirufen eines 24-Stunden-Notdienstes. Die mittlere Zeit für eine Reparatur (MDT) wird sich also Schritt für Schritt verkürzen, d. h. die Reparaturrate $\mu = 1/MDT$ wird umso größer, je kritischer der aktuelle System-Zustand eingeschätzt wird.

Wenn wir diese Situation auf unser Markov-Verfahren abbilden, dann erhalten wir für verschiedene System-Zustände Z_i verschiedene Werte für λ und μ. Als Z_i seien hier alle System-Zustände mit i ($i = 0, 1, 2, 3$) fehlerhaften Lasern bezeichnet; λ_i und μ_i seien die zugehörigen Fehlerraten und Reparaturraten. Damit können wir das Verhalten des Systems als Gleichungssystem formulieren:

$$\frac{d}{dt}P_0 = -3\lambda_0 P_0 + \mu_1 P_1$$

$$\frac{d}{dt}P_1 = 3\lambda_0 P_0 - (2\lambda_1 + \mu_1)P_1 + 2\mu_2 P_2$$

$$\frac{d}{dt}P_2 = 2\lambda_1 P_1 - (\lambda_2 + 2\mu_2)P_2 + 3\mu_3 P_3 \tag{6.32}$$

$$\frac{d}{dt}P_3 = \lambda_2 P_2 - 3\mu_3 P_3$$

Wir sehen, dass sich die Gleichungen lediglich durch die Koeffizienten von einem System mit konstanten Werten für λ und μ unterscheiden.

Das Beispiel-System haben wir so beschrieben, dass mindestens ein Laser fehlerfrei arbeiten muss. Die Verfügbarkeit A_L des Systems können wir also angeben als

$$A_L = P_0 + P_1 + P_2 \tag{6.33}$$

Verfügbarkeit von Netzwerken und Mehrkomponentensystemen

7

Bisher haben wir die Zuverlässigkeit und Verfügbarkeit sowohl von einzelnen Komponenten betrachtet als auch von übergeordneten Systemen, die aus solchen Komponenten aufgebaut sind. Bei der Verfügbarkeit von Systemen war in der Regel eine Abhängigkeit von der Verfügbarkeit der einzelnen Komponenten in der Art gegeben, dass sie sich auf parallele oder serielle Schaltungen zurückführen ließ, oder auf eine Kombination von beidem. Mit Hilfe dieser Betrachtungsweise können wir bereits Zuverlässigkeit und Verfügbarkeit sehr großer und komplexer Systeme berechnen.

Bei allen Berechnungen haben wir für die Analyse der Struktur von Systemen zwar festgestellt, dass sie sich auf eine Anordnung von seriellen und/oder parallelen Subsystemen zurückführen lässt. Wir sind dabei jedoch nicht systematisch vorgegangen, sondern haben uns eher intuitiv darauf verlassen, dass wir die Struktur eines Systems mit der notwendigen Sorgfalt vollständig erfassen können. Auf diese Weise können wir tatsächlich beliebig große Systeme berechnen. Das Verfahren wird bei komplexen Systemen jedoch unübersichtlich und damit fehlerträchtig. Deshalb wollen wir hier Systeme noch einmal anders betrachten, nämlich unter dem Aspekt, dass sie ein Netzwerk aus Komponenten bilden, die in Abhängigkeit voneinander die Funktion des Systems sicher stellen. Der Begriff „Netzwerk" kann hier einerseits für eine Struktur stehen, die als Netzwerk im eigentlich Sinne betrachtet wird, also zum Beispiel ein Rechner-Netz, ein Verkehrs-Netz oder ein Telekommunikations-Netz. Die gleichen Ansätze für Berechnungen lassen sich jedoch auch für andere komplexe Strukturen anwenden, wenn wir innerhalb dieser Strukturen die Abhängigkeiten der Komponenten als „netzwerkartig" betrachten und die Begriffe „serielle Schaltung" bzw. „parallele Schaltung" im Sinne von „Ersatzschaltungen für eine einfachere Berechnung" verwenden.

Wir werden sehen, dass wir mit Hilfe der Betrachtungsweise als Netzwerk Verfahren zur Berechnung der Verfügbarkeit von komplexen Systemen entwickeln können, die schrittweise und sicher zum richtigen Ergebnis führen. Auch eine Automatisierung der Berechnungen ist mit diesen Verfahren leicht möglich.

© Springer Fachmedien Wiesbaden 2014
S. Eberlin, B. Hock, *Zuverlässigkeit und Verfügbarkeit technischer Systeme*,
DOI 10.1007/978-3-658-03573-0_7

Definition: Netzwerk, Mehrkomponentensystem

Ehe wir die Verfügbarkeit von Netzwerken berechnen können, müssen wir zunächst die Eigenschaften identifizieren, in denen sich ein Netzwerk von der bisherigen Betrachtungsweise von Systemen unterscheidet. Ein Netzwerk besteht ebenfalls aus einzelnen Komponenten, die miteinander verbunden sind und deren vollständige oder teilweise Zusammenarbeit für die Verfügbarkeit des Netzwerks erforderlich ist. Im Normalfall müssen mehrere Komponenten gleichzeitig verfügbar sein.

Der Zweck eines klassischen Netzwerkes ist es, die Verbindung zwischen zwei oder mehreren Punkten herzustellen. Das Netzwerk selbst besteht aus Netzknoten und Verbindungen zwischen diesen Knoten. Netzknoten können beispielsweise Rechner, Telefone oder Bahnhöfe sein. Die entsprechenden Verbindungen wären Kabel, Funkstrecken oder Gleise. Der Nutzen des Netzwerkes besteht darin, dass es die Möglichkeit bietet, über die Verbindungen von einem Punkt (Netzknoten) A zu einem anderen Punkt (Netzknoten) B zu gelangen. Man kann also etwas (Daten, Gegenstände) über einen „Weg" zwischen A und B zu transportieren. Das Netzwerk ist dann verfügbar, wenn es mindestens einen Weg zwischen A und B gibt.[1] Das setzt voraus, dass alle an diesem Weg beteiligten Komponenten (Netzknoten und Verbindungen) gleichzeitig verfügbar sind.

Neben dieser Betrachtungsweise, die zwei oder mehrere Punkte verbindet, können wir auch andere komplexe Strukturen als Netzwerk ansehen. Diese Strukturen können wir in verallgemeinerter Form als Mehrkomponentensysteme bezeichnen. Nehmen wir als Beispiel eine Industrie-Anlage, in der zahlreiche verschiedene Komponenten (Rechner, Sensoren, Steuerungen, usw.) fehlerfrei zusammen arbeiten müssen. Einige dieser Komponenten werden nur einfach vorhanden sein, andere werden redundant sein. Ein „Weg" in einem solchen Netzwerk ist nicht notwendigerweise eine durchgängige Verbindung zwischen Punkten, auf der Signale oder Informationen in irgend einer Form übertragen werden. Statt dessen können wir ihn so definieren, dass er eine bestimmte Menge von Anteilen des Systems umfasst, die für den fehlerfreien Betrieb des Systems notwendig und ausreichend sind. Das heißt, ein „Weg" ist eine bestimmte Untermenge aller Komponenten des Systems, die notwendig und ausreichend, um das System zu betreiben. Insofern können wir ebenso wie für klassische Netzwerke die im Folgenden definierten elementaren Netzwerke als Ersatz-Schaltungen für Anteile einer aus mehreren Komponenten bestehenden Struktur betrachten und berechnen.

In beiden Fällen kann es einen oder mehrere Wege geben. Wege, die die kürzeste Verbindung zwischen Netzknoten herstellen oder eine minimale Anzahl von notwendigen Komponenten umfassen, können wir als direkte Wege bezeichnen. Es kann aber auch beliebig viele indirekte Wege geben, die weitere und/oder andere Komponenten einschließen und so zum Beispiel durch einen „Umweg" defekte Anteile umgehen oder redundante

---

[1]Wir haben in der Beschreibung der Wege als Konvention die „Richtung von A nach B" gewählt. Damit werden die Betrachtungen und Berechnungen einfacher nachvollziehbar. Wir werden jedoch später sehen, dass sowohl die Richtung, in der wir die Komponenten durchlaufen, als auch die Reihenfolge, in der wir die Komponenten in die Berechnung einsetzen, unwesentlich sind.

Anteile nutzen können. Verschiedene Wege können auch die gleichen Netzknoten und Verbindungen berühren; verschieden sind Wege genau dann, wenn sie sich an mindestens einer Stelle unterscheiden, wenn es also in mindestens einem Weg einen Netzknoten oder eine Verbindung gibt, der oder die in dem anderen Weg nicht vorhanden ist.

Definition: Verfügbarkeit eines Netzwerks
An dieser Stelle können wir jetzt genauer definieren, was wir unter der „Verfügbarkeit" eines Netzwerks verstehen. Ein Netzwerk ist, ebenso wie jedes andere System, immer dann verfügbar, wenn alle Komponenten, alle Netzknoten, alle Verbindungen gleichzeitig verfügbar sind. In diesem Fall ist sicher gestellt, dass jeder Punkt in diesem Netzwerk von jedem anderen Punkt aus erreicht werden kann und das System seine Funktion erfüllen kann. Dieses Problem haben wir bereits gelöst, denn es ist identisch mit der Forderung, die wir für die Verfügbarkeit einer seriellen Schaltung aller Komponenten aufgestellt hatten.

Eine engere Definition der Verfügbarkeit eines Netzwerkes ist, dass ein Netzwerk genau dann verfügbar ist, wenn es mindestens einen verfügbaren Weg zwischen zwei definierten Punkten gibt. Es müssen also alle an diesem Weg beteiligten Netzknoten und Verbindungen gleichzeitig verfügbar sein. Diese Definition ist weithin üblich, und wir werden zunächst die Verfügbarkeit von Netzwerken auch im Hinblick darauf berechnen. Die Anforderung, dass mehr als zwei Punkte oder alle möglichen Punkte gleichzeitig erreichbar sein müssen, kann durch eine Erweiterung des gleichen Prinzips erfüllt werden, indem man eine minimal erforderliche Menge von Wegen findet, die diese Bedingung erfüllen.

In der erweiterten Darstellung für allgemeine Systeme haben wir den Begriff „Weg" durch eine Untermenge von Komponenten ersetzt, deren gleichzeitige Fehlerfreiheit erforderlich ist, um das System fehlerfrei zu betreiben. In dieser Sichtweise können wir also das System als Ganzes dann als verfügbar betrachten, wenn es mindestens eine solche Untermenge gibt, deren Komponenten ausnahmslos verfügbar sind. Für diese Untermenge können wir eine serielle Konfiguration als Ersatzschaltung nutzen.

Um die Verfügbarkeit von Netzwerken konkret zu berechnen, gehen wir ähnlich vor wie bei Systemen, die aus beliebig geschalteten Komponenten aufgebaut sind. Auch Netzwerke können im Allgemeinen in vergleichsweise einfach zu berechnende Teilnetze aufgeteilt werden, aus deren Verfügbarkeit sich dann wiederum die Verfügbarkeit übergeordneter netzartiger Strukturen ableiten lässt. Die Abbildungen 7.1 bis 7.4 zeigen einige typische Netz-Strukturen, die wir im Folgenden betrachten werden. In jedem dieser Netze soll ein Signal über mehrere Zwischenstationen von A nach B übertragen werden.

Verbindungen zwischen Komponenten
Wenn wir Wege von A nach B über Zwischenstationen führen, dann ist die Natur dieser Zwischenstationen für unsere Betrachtungen unerheblich. Es kann sich entweder um gleich- oder andersartige Netzknoten wie A und/oder B handeln, um beliebige Relais-Stationen, zum Beispiel Signalverstärker, oder um physikalische Verbindungen (z. B. Kabel). Wesentlich ist lediglich, dass der Ausfall einer Zwischenstation jeden Weg, der diese Station benötigt, nicht verfügbar macht.

Am Beispiel von Kabelstrecken werden wir in Abschn. 7.2 zeigen, dass die Verbindungen selbst einen erheblichen Anteil an der Verfügbarkeit eines Netzes haben können. Bei der Berechnung von Verfügbarkeit und Nicht-Verfügbarkeit werden sie vollkommen gleichberechtigt mit Netzknoten behandelt. In den Abbildungen machen wir deswegen keinen Unterschied; jede Komponente eines Netzes kann physikalisch ein beliebiges Element sein, das grundsätzlich fehlerhaft sein kann.

Zeitabhängigkeit der Verfügbarkeit
Für unsere folgenden Betrachtungen ist es unwesentlich, auf welche Weise wir die Verfügbarkeit oder Nicht-Verfügbarkeit der Netzknoten berechnet haben. Falls es erforderlich ist, die zeitabhängige Komponente der Verfügbarkeit mit zu berücksichtigen (wie in Kap. 6 berechnet), dann müssen wir lediglich die zeitabhängigen Anteile mit in die Rechnung einbeziehen und erhalten somit auch ein zeitabhängiges Endergebnis. Aus Gründen der Übersichtlichkeit haben wir jedoch im Folgenden die Zeitabhängigkeit nicht ausdrücklich mit aufgenommen, sondern schreiben statt $A(t)$ und $N(t)$ grundsätzlich nur A und N.

Verfügbarkeit und Quality of Service
Die Verfügbarkeit von Netzwerken, wie wir sie hier berechnen, ist ausschließlich definiert als die grundsätzliche Möglichkeit, bestimmte Punkte miteinander zu verbinden. Es wird damit zunächst keine Aussage über die Verkehrsgüte (Quality of Service, QoS) zwischen diesen Punkten gemacht. Es ist also zum Beispiel grundsätzlich möglich, ein Signal von A nach B zu schicken. Eine Garantie dafür, dass die Kapazität der Verbindung für alle möglichen Anforderungen ausreicht, ist damit nicht notwendigerweise gegeben.

Wir hatten andererseits bereits in Abschn. 2.1 festgestellt, dass ein Objekt nicht nur dann als fehlerhaft zu betrachten ist, wenn es vollständig ausfällt. Der Fehlerzustand wird bereits dadurch definiert, dass das Objekt nicht alle spezifizierten Funktionen vollständig erfüllen kann. Das bedeutet im Zusammenhang mit der Verfügbarkeit eines Netzwerks, dass ein Weg nicht notwendigerweise vollständig blockiert ist, wenn eine Komponente dieses Wegs fehlerhaft ist, so lange diese Komponente ihre Funktion noch teilweise erfüllen kann.

Grundsätzlich könnten wir also auch mit der teilweisen Verfügbarkeit von Wegen oder Komponenten rechnen und diese in Form von anteiligen Werten der Verfügbarkeit A bzw. der Nicht-Verfügbarkeit N mit einbeziehen. Das würde jedoch nichts an der grundsätzlichen Herangehensweise ändern und ist auch in der Praxis nicht üblich. Bei der Berechnung der Verfügbarkeit werden wir deshalb grundsätzlich annehmen, dass immer dann, wenn eine Reparatur notwendig ist, also eine Komponente als fehlerhaft erkannt wurde, jeder von dieser Komponente abhängige Weg nicht verfügbar ist.

7.1   Elementare Netzwerke

Um den Begriff der „Wege" näher zu erläutern, haben wir auf den folgenden Seiten zunächst einige beispielhafte elementare Netzwerke zusammengestellt. Die meisten realen Netze lassen sich auf derartig elementare Anteile zurückführen. Wir zeigen hier zunächst die Wege, die wir für eine Berechnung der Verfügbarkeit dieser Elementarnetze berücksichtigen müssen. Es wird nicht unterschieden zwischen Netzknoten und Verbindungen zwischen diesen Knoten. Die dargestellten Elemente sind allgemein als potentiell fehlerhafte Komponenten zu sehen. Die gezeichneten Verbindungslinien zwischen den Knoten stehen ausschließlich für logische Verbindungen, um die Darstellung zu erleichtern. Das heißt, dass diese logischen Verbindungen in unserem Sinne keine Fehlerquellen darstellen und deshalb bei der Berechnung nicht berücksichtigt werden müssen.

Wir betrachten zunächst tatsächlich nur die verschiedenen möglichen Wege *zwischen* den Endknoten (A, B). Wenn wir später konkret die Verfügbarkeit eines Netzes berechnen, müssen wir selbstverständlich auch die Verfügbarkeit der Endknoten selbst mit einbeziehen.

7.1.1 Typische Beispiel-Netze

Die folgenden Beispiele können auch für komplexe Strukturen, die keine Netze im klassischen Sinne sind, als „Ersatzschaltungen" zur Berechnung der Verfügbarkeit dienen.

Serielle Verbindung
Diese serielle Verbindung in Abb. 7.1 ist nicht eigentlich das, was wir im Allgemeinen unter einem „Netzwerk" verstehen. Es ist allerdings bei größeren Netzwerken ein sehr typisches Konstruktionselement, zum Beispiel als lange Signal-Übertragungsstrecke mit zwischengeschalteten Verstärkern.

In einer derartigen seriellen Verbindung gibt es genau einen Weg X – Y – Z zwischen A und B, das heißt das Signal muss die Stationen X, Y und Z störungsfrei passieren. Jeder Ausfall einer Komponente (Netzknoten oder verbindendes Element) zwischen A und B resultiert in der Nicht-Verfügbarkeit dieser Verbindung.

Abb. 7.1 Einfache Verbindung über eine serielle Schaltung

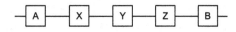

Ring-Netzwerk
Um die Verfügbarkeit der Verbindung zwischen A und B im Vergleich zur einfachen seriellen Schaltung zu verbessern, können wir einen parallelen Weg definieren, der vollständig über andere Komponenten verläuft. Das daraus resultierende Ring-Netzwerk ist in Abb. 7.2 dargestellt.

In diesem Ring-Netzwerk gibt es zwei Wege zwischen A und B:

Weg 1: T – U – V – W

Weg 2: X – Y – Z

Abb. 7.2 Ring-Netzwerk

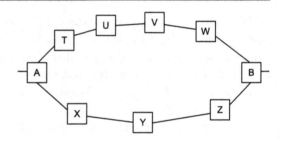

Im ungestörten Normalbetrieb können beide Wege zum Beispiel in Lastteilung arbeiten, also beide Wege gleichermaßen genutzt werden. Es kann aber auch einer der Wege als Standardweg oder Erstweg gelten, während der andere nur als Alternativ-Weg genutzt wird, wenn der Erstweg ausfällt. Unabhängig davon ist die Verbindung zwischen A und B nur dann nicht verfügbar, wenn in beiden Wegen gleichzeitig ein Fehler vorliegt.

Maschen-Netzwerk
Eine weitere Verbesserung der Verfügbarkeit können wir durch das Einfügen eines „Brücken-Elements" erreichen. Dadurch erhalten wir das in Abb. 7.3 gezeigte Maschen-Netzwerk. Durch Einfügen der Komponente M in den Ring von Abb. 7.2 können wir insgesamt 4 Teilwege unterscheiden, von denen jeder mit zwei anderen Teilwegen zu einer Verbindung von A nach B kombiniert werden kann:

Weg 1:   T – U – V – W
Weg 2:   X – Y – Z
Weg 3:   T – U – V – M – Y – Z
Weg 4:   X – Y – M – V – W

Abb. 7.3 Maschen-Netzwerk

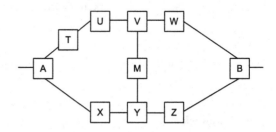

Doppelring-Netzwerk
Ein wesentlicher Nachteil des Maschen-Netzwerks ist, dass der Ausfall des zentralen „Brücken-Elements" M in Abb. 7.3 gleichbedeutend ist mit dem gleichzeitigen Ausfall der Wege 3 und 4. Dieses Problem lässt sich dadurch vermindern, dass wir die Struktur V – M – Y aus Abb. 7.3 durch ein redundantes Paar C1 – C2 ersetzen. Dadurch konstruieren wir ein Doppelring-System (Abb. 7.4). Hier werden die entsprechenden „überkreuzenden" Wege erst bei gleichzeitigem Ausfall der Komponenten C1 und C2 blockiert.

Abb. 7.4
Doppelring-Netzwerk

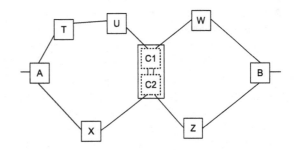

Insgesamt ermöglicht dieses Doppelring-System acht Wege, von denen sich jeweils zwei nur durch die C-Komponente unterscheiden:

Weg 1: T – U – C1 – W
Weg 2: T – U – C2 – W
Weg 3: X – C1 – Z
Weg 4: X – C2 – Z
Weg 5: T – U – C1 – Z
Weg 6: T – U – C2 – Z
Weg 7: X – C1 – W
Weg 8: X – C2 – W

Wie wir später noch sehen werden, nimmt die Komplexität der Berechnung der Verfügbarkeit eines Netzwerkes mit der Anzahl der verfügbaren Wege deutlich zu. Um diese Rechnung zu vereinfachen, können wir diesen Doppelring auch so betrachten, dass C1 und C2 als eine logische Einheit C betrachtet werden, deren Verfügbarkeit jedoch durch die Redundanz entsprechend verbessert wird. Wir müssen also die Berechnung der Verfügbarkeit dieser redundanten Schaltung in einen eigenen Schritt vorziehen. Wenn wir das tun, dann reduziert sich die Anzahl der möglichen Wege analog zum Maschen-Netzwerk auf 4:

Weg 1: T – U – C – W
Weg 2: X – C – Z
Weg 3: T – U – C – Z
Weg 4: X – C – W

Mehr als zwei verbundene Endknoten
Wie bereits erwähnt, können wir auch Netzwerke betrachten, die nicht ausschließlich zwei Punkte verbinden. Als Beispiel zeigen wir in Abb. 7.5 eine netzwerk-artige Struktur, bei der die drei Netzknoten A, B und C gleichzeitig miteinander kommunizieren können.

Es muss also gleichzeitig je ein Weg zwischen A und B, zwischen A und C und zwischen B und C verfügbar sein. Wenn wir voraussetzen, dass auch A, B und C als Transfer-

Abb. 7.5 Netzwerk mit drei
verbundenen Endpunkten

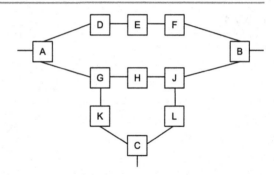

Knoten im Netzwerk arbeiten, können wir im Einzelnen diese Wege identifizieren:[2]

- A ↔ B:

  Weg A-B-1: D – E – F

  Weg A-B-2: G – H – J

  Weg A-B-3: G – K – C – L – J

- A ↔ C:

  Weg A-C-1: G – K

  Weg A-C-2: G – H – J – L

  Weg A-C-3: D – E – F – B – J – L

  Weg A-C-4: D – E – F – B – J – H – G – K

- B ↔ C:

  Weg B-C-1: J – L

  Weg B-C-2: J – H – G – K

  Weg B-C-3: F – E – D – A – G – K

  Weg B-C-4: F – E – D – A – G – H – J – L

Das in Abb. 7.5 gezeigte Netzwerk und die zugehörigen Wege können wir aber auch weiter verallgemeinern. Wenn wir den Begriff „Wege" ersetzen durch „gleichzeitig notwendig verfügbare Komponenten", so können wir damit ganz allgemein ein System beschreiben, für dessen Funktion die hier als Wege definierten Untermengen der Komponenten erforderlich sind.

Für eine konkrete Berechnung müssen wir in allen beschriebenen Fällen die Wege richtig verknüpfen. Aus jeder dieser Wege-Gruppen muss mindestens ein Weg verfügbar sein. Die Wege innerhalb einer Gruppe sind deshalb mit einem logischen ODER zu verknüpfen.

---

[2]Wir identifizieren hier zunächst grundsätzlich alle möglichen Wege. Bei genauerem Hinsehen können wir jedoch erkennen, dass manche Wege auch vollständig in anderen Wegen enthalten sind. In einem realen System werden bei der konkreten Berechnung der Verfügbarkeit jedoch häufig nicht alle theoretisch möglichen Wege berücksichtigt; statt dessen beschränkt man sich auf eine Auswahl von Wegen, die aus technischen oder anderen Gründen vorteilhaft sind.

Die Gruppen untereinander sind mit einem logischen UND zu verknüpfen. Insgesamt lässt sich die Logik also so darstellen:

{
{ D – E – F   ODER   G – H – J   ODER   G – K – C – L – J }
UND
{ G – K   ODER   G – H – J – L   ODER   D – E – F – B – J – L   ODER
D – E – F – B – J – H – G – K }
UND
{ J – L   ODER   J – H – G – K   ODER   F – E – D – A – G – K   ODER
F – E – D – A – G – H – J – L }
}

7.1.2   Wege als serielle Schaltung

Wir haben die elementaren Netzwerke bisher lediglich dahin gehend analysiert, welche Wege grundsätzlich möglich sind, um zwei oder mehr Punkte zu verbinden. Um zur Berechnung der Verfügbarkeit eines solchen Netzes zu kommen, müssen wir jetzt die Bedeutung der Wege genauer betrachten.

Ein Weg umfasst alle Komponenten (Netzknoten und Verbindungen), die gleichzeitig verfügbar sein müssen, um von A nach B zu gelangen. Er ist also auch als serielle Schaltung dieser Komponenten zu betrachten und kann auch so berechnet werden. So lange es nur einen Weg gibt, wie in Abb. 7.1, ist das Problem also bereits dadurch gelöst, die Verfügbarkeit oder Nicht-Verfügbarkeit dieser einzigen seriellen Schaltung zu berechnen (siehe Abschn. 5.3).

Wenn es mehrere Wege gibt, dann können wir für jeden dieser Wege auch die Verfügbarkeit der jeweils zugehörigen seriellen Schaltung berechnen. Um die Verfügbarkeit des gesamten Netzwerks zu berechnen, müssen wir jedoch zwei wesentliche Aspekte berücksichtigen. Einerseits haben wir gesehen, dass eine Komponente zu mehreren Wegen gehören kann; wenn eine solche Komponente nicht verfügbar ist dann sind alle diese Wege ebenso nicht verfügbar. Andererseits ist das Netzwerk verfügbar, wenn nur ein einziger Weg verfügbar ist – es können jedoch auch mehrere oder alle gleichzeitig Wege verfügbar sein. Beide Aspekte werden dadurch berücksichtigt, dass wir alle möglichen Wege über eine logische ODER-Verknüpfung zusammenführen. Für das Beispiel eines Maschen-Netzwerks werden wir das auf diese Weise in Abschn. 7.3 explizit berechnen. Einen umfassenden Algorithmus stellen wir dann in Abschn. 7.4 vor.

7.1.3   Aufbau komplexer Netzwerke aus elementaren Netzen

Analog zur Berechnung der Verfügbarkeit für verschiedene Schaltungen (siehe Abschn. 5.4) können wir auch auf der Ebene von Netzen die Verfügbarkeit komplexer Netze aus der bekannten Verfügbarkeit von elementaren Strukturen aufbauen.

Abb. 7.6 Drei elementare
Netzwerke in Serie

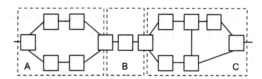

Voraussetzung für die Berechnung der Verfügbarkeit in unseren elementaren Netzwerken ist, dass die Verfügbarkeit bzw. Nicht-Verfügbarkeit des einzelnen Bestandteile (Komponenten) bekannt ist. Betrachten wir zum Beispiel eine einfache serielle Schaltung, die ihrerseits aus bekannten elementaren Netzen aufgebaut ist (Abb. 7.6).

Hier können wir zunächst die Verfügbarkeit der elementaren Netze A, B und C berechnen.[3] Die Verfügbarkeit einer durchgängigen Verbindung über alle drei elementare Netze können wir dann wie für die serielle Schaltung in Abb. 7.1 betrachten. In dieser Sichtweise gibt es hier genau einen Weg über A – B – C.

7.1.4   Komponenten an Netzwerk-Verzweigungen

In den gezeigten Ring- und Maschen-Netzwerken haben wir die Netzknoten, die genau an einer Verzweigung liegen, grundsätzlich als Teil aller Verbindungen betrachtet, die diese Verzweigung berühren. Das ist nach unserem Ansatz vollkommen richtig. Trotzdem wollen wir hier ein Problem noch einmal genauer betrachten.

Wir hatten einführend zur Betrachtung der Verfügbarkeit darauf hingewiesen, dass wir grundsätzlich immer „austauschbare Einheiten" oder Komponenten als Ausgangspunkt unserer Berechnungen betrachten. Jeder dieser Komponenten können wir einen eindeutigen Wert für die Verfügbarkeit A bzw. die Nicht-Verfügbarkeit N zuordnen. Diese Sichtweise ist unabhängig davon, wie komplex der interne Aufbau einer solchen austauschbaren Einheit ist. Wenn also aus dieser Sicht beispielsweise im Maschen-Netzwerk von Abb. 7.3 der Netzknoten V eine einzige austauschbare Einheit bildet, dann ist bei einem Ausfall von V nur noch der Weg 2 verfügbar, der als einziger diesen Netzknoten nicht berührt.

Eine generelle Aussage über die Natur der Komponenten der elementaren Netzwerke können und wollen wir hier nicht machen. Die Unteilbarkeit von austauschbaren Einheiten muss jedoch nicht notwendigerweise rein technisch begründet sein (siehe auch Abschnitt „Reparatur und Austauschbare Einheiten" auf S. 66). So können wir zum Beispiel annehmen, dass ein Server in einem Rechner-Netz eine Einheit ist, die nur als Ganzes austauschbar ist. Eine andere mögliche Annahme ist, dass wir einen solchen Server in mehrere logische, physikalisch trennbare Einheiten aufteilen, die wir sinnvollerweise individuell als austauschbare Komponenten betrachten. Dann würde beispielsweise der Netzknoten V in Abb. 7.3 ausschließlich für zentrale Komponenten stehen, die tatsächlich für die Wege

---

[3]Dabei müssen wir beachten, dass die in Abb. 7.6 auf der Grenze zwischen den elementaren Netzen liegenden Komponenten nur einem der beiden Netze zugeordnet werden.

1, 3 und 4 benötigt würden. Die „Netzknoten" U, M und W wären die in diesem Rechner enthaltenen Schnittstellen-Anteile, die die eigentliche Verbindung zu ihren Nachbar-Komponenten herstellen. In diesem Fall wäre der Ausfall des „Netzknotens" U zwar ein Fehler in diesem Rechner, der allerdings nur die Wege 1 und 3 beeinträchtigen würde, nicht jedoch die Wege 2 und 4.

Die tatsächliche Verfügbarkeit eines Netzes kann sich jedoch von der berechneten Verfügbarkeit unterscheiden, wenn wir Komponenten (oder Teile davon) einem Weg zuordnen, dessen Verfügbarkeit tatsächlich von diesen Komponenten oder Teilen nicht abhängig ist. Nehmen wir jetzt an, das jeder denkbare Fehler im Netzknoten V aus Abb. 7.3 als Nicht-Verfügbarkeit des gesamten Netzknotens gewertet wird. Wenn dieser Fehler zum Beispiel nur eine von drei Schnittstellen-Anteilen betrifft, dann wären von diesem Fehler nur zwei von drei Wegen betroffen; der dritte Weg wäre jedoch weiterhin verfügbar.

Es wäre also unter diesen Umständen von Vorteil, den Netzknoten V für die Berechnung aufzuteilen und den Schnittstellen-Anteilen eigene Werter für Verfügbarkeit zuzuordnen, selbst wenn als Reparatur-Maßnahme physikalisch der gesamte Rechner ausgetauscht wird. Andernfalls würde die Berechnung der Verfügbarkeit verfälscht – der berechnete Wert wäre zu niedrig. Als Folge davon könnten wir möglicherweise einen Wettbewerbsnachteil erleiden oder die erforderlichen Maßnahmen zur Erhaltung der Verfügbarkeit zu hoch einschätzen.

Es ist also offensichtlich vorteilhaft, austauschbare Einheiten, die in die Berechnung der Verfügbarkeit eingehen, so zu definieren, dass auftretende Fehler möglichst genau und exklusiv den betroffenen Wegen zugeordnet werden können.

7.2 Verbindungen, Kabel und Kabelstrecken

In Systemen, in denen mehrere Komponenten voneinander abhängig sind, gibt es in der Regel nicht ausschließlich Einheiten, die zum Beispiel als Netzknoten eine aktive Funktion erfüllen, sondern auch physikalische Verbindungen zwischen diesen Einheiten. Derartige Verbindungen können unabhängig von den funktionalen Einheiten fehlerhaft werden. Bisher haben wir diese Verbindungen einfach auf die gleiche Ebene gestellt mit den Einheiten, die sie verbinden, ihnen in gleicher Weise als austauschbare Einheiten Fehlerraten zugeordnet und sie in Schaltungen und Netzwerken gleich behandelt. Diese Betrachtungsweise ist vollkommen korrekt und in vielen Fällen auch ausreichend.

Wenn wir jetzt aber den Begriff „Verbindung" etwas differenzierter betrachten, dann können wir doch wesentliche Unterschiede feststellen, je nach Art und Einsatz einer solchen Verbindung. In der Elektrotechnik ist eine Verbindung vielleicht eine Lötstelle oder ein Kabel. In der Mechanik kennen wir eine Pleuelstange, mit der wir Kräfte übertragen. In der Verkehrstechnik werden mehr oder weniger weit entfernte Bahnhöfe durch Schienenstränge verbunden.

Unterscheiden wollen wir hier nach dem Kriterium der „Austauschbarkeit" oder auch „Unteilbarkeit". Ein einfaches (kurzes) Standard-Kabel zwischen zwei Rechnern oder eine Pleuelstange können wir als einfache Einheit insofern betrachten, als wir derartige

Verbindungs-Komponenten als definierte Einheit betrachten und auch ein System durch Austausch einer solchen Komponente reparieren können. Ähnliches gilt für eine Lötstelle, die wir in einem Arbeitsgang wieder herstellen können. In solchen Fällen ist es also sinnvoll und zielführend, der Komponente als Ganzes eine Fehlerrate zuzuordnen.

Anders ist die Situation jedoch bei sehr langen Verbindungsstrecken. Sicher kann man einer Gleisstrecke zwischen zwei Bahnhöfen auch als Ganzes eine Fehlerrate zuweisen, doch ist das nicht unbedingt sinnvoll. Man wird vermutlich feststellen, dass die Fehlerrate für die Strecke zwischen Hamburg und München größer ist, als die für die Verbindung zwischen Berlin und Potsdam. Damit ist auch die Verfügbarkeit dieser Strecken bekannt. Jedoch muss man die Verfügbarkeit für jede derartige Strecke individuell festlegen.

Üblicherweise wird man jedoch eine Verbindung, die über lange Strecken führt, im Fehlerfall nicht vollständig austauschen. Vielmehr ist sie in Segmente unterteilt, die individuell ausgetauscht bzw. repariert werden können. Auch wenn diese Segmente unterschiedlich groß sind, so sind sie im Allgemeinen jedoch sehr viel kleiner als die gesamte Verbindungsstrecke.

Um die Berechnung unterschiedlich langer, aber ansonsten gleich aufgebauter Verbindungsstrecken zu vereinfachen, ist es üblich, sowohl Fehlerrate als auch Verfügbarkeit pro Längeneinheit (z. B. pro Kilometer) anzugeben. Unter der realistischen Annahme, dass auch die Betriebsbedingungen für alle Verbindungsstrecken in etwa gleich sind, können wir auf diese Weise Fehlerrate und Verfügbarkeit für jede beliebige Strecke auf mathematischem Weg bestimmen.

Im Detail wollen wir eine solche Berechnung jetzt am Beispiel von Kabelstrecken betrachten.

Eigenschaften einer Kabelstrecke

Als eine Kabelstrecke betrachten wir hier nicht ein einfaches Verbindungskabel, sondern ein System, das zwei Punkte über eine längere Distanz verbindet. Dazu gehören nicht ausschließlich die verbindenden Kabel selbst, sondern gegebenenfalls auch Zwischenstationen (zum Beispiel Signal-Verstärker), die die Übertragung der Information über die Kabelstrecke unterstützen. Diese „Zwischenstationen" unterscheiden sich von den bisher genannten „Netzknoten" dadurch, dass sie ausschließlich dazu dienen, die Verbindung (z. B. Datenübertragung) zwischen Netzknoten sicher zu stellen; die Zwischenstationen haben also ansonsten keine „aktive" Funktion im Netzwerk.

Wenn wir ein reales Netzwerk, zum Beispiel ein Kommunikations-Netzwerk, betrachten, dann können wir feststellen, dass häufig ein erheblicher Teil der Hardware dieses Netzwerks tatsächlich in solchen Kabelstrecken besteht. Entsprechend groß ist auch der Anteil der Fehler, die nicht in den Netzknoten, sondern in den Verbindungen zwischen den Knoten entstehen. Darüber hinaus ist die Behebung von Fehlern gerade bei längeren Kabelstrecken oft aufwändig und teuer, da zum einen der Ort des Fehlers schwerer erreichbar ist und zum anderen das Verfahren der Fehlerbehebung große technische Anforderungen stellt. Die Kabelstrecken sind also bei der Berechnung der Verfügbarkeit eines solchen Netzwerks nicht zu vernachlässigen; vielmehr stellen sie häufig sogar die insgesamt größte Fehlerquelle dar.

Zusammengefasste Verbindungen im Netzwerk

Betrachten wir unter diesem Aspekt noch einmal die Wege, die wir für die Verfügbarkeit von Netzwerken identifiziert haben. Wir gehen nach wie vor davon aus, dass Netzknoten und Verbindungsstrecken bei der Berechnung der Verfügbarkeit in gleicher Weise berücksichtigt werden. Für einen Weg, zum Beispiel in einem beliebigen unserer elementaren Netze, heißt das, dass die gezeichneten Netz-Elemente im Allgemeinen abwechselnd aktive Netzknoten und Verbindungen sind. Wir müssen also in einem solchen Fall die Kabel mit den anderen Elementen als in Serie geschaltet behandeln.

Des Weiteren können wir in vielen Fällen davon ausgehen, dass alle Verbindungsstrecken gleichartig aufgebaut sind und wir die Fehlerrate der Verbindungsstrecken in Bezug auf die Länge der Verbindungsstrecke kennen. Häufig ist es dann nicht unbedingt notwendig, jede einzelne Verbindungsstrecke getrennt zu betrachten. Statt dessen können wir wieder eine Näherung finden, die es erlaubt, die tatsächlichen Fehlerraten einzelner Kabel-Anteile zu addieren und damit die Anzahl der bei der Berechnung der Verfügbarkeit der seriellen Schaltung zu berücksichtigenden Komponenten zu reduzieren. Voraussetzung für eine solche Näherung ist wieder, dass die Nicht-Verfügbarkeit der einzelnen Anteile sehr klein ist, so dass quadratische Terme zu vernachlässigen sind.[4]

Um diese Näherung zu zeigen, gehen wir von der korrekten Berechnung der Verfügbarkeit A von zwei Teilstrecken mit den bekannten Verfügbarkeiten A_1 und A_2 aus. Da die Teilstrecken gleichartig aufgebaut sein sollen, gilt auch für jede Reparatur einer solchen Teilstrecke die gleiche mittlere Ausfallzeit MDT. Wir können also nach Gl. 5.6 für die Verfügbarkeit der gesamten Strecke schreiben:

$$A = A_1 \cdot A_2 = \frac{1}{1 + \lambda_1 \cdot MDT} \cdot \frac{1}{1 + \lambda_2 \cdot MDT}$$

$$= \frac{1}{1 + (\lambda_1 + \lambda_2) \cdot MDT + \lambda_1 \lambda_2 \cdot MDT^2)} \tag{7.1}$$

Wenn die quadratischen Terme klein genug sind, um vernachlässigt zu werden, können wir wieder eine Näherung verwenden:

$$A = A_1 \cdot A_2 \approx \frac{1}{1 + (\lambda_1 + \lambda_2)MDT} \tag{7.2}$$

Mit der gleichen Näherung können wir auch die Nicht-Verfügbarkeit $N = 1 - A$ annähern als:

$$N \approx \frac{(\lambda_1 + \lambda_2)MDT}{1 + (\lambda_1 + \lambda_2)MDT} \tag{7.3}$$

Als Voraussetzung für die Gültigkeit dieser Näherung hatten wir angenommen, dass die quadratischen Terme klein genug sind, um vernachlässigt zu werden. Wenn wir den gezeigten Ansatz auf beliebig viele Kabel-Anteile erweitern, dann erhalten wir durch

---

[4]Auch für diese Näherung gilt, dass nur im Einzelfall entschieden werden kann, ob sie zulässig ist. Für eine erste Abschätzung ist sie aber in fast allen Fällen brauchbar, auch wenn letztlich eine genaue Berechnung erforderlich sein sollte.

die Multiplikation zusätzlich Terme mit höheren Potenzen, die unter diesen Bedingungen ebenfalls zu vernachlässigen sind. Wir können also tatsächlich die Näherungen verallgemeinern:

$$A \approx \frac{1}{1 + MDT \cdot \sum_i \lambda_i} \tag{7.4}$$

$$N \approx \frac{MDT \cdot \sum_i \lambda_i}{1 + MDT \cdot \sum_i \lambda_i} \tag{7.5}$$

Wir nehmen an, dass wir eine spezifische längenbezogene Fehlerrate λ_L (z. B. mit der Einheit FIT/km) kennen. Wenn wir also die Fehlerrate λ_i für einen Anteil einer Kabelstrecke der Länge l_i berechnen wollen, so erhalten wir diese als

$$\lambda_i = \lambda_L \cdot l_i \tag{7.6}$$

Wir können also die angenäherten Ergebnisse auch so schreiben:

$$A \approx \frac{1}{1 + MDT \cdot \lambda_L \sum_i l_i} \tag{7.7}$$

$$N \approx \frac{MDT \cdot \lambda_L \sum_i l_i}{1 + MDT \cdot \lambda_L \sum_i l_i} \tag{7.8}$$

Dieses Ergebnis bedeutet, dass wir als Näherung alle Kabel-Anteile zu einer einzigen Kabelstrecke addieren dürfen und somit statt einer großen Anzahl von Kabel-Anteilen nur ein einziges „Kabel-Element" in der Berechnung berücksichtigen müssen.

Wir können weiterhin die realistische Annahme voraussetzen, dass die zu berücksichtigenden Zwischenstationen (z. B. Signal-Verstärker) im Allgemeinen gleichmäßig über die gesamte Länge der Kabelstrecke verteilt sind und deswegen in eine spezifische längenbezogene Fehlerrate λ_L als Durchschnittswert mit einbezogen werden können. Damit ist es tatsächlich möglich, alle Verbindungsmedien für einen Weg zusammenzufassen[5] (siehe Abb. 7.7).

Für die Berechnung der Verfügbarkeit des gezeigten Gesamt-Systems, das aus n Teilsystemen und $n - 1$ Verbindungsstrecken besteht, müssen wir bei exakter Berechnung

Abb. 7.7 Zusammenfassung der Verbindungsmedien im Netzwerk

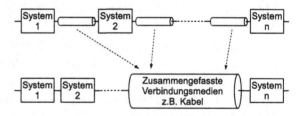

---

[5]Auch in einem Fall, in dem wir Anteile wie Signal-Verstärker nicht in die Kabellänge einberechnen können, so ändert sich an dieser Betrachtungsweise nichts Wesentliches. Wir müssen lediglich die Zwischenstationen auch als seriell geschaltete Systeme mit berücksichtigen. Auf diese Weise werden wir das Beispiel auf S. 108 rechnen.

insgesamt $2n - 1$ Elemente berücksichtigen. Durch die Zusammenfassung der Verbindungsstrecken reduziert sich diese Anzahl auf insgesamt $n + 1$ Elemente.

Zahlenbeispiele für Kabel und Kabelstrecken

In Tab. 7.1 haben wir einige typische Beispiele für Fehlerraten (pro Kilometer) und Ausfallzeiten (als Mean Down Time MDT) von Kabeln zusammengestellt, wie sie in der Telekommunikationstechnik verwendet werden. Im Allgemeinen werden für verschiedene Einsatzzwecke Kabel mit unterschiedlichen Eigenschaften eingesetzt, die unter anderem auch unterschiedliche Fehlerraten zur Folge haben. Für Kabelstrecken, bei denen ein Austausch oder eine Reparatur der Kabel sehr aufwändig ist (zum Beispiel See-Kabel im offenen Meer), lohnen sich höherwertige und teure Komponenten.

Tab. 7.1 Beispiele für Fehlerraten von Übertragungskabeln

Kabel-Typ	Fehler/100 km * Jahr	Fehlerrate/(FIT/km)	MDT/Stunden
Terrestrisch innerorts	$10 \ldots 25$	$11\,500 \ldots 28\,600$	$12 \ldots 14$
Terrestrisch außerorts	$0,1 \ldots 0,8$	$115 \ldots 900$	$12 \ldots 14$
See <1000 m Tiefe	$0,1 \ldots 0,2$	$115 \ldots 230$	$240 \ldots 720$
See >1000 m Tiefe	$0,01 \ldots 0,02$	$11 \ldots 23$	$240 \ldots 720$

Es ist mit rein technischen Daten auch nicht unbedingt eine Aussage über die tatsächlichen Kosten des Ausfalls eines Kabels möglich. Neben den eigentlichen Reparatur-Kosten ist in der Regel auch ein wirtschaftlicher Schaden zu berücksichtigen, der mittelbar durch die Nicht-Verfügbarkeit einer Infrastruktur während der Ausfallzeit entsteht. Vom Ausfall eines terrestrischen Kabels innerhalb einer geschlossenen Ortschaft sind zum Beispiel bei einem Telekommunikations-Netz sehr viel weniger Verbindungen betroffen als vom Ausfall eines interkontinentalen Tiefsee-Kabels. Auch der logistische und personelle Aufwand für die Reparatur ist in der Tiefsee ungleich höher. Der mögliche wirtschaftliche Schaden durch einen Ausfall ist somit auch eine Grundlage für den Einsatz mehr oder weniger hochwertiger Komponenten.

Um eine konkrete Vorstellung zu bekommen, wie sich der Ausfall eines solchen Kabels auswirken kann, haben wir mit den Daten aus Tab. 7.1 die minimal und maximal zu erwartenden Verfügbarkeiten und die daraus resultierenden jährlichen Ausfallzeiten für eine Kabellänge von 1000 km berechnet (siehe Tab. 7.2). Der Einfachheit halber haben wir jeweils die geringste Ausfallrate mit der geringsten mittleren Ausfallzeit (MDT) und die größte Ausfallrate mit der größten MDT kombiniert.

Wir sehen hier also sehr deutlich, dass unter realistischen Bedingungen die Fehlerraten von Kabeln allein zu erheblichen Ausfällen führen können. Die berechneten Werte beziehen sich auf eine insgesamt vorhandene Kabellänge, die auch mehrere oder viele Teilstücke umfassen kann. Wenn also in einem innerstädtischen Gebiet insgesamt 1000 km Kabel von einer entsprechenden Qualität verlegt sind, so ist im schlechtesten Fall an mehr als hundert Tagen im Jahr mit der Nicht-Verfügbarkeit zumindest eines Teilstücks des betrachteten 1000-km-Netzes zu rechnen.

Tab. 7.2 Beispielrechnung: minimale und maximale Verfügbarkeit für 1000 km Kabel

Kabel-Typ	Nicht-Verfügbarkeit N		Nicht-verfügbare Tage/Jahr	
	maximal	minimal	maximal	minimal
Terrestrisch innerorts	0,2855	0,1205	104,2	44,0
Terrestrisch außerorts	0,0126	0,0014	4,6	0,5
See <1000 m Tiefe	0,1412	0,0267	51,5	9,7
See >1000 m Tiefe	0,0162	0,0027	5,9	1,0

Beispielrechnung für eine Kabelstrecke

Um eine quantitative Vorstellung für die Verfügbarkeit von Verbindungen über Kabel zu bekommen, wollen wir jetzt einen Praxis-Fall für die klassische Übertragungstechnik betrachten: Die Punkte A und B sollen über eine Strecke von 480 km durch einen Lichtwellenleiter (Glasfaser-Kabel) verbunden werden (siehe Abb. 7.8). Um die Signalstärke bis zum Zielpunkt B ausreichend groß zu halten, werden im Abstand von jeweils 80 km die optischen Signal-Verstärker als Zwischenstationen Z1 … Z5 eingebaut. Das Gesamt-System besteht also einschließlich der Endknoten A und B aus einer seriellen Schaltung von insgesamt 7 Netzknoten und 6 dazwischen liegenden Kabelstrecken von insgesamt 480 km Länge.

Abb. 7.8 Beispiel: Verbindung über Glasfaser-Kabel

Den Endknoten A und B ordnen wir eine Fehlerrate von jeweils 9500 FIT (entspricht $MTBF = 12$ Jahre) zu, für die Zwischenstationen nehmen wir eine Fehlerrate von 4600 FIT ($MTBF = 25$ Jahre) an. Die Reparaturzeiten MDT sollen jeweils 4 Stunden für alle Netzknoten und 12 Stunden für die Kabelstrecke betragen. Die Nicht-Verfügbarkeit aller Netzknoten erhalten wir als Summe der Nicht-Verfügbarkeit der Einzelknoten, also zu[6]

$$N_{Knoten} = 2 \cdot \frac{4 \text{ Std}}{12 \text{ Jahre} + 4 \text{ Std}} + 5 \cdot \frac{4 \text{ Std}}{25 \text{ Jahre} + 4 \text{ Std}} \approx 1,7 \cdot 10^{-4} \qquad (7.9)$$

Dieser Wert entspricht einer durchschnittlichen Ausfallzeit von weniger als 1,5 Stunden/Jahr. Für diese Rechnung haben wir die Kabelverbindungen ignoriert, also die Fehlerrate der Kabel gleich Null gesetzt. Wenn wir die Kabel nicht ignorieren, dann müssen wir

---

[6]Da die Werte für die Nicht-Verfügbarkeit sehr klein sind, können wir hier die Näherung aus Gl. 5.19 auf S. 73 verwenden und die Werte der Nicht-Verfügbarkeit für eine serielle Schaltung addieren.

für die Kabelstrecken von insgesamt 480 km zur Nicht-Verfügbarkeit des Netzknoten die Nicht-Verfügbarkeit der Kabel mit einbeziehen:

$$N_{Kabel} = \frac{12 \text{ Std}}{MTBF + 12 \text{ Std}} \qquad (7.10)$$

Für die Berechnung der MTBF benötigen wir zunächst die Fehlerrate für die gesamte Kabellänge. Bei einer angenommenen Kabelfehlerzahl von 0,6 pro 100 km und Jahr erhalten wir für 480 km eine Fehlerrate für diese Kabellänge von 2,88 Fehlern/Jahr. Daraus ergibt sich die MTBF als

$$MTBF = \frac{1}{\lambda} \approx 3040 \text{ Std} \qquad (7.11)$$

Für eine Kabelfehlerzahl von 0,6 pro 100 km und Jahr[7] erhalten wir damit $N_{Kabel} = 3,9 \cdot 10^{-3}$. Wenn wir für die gleiche Strecke Kabel mit einer Fehlerrate von 1 Fehler pro 100 km und Jahr verwenden, erhalten wir eine Nicht-Verfügbarkeit von $N_{Kabel} = 6,6 \cdot 10^{-3}$.

Wir sehen also, dass der Beitrag der Kabelstrecken zur Nicht-Verfügbarkeit der Verbindung zwischen A und B um mehr als eine Größenordnung über dem Beitrag der Netzknoten liegt. Die daraus resultierende Nicht-Verfügbarkeit des Systems erhalten wir als Summe zu $N_{gesamt} = N_{Knoten} + N_{Kabel}$. Damit wird die zu erwartende gesamte jährliche Ausfallzeit im ersten Fall zu 36 Stunden, im zweiten Fall sogar zu 59 Stunden und liegt damit in jedem Fall deutlich über der Ausfallzeit von 1,5 Stunden für alle Netzknoten.

7.3 Beispielrechnung: Nicht-Verfügbarkeit eines Maschen-Netzwerk

Nachdem wir im vorhergehenden Beispiel den Einfluss der Kabel auf die gesamte Verfügbarkeit des Systems quantifiziert haben, wollen wir jetzt noch eine vergleichsweise komplexe Struktur berechnen. Wir hatten bereits ein Maschen-Netzwerk als elementares Netzwerk definiert (vgl. Abb. 7.3). Dort hatten wir bereits insgesamt vier Wege identifiziert, die uns von A nach B führen können. Um unsere Berechnungen übersichtlicher zu halten, haben wir dieses Maschen-Netzwerk noch einmal reduziert, wie in Abb. 7.9 gezeigt.

Abb. 7.9 Beispiel: Verfügbarkeit eines Maschen-Netzwerks

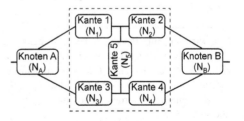

---

[7] 0,6 Fehler pro 100 km und Jahr entsprechen etwa 685 FIT/km, also einer typischen Fehlerrate für terrestrische Kabelstrecken außerhalb von Ortschaften (vgl. Tab. 7.1).

Da wir voraussetzen, dass die Nicht-Verfügbarkeit jedes einzelnen austauschbaren Elements bekannt ist, können wir die in Abb. 7.3 zwischen den Verzweigungen des Netzwerkes liegenden Elemente als „Kanten" zusammenfassen und jeder dieser Kanten eine Nicht-Verfügbarkeit N_i zuordnen.[8] Die Werte N_i der Nicht-Verfügbarkeit der Kanten können einfach aus der seriellen Schaltung der zu den jeweiligen Kanten gehörenden Komponenten berechnet werden. Darüber hinaus nehmen wir zunächst den Ursprungs-Knoten A und den Ziel-Knoten B aus der Berechnung heraus. Wir betrachten also zunächst nur das Verbindungs-Netz zwischen A und B.[9]

Wir vernachlässigen auch die Elemente, die in Abb. 7.3 die Verzweigung bilden. Das erscheint zunächst realitäts-fern, da wir davon ausgehen müssen, dass auch die Technik, die die Verzweigung bildet, fehlerhaft sein kann. Wir werden jedoch sehen, dass auch die Berechnung dieses stark vereinfachten Netzwerks auf der Basis intuitiver Betrachtungen bereits recht anspruchsvoll ist. Wir führen sie hier durch, um zunächst ein grundlegendes Verständnis der Zusammenhänge zu bekommen. Für reale Netzwerke werden wir jedoch später mathematische Modelle verwenden, mit deren Hilfe fast beliebig komplexe Strukturen sicher berechnet werden können.

Als ersten Schritt identifizieren wir zunächst die vier möglichen Wege w_i zwischen A und B. Wenn wir die Kanten 1 bis 5 als K_i bezeichnen, erhalten wir diese Wege als

w_1: $K_1 - K_2$

w_2: $K_3 - K_4$

w_3: $K_1 - K_5 - K_4$

w_4: $K_3 - K_5 - K_2$

Für jeden einzelnen Weg können wir die Nicht-Verfügbarkeit $N(w_i)$ dann zunächst aus den bekannten Verfügbarkeiten N_i der seriell geschalteten Kanten K_i berechnen:

$$N(w_1) = 1 - (1 - N_1)(1 - N_2)$$

$$N(w_2) = 1 - (1 - N_3)(1 - N_4)$$

$$N(w_3) = 1 - (1 - N_1)(1 - N_5)(1 - N_4) \qquad (7.12)$$

$$N(w_4) = 1 - (1 - N_3)(1 - N_5)(1 - N_2)$$

---

[8] Da wir hier zunächst das Verfahren allgemein darstellen wollen, haben wir bewusst die Netzelemente nicht berücksichtigt, die sich an den Verzweigungen befinden. Wie diese Verzweigungs-Elemente im realen Einsatzfall zu behandeln sind, werden wir im Abschn. 7.6 sehen. An den Berechnungsverfahren, die wir hier und im Abschn. 7.4 vorstellen werden, ändert sich dadurch nichts. Die Berechnungen werden jedoch umfangreicher, so dass sie in der ausführlichen Darstellung unübersichtlich sind.

[9] A und B sind mit dem Verbindungs-Netz in Serie geschaltet und können nach Ende der komplexen Berechnung relativ einfach in das Gesamt-Ergebnis der Verfügbarkeit bzw. Nicht-Verfügbarkeit mit einbezogen werden.

Wären die vier Wege unabhängig voneinander, so könnten wir die vier Wege so behandeln, als seien sie parallel geschaltet, und damit die Nicht-Verfügbarkeit des Netzes ebenso einfach berechnen. Die Unabhängigkeit der Wege würde voraussetzen, dass sie sich gegenseitig nicht beeinflussen, dass also die Verfügbarkeit oder Nicht-Verfügbarkeit jedes dieser Wege unabhängig ist von der Verfügbarkeit oder Nicht-Verfügbarkeit aller anderen unabhängig ist.

Wenn wir unser Netz betrachten, dann sehen wir jedoch, dass jeder Weg über eine Kante führt, die auch von einem weiteren Weg genutzt wird. Der Ausfall irgend eines Elements führt demzufolge zur Nichtverfügbarkeit von mehr als einem Weg. Die Wege sind somit nicht unabhängig. Daher brauchen wir einen geeigneten Lösungsweg, der diese Abhängigkeiten mit berücksichtigt.

7.3.1 Anwendung des Additionssatzes

Für die Lösung dieses Problems greifen wir auf elementare Erkenntnisse der Mengenlehre und Kombinatorik zurück. Es gilt der allgemeine Additionssatz:

$$P(a \cup b) = P(a) + P(b) - P(a \cap b) \tag{7.13}$$

Dieser Additionssatz sagt aus, dass bei einer ODER-Verknüpfung die Wahrscheinlichkeit $P(a \cup b)$ dafür, dass das Ereignis a oder das Ereignis b eintritt gleich der Summe der Wahrscheinlichkeiten für a und b ist minus der Wahrscheinlichkeit dass beide Ereignisse a und b gleichzeitig eintreffen. $P(a)$ und $P(b)$ sind die Wahrscheinlichkeiten dafür, dass das Ereignis a bzw. b eintrifft. $P(a \cup b)$ ist die Wahrscheinlichkeit dafür, dass mindestens a oder b eintrifft; dabei ist der Fall eingeschlossen, dass beide gleichzeitig eintreffen. $P(a \cap b)$ ist die Wahrscheinlichkeit, dass sowohl a als auch b gleichzeitig eintreffen.

Wenn wir statt a und b jetzt zwei beliebige unserer Wege w_i und w_j einsetzen und die Wahrscheinlichkeit P durch die Verfügbarkeit A ersetzen, dann können wir auf diese Weise mit

$$A(w_i \cup w_j) = A(w_i) + A(w_j) - A(w_i \cap w_j) \tag{7.14}$$

die Wahrscheinlichkeit $A(w_i \cup w_j)$ dafür berechnen, dass über mindestens einen der Wege w_i und w_j eine Verbindung zwischen den Netzknoten A und B verfügbar ist.

Unser ursprüngliches Problem ist so definiert, dass wir die Nicht-Verfügbarkeit des Netzwerkes berechnen wollen. Wir wollten also berechnen, dass alle Wege gleichzeitig nicht verfügbar sind. Dafür müssten wir die Wege mit einem logischen UND verknüpfen und könnten damit den Additionssatz nicht anwenden.

Wir jedoch hier die Tatsache nutzen, dass die Summe von Verfügbarkeit und Nicht-Verfügbarkeit jeder beliebigen Anordnung immer gleich 1 ist. Deswegen können wir anstelle der Nicht-Verfügbarkeit des Netzes auch ebenso gut zunächst seine Verfügbarkeit berechnen. Die Verfügbarkeit des Netzes ist genau dann gegeben, wenn mindestens einer der Wege verfügbar ist. Wir können also jetzt die Wege mit ODER verknüpfen und damit den Additionssatz anwenden.[10]

Wir betrachten also jetzt Verfügbarkeit $A(w_i)$ der einzelnen Wege, indem wir die Verfügbarkeiten A_i der Kanten K_i seriell verknüpfen:

$$A(w_1) = A_1 \cdot A_2$$

$$A(w_2) = A_3 \cdot A_4$$

$$A(w_3) = A_1 \cdot A_4 \cdot A_5$$

$$A(w_4) = A_2 \cdot A_3 \cdot A_5$$

Für die weitere Berechnung betrachten wir die Wege zunächst paarweise. Als erste wollen wir die Wahrscheinlichkeit dafür berechnen, dass wir über mindestens einen der Wege w_1 oder w_2 eine Verbindung zwischen A und B möglich ist. Die „Ereignisse" a und b im Sinne des Additionssatzes sind also, dass entweder die Kanten K_1 und K_2 oder K_3 und K_4 jeweils gleichzeitig verfügbar sind. Die isolierten Wahrscheinlichkeiten für a und b kennen wir bereits als $A(w_1)$ und $A(w_2)$.

Die Wahrscheinlichkeit dafür, dass beide Ereignisse a und b gleichzeitig eintreffen, ist gleichbedeutend mit der Aussage, das beide Wege w_1 und w_2 gleichzeitig verfügbar sind. Um systematisch die Wahrscheinlichkeit $A(w_1 \cap w_2)$ zu finden, wollen wir die Wege im Licht der Kombinatorik betrachten.

Wir haben eine Menge $\{K_1, K_2, K_3, K_4\}$ von Kanten, von denen jeweils zwei bestimmte Kanten gleichzeitig verfügbar sein müssen, um einen der Wege w_1 und w_2 zu ermöglichen und damit die Bedingung für unsere isolierten Ereignisse „w_1 ist verfügbar" bzw. „w_2 ist verfügbar" zu erfüllen. Die Verfügbarkeit eines Weges entspricht der Wahrscheinlichkeit dafür, dass eine Teilmenge $\{K_1, K_2\}$ bzw. $\{K_3, K_4\}$ aller Kanten verfügbar ist.

Die gleichzeitige Verfügbarkeit beider Wege entspricht somit der Wahrscheinlichkeit, dass eine Teilmenge verfügbar ist, in der alle von den Wegen berührten Kanten enthält. Diese Bedingung wird offensichtlich nur von der vollständigen Menge $\{K_1, K_2, K_3, K_4\}$ erfüllt. Die Wahrscheinlichkeit für die gleichzeitige Verfügbarkeit beider Wege ist also die Wahrscheinlichkeit, dass alle Kanten gleichzeitig verfügbar sind:

$$A(w_1 \cap w_2) = A_1 \cdot A_2 \cdot A_3 \cdot A_4 \tag{7.15}$$

Die Wahrscheinlichkeit dafür, dass mindestens einer der Wege w_1 oder w_2 verfügbar ist, erhalten wir nach dem Additionssatz damit als

$$A(w_1 \cup w_2) = A(w_2) + A(w_2) - A(w_1 \cap w_2)$$
$$= A_1 \cdot A_2 + A_3 \cdot A_4 - A_1 \cdot A_2 \cdot A_3 \cdot A_4$$

---

[10]Statt dessen könnten wir auch den Multiplikationssatz anwenden, der jedoch in unserem Fall wesentlich schwieriger in der Berechnung wäre und gegen den wir uns aus diesem Grunde entschieden haben.

Für die Wege w_3 und w_4 gehen wir in gleicher Weise vor. Wir haben eine Gesamt-Menge $\{K_1, K_2, K_3, K_4, K_5\}$ von Kanten und die Teilmengen $\{K_1, K_4, K_5\}$ bzw. $\{K_2, K_3, K_5\}$, aus denen wir zunächst die Verfügbarkeit der isolierten Wege ableiten können. Auch hier ist offensichtlich, dass lediglich die Gesamt-Menge $\{K_1, K_2, K_3, K_4, K_5\}$ die Bedingung erfüllt, dass alle von den Wegen berührten Kanten in ihr enthalten sind. Die Wahrscheinlichkeit dafür ist:

$$A(w_3 \cap w_4) = A_1 \cdot A_2 \cdot A_3 \cdot A_4 \cdot A_5 \tag{7.16}$$

Somit erhalten wir die Wahrscheinlichkeit für die Verfügbarkeit von mindestens einem der Wege w_3 oder w_4 als

$$A(w_3 \cup w_4) = A(w_3) + A(w_4) - A(w_3 \cap w_4)$$

$$= A_1 \cdot A_4 \cdot A_5 + A_2 \cdot A_3 \cdot A_5 - A_1 \cdot A_2 \cdot A_3 \cdot A_4 \cdot A_5$$

Bis zu diesem Punkt hätten wir unsere Ergebnisse auch intuitiv ableiten können. Schwieriger wird es jedoch, wenn wir jetzt alle möglichen Wege vereinigen. Wir suchen also die Lösung für:

$$A(w_1 \cup w_2 \cup w_3 \cup w_4) = A(w_1 \cup w_2) + A(w_3 \cup w_4)$$

$$- A\big((w_1 \cup w_2) \cap (w_3 \cup w_4)\big)$$

Um $A((w_1 \cup w_2) \cap (w_3 \cup w_4))$ zu berechnen, müssen wir jetzt alle Teilmengen von $\{K_1, K_2, K_3, K_4, K_5\}$ identifizieren, bei denen sowohl mindestens ein Weg aus w_1 und w_2 als auch ein Weg aus w_3 und w_4 verfügbar ist. Offensichtlich gilt das auch hier wieder für die Gesamt-Menge $\{K_1, K_2, K_3, K_4, K_5\}$. Es gibt jedoch hier vier weitere Teilmengen $\{K_1, K_2, K_3, K_5\}$, $\{K_1, K_2, K_4, K_5\}$, $\{K_1, K_3, K_4, K_5\}$ und $\{K_2, K_3, K_4, K_5\}$ die diese Bedingung ebenfalls erfüllen. In jeder dieser Teilmengen finden wir sowohl einen Weg aus w_1 und w_2 als auch aus w_3 und w_4.

Bisher haben wir insgesamt fünf Terme gefunden, die wir bei Anwendung des Additionssatzes subtrahieren müssen. Im Weiteren ist jedoch noch zu bedenken, dass jede der gefundenen Teilmengen mit vier Kanten ihrerseits wiederum bereits in der Gesamt-Menge enthalten ist, deren Wahrscheinlichkeit wir ebenfalls subtrahieren. Wir müssen also von der Wahrscheinlichkeit für jede dieser Teilmengen jeweils die Wahrscheinlichkeit für die Menge subtrahieren, in der diese Teilmenge enthalten ist. Damit erhalten wir:

$$A\big((w_1 \cup w_2) \cap (w_3 \cup w_4)\big) = A_1 \cdot A_2 \cdot A_3 \cdot A_4 \cdot A_5$$

$$+ A_1 \cdot A_2 \cdot A_3 \cdot A_5 - A_1 \cdot A_2 \cdot A_3 \cdot A_4 \cdot A_5$$

$$+ A_1 \cdot A_2 \cdot A_4 \cdot A_5 - A_1 \cdot A_2 \cdot A_3 \cdot A_4 \cdot A_5$$

$$+ A_1 \cdot A_3 \cdot A_4 \cdot A_5 - A_1 \cdot A_2 \cdot A_3 \cdot A_4 \cdot A_5$$

$$+ A_2 \cdot A_3 \cdot A_4 \cdot A_5 - A_1 \cdot A_2 \cdot A_3 \cdot A_4 \cdot A_5$$

Wenn wir alle Ergebnisse zusammenfassen, dann erhalten wir schließlich die Verfügbarkeit unseres Maschen-Netzes als

$$A = A_1 \cdot A_2 + A_3 \cdot A_4$$

$$+ A_1 \cdot A_4 \cdot A_5 + A_2 \cdot A_3 \cdot A_5$$

$$- A_1 \cdot A_2 \cdot A_3 \cdot A_4 - A_1 \cdot A_2 \cdot A_3 \cdot A_5 - A_1 \cdot A_2 \cdot A_4 \cdot A_5$$

$$- A_1 \cdot A_3 \cdot A_4 \cdot A_5 - A_2 \cdot A_3 \cdot A_4 \cdot A_5$$

$$+ 2 \cdot A_1 \cdot A_2 \cdot A_3 \cdot A_4 \cdot A_5$$

Wenn wir jetzt die Netzknoten A und B, die wir bisher vernachlässigt hatten, mit einbeziehen, dann müssen wir sie insgesamt in Serie mit dem berechneten Netzwerk schalten. Wenn A_A und A_B die Verfügbarkeit der zusätzlichen Netzknoten sind, dann erhalten wir die Verfügbarkeit A_{ges} der gesamten Schaltung von Abb. 7.9 als

$$A_{ges} = A \cdot A_A \cdot A_B \qquad (7.17)$$

Die ursprünglich gesuchte Nicht-Verfügbarkeit unseres Netzes erhalten wir durch den einfachen Zusammenhang

$$N = 1 - A \quad \text{bzw.} \quad N_{ges} = 1 - A_{ges} \qquad (7.18)$$

Bei einer konkreten Berechnung können wir in der angegebenen Berechnungs-Formel ebenfalls alle A_i durch $N_i = 1 - A_i$ ersetzen und damit das Problem vollständig lösen.

7.3.2 Folgerungen für die Anwendung des Additions-Satzes

Wir haben gesehen, dass wir mit Hilfe der einfachen Kombinatorik auf nachvollziehbare Weise zu einem Ergebnis für die Zuverlässigkeit eines Netzwerkes kommen können. Wir haben aber auch gesehen, dass selbst für ein einfaches Netzwerk aus nur fünf Elementen eine Reihe von logischen Überlegungen erforderlich sind. Derartige Überlegungen führen zwar zum Ziel, sind aber im Allgemeinen fehlerträchtig.

Deswegen wurde dieses Verfahren auch in erster Linie vorgestellt, um zu verstehen, welche Zusammenhänge und Abhängigkeiten bei der Berechnung der Verfügbarkeit zu berücksichtigen sind. In Abschn. 7.4 werden wir zwei Verfahren betrachten, die zwar umfangreicher sind, jedoch weitaus sicherer zum Ziel führen. Diese Verfahren sind auch für größere Netzwerke grundsätzlich problemlos einzusetzen und können leicht automatisiert werden. In der Praxis wird man sie deshalb vorziehen.

7.4   Berechnungs-Verfahren

In Abschn. 7.3.1 haben wir die Berechnung der Verfügbarkeit eines Netzwerks mit Hilfe von Kombinatorik und logischen Überlegungen durchgeführt. Ein wesentliches Problem war es dabei zu erkennen, welche der identifizierten Wege durch das Netzwerk bereits in anderen Wegen mit enthalten waren. Vor allem wenn mehr als zwei Wege zu betrachten waren, mussten wir die Logik über mehrere Stufen fortsetzen. Ein derartiges Verfahren ist in den meisten Fällen für einen Routine-Einsatz wenig geeignet.

In den folgenden Abschnitten werden wir deshalb zwei aufeinander aufbauende Verfahren betrachten, die solche doppelt vorhandenen Wege automatisch berücksichtigen und deshalb auch für große Netzwerke problemlos einsetzbar sind. Die einzelnen Berechnungen erscheinen zwar auf den ersten Blick umfangreicher. Sie lassen sich jedoch auf der Basis der identifizierten Wege durch das Netzwerk mit Hilfe einfacher Standard-Verfahren ausführen und bergen deshalb im Allgemeinen weitaus weniger Gefahren für Fehler.

Als Grundlage für die Berechnungen benötigen wir zunächst nur wenige Informationen über das Netzwerk und seine Komponenten: die Anzahl der Netz-Elemente, die Verfügbarkeit oder Nicht-Verfügbarkeit für jedes einzelne Element und die möglichen Wege durch das Netzwerk. Ebenso wie in Abschn. 7.3.1 müssen wir uns nicht an eine durch eine konkrete Schaltung vorgegebene Reihenfolge der Elemente halten. Stattdessen dürfen wir die einem Weg zugeordneten Elemente auch als beliebig geordnete Teilmenge der Gesamt-Menge aller Elemente des Systems betrachten. Lediglich die Zuordnung der (Nicht-)Verfügbarkeit zu den einzelnen Komponenten muss eindeutig sein.

7.4.1 Entscheidungsbaum

Als erstes Verfahren wollen wir jetzt die Verfügbarkeit des bereits in Abschn. 7.3.1 betrachteten Maschen-Netzwerks mit Hilfe eines Entscheidungsbaums berechnen. Abbildung 7.10 zeigt dieses Netzwerk noch einmal.

Abb. 7.10
Maschen-Netzwerk

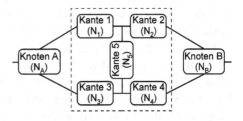

Wir lassen auch hier zunächst die Knoten A und B unbeachtet. Somit bleiben uns wieder die Kanten K_1 bis K_5 und die bereits identifizierten Wege:

w_1: $K_1 - K_2$
w_2: $K_3 - K_4$
w_3: $K_1 - K_5 - K_4$
w_4: $K_3 - K_5 - K_2$

Aufbau der Baumstruktur

Wir haben bereits festgestellt, dass die Reihenfolge, in der die Elemente auf einem Weg durchlaufen werden, für die Berechnung unerheblich ist. In einem Entscheidungsbaum müssen wir jedoch alle Elemente in einer definierten Reihenfolge abarbeiten. Als ersten Schritt für die Konstruktion dieses Entscheidungsbaums müssen wir also eine Reihenfolge der Kanten festlegen. Da die Berechnung für jede Reihenfolge das gleiche Ergebnis liefert, ist es nahe liegend, dass wir als Reihenfolge die aufsteigende Nummerierung der Kanten wählen.[11]

Jetzt machen wir uns die Tatsache zunutze, dass jede unserer Kanten immer einen von zwei definierten Zuständen einnimmt. Eine Kante K_i ist entweder mit der Wahrscheinlichkeit A_i verfügbar oder mit der Wahrscheinlichkeit N_i nicht verfügbar. Daraus ergibt sich, dass der aktuelle Zustand des gesamten Netzes die Kombination aller tatsächlichen Zustände der einzelnen Kanten ist. Wir betrachten das gesamte Netz als verfügbar, solange mindestens ein Weg zwischen den Knoten A und B verfügbar ist. Somit ist die Bedingung für die Verfügbarkeit des Netzes gleichbedeutend damit, dass es mindestens einen Weg gibt, für den alle darin enthaltenen Kanten gleichzeitig verfügbar sind.

Abbildung 7.11 zeigt den fertigen Entscheidungsbaum. Die Kanten K_i des Netzwerks werden durch die Knoten an jeder Verzweigung des Baumes repräsentiert; wir haben sie aus Platzgründen nicht dargestellt, sondern ausschließlich die zugehörigen Wahrscheinlichkeiten A_i und N_i gezeichnet. Den Aufbau des Baums beginnen wir auf der linken Seite mit der Kante K_1 als erstem Knoten (oder „Wurzel" des Entscheidungsbaums). Für jeden der möglichen Zustände „verfügbar" oder „nicht verfügbar" dieser Kante zeichnen wir eine Verbindung zur nächstfolgenden Kante K_2. Diese Verbindung wird mit der jeweils zugehörigen Wahrscheinlichkeit A_1 für „K_1 verfügbar" bzw. N_1 für „K_1 nicht verfügbar" gekennzeichnet. Wir haben also zwei Möglichkeiten von K_1 nach K_2 zu kommen. Damit können wir die erste Entscheidung in Abhängigkeit vom tatsächlichen Zustand von K_1 treffen.

Für jeden Baumknoten für K_2 verzweigen wir nach dem gleichen Verfahren zu den Baumknoten K_3. Auch hier brauchen wir für jeden möglichen Zustand von K_2 eine Verbindung zu einem Knoten K_3. Insgesamt erhalten wir also vier Möglichkeiten, eine Verbindung von K_1 über einen der Knoten K_2 zu einem Knoten K_3 zu kommen.

Ebenso verfahren wir für K_3 und K_4. Damit haben wir schließlich die Ebene der Baumknoten für K_5 erreicht, deren Verzweigung in Abhängigkeit von A_5 und N_5 die höchste Ebene („Blätter") unserer Baumstruktur bilden. Wir sehen, dass wir insgesamt $2^5 = 32$ Blätter haben. Von der Wurzel aus betrachtet, gibt es für jedes dieser Blätter genau eine Möglichkeit, über die Verzweigungen dorthin zu gelangen. Jede dieser Möglichkeiten entspricht genau einem Zustand des Netzes. Das heißt, dass jedes Blatt genau einen Zustand des Netzes repräsentiert und dass es für jeden möglichen Zustand des Netzes ein Blatt gibt.

Wege in der Baumstruktur

Der bisher beschriebene Entscheidungsbaum sieht für jede Struktur aus fünf Elementen, für die es jeweils zwei Zustände gibt, grundsätzlich gleich aus. Um ihn für unseren Zweck nutzen zu können, müssen wir jetzt die Zustände des Netzes identifizieren, die einem po-

---

[11]Da unser Beispiel-Netzwerk vollkommen symmetrisch ist, können wir erwarten, dass jede beliebige Reihenfolge, soweit der Aufwand für die Berechnung betroffen ist, gleichwertig ist. Bei weniger symmetrischen Konstruktionen kann jedoch der Rechenaufwand mit der Reihenfolge der Kanten stark variieren. Das grundsätzliche Verfahren bleibt jedoch immer gleich.

Abb. 7.11
Entscheidungsbaum mit
Ergebnissen der
Nicht-Verfügbarkeit

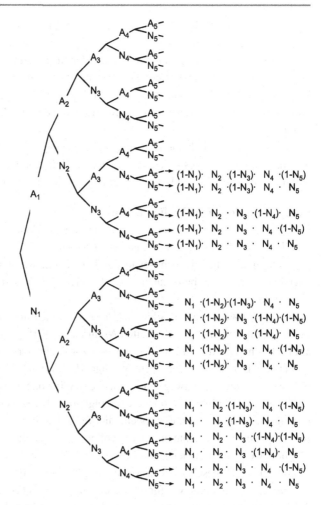

$(1-N_1)\cdot\ N_2\ \cdot(1-N_3)\cdot\ N_4\ \cdot(1-N_5)$
$(1-N_1)\cdot\ N_2\ \cdot(1-N_3)\cdot\ N_4\ \cdot\ N_5$
$(1-N_1)\cdot\ N_2\ \cdot\ N_3\ \cdot(1-N_4)\cdot\ N_5$
$(1-N_1)\cdot\ N_2\ \cdot\ N_3\ \cdot\ N_4\ \cdot(1-N_5)$
$(1-N_1)\cdot\ N_2\ \cdot\ N_3\ \cdot\ N_4\ \cdot\ N_5$

$N_1\ \cdot(1-N_2)\cdot(1-N_3)\cdot\ N_4\ \cdot\ N_5$
$N_1\ \cdot(1-N_2)\cdot\ N_3\ \cdot(1-N_4)\cdot(1-N_5)$
$N_1\ \cdot(1-N_2)\cdot\ N_3\ \cdot(1-N_4)\cdot\ N_5$
$N_1\ \cdot(1-N_2)\cdot\ N_3\ \cdot\ N_4\ \cdot(1-N_5)$
$N_1\ \cdot(1-N_2)\cdot\ N_3\ \cdot\ N_4\ \cdot\ N_5$

$N_1\ \cdot\ N_2\ \cdot(1-N_3)\cdot\ N_4\ \cdot(1-N_5)$
$N_1\ \cdot\ N_2\ \cdot(1-N_3)\cdot\ N_4\ \cdot\ N_5$
$N_1\ \cdot\ N_2\ \cdot\ N_3\ \cdot(1-N_4)\cdot(1-N_5)$
$N_1\ \cdot\ N_2\ \cdot\ N_3\ \cdot(1-N_4)\cdot\ N_5$
$N_1\ \cdot\ N_2\ \cdot\ N_3\ \cdot\ N_4\ \cdot(1-N_5)$
$N_1\ \cdot\ N_2\ \cdot\ N_3\ \cdot\ N_4\ \cdot\ N_5$

sitiven Ergebnis entsprechen. Wir suchen also die Blätter, für die in der Verbindung von K_1 zu K_5 mindestens alle Knoten verfügbar sind, die für mindestens einen Weg verfügbar sein müssen.

Wir können dabei einfach so vorgehen, dass wir für jeden der als erfolgreich identifizierten Wege jedes Blatt bzw. die Verbindung von K_1 zu diesem Blatt dahin gehend überprüfen, ob für alle auf diesem speziellen Weg enthaltenen Kanten die zugehörige Verbindung zur nächsten Ebene über ein A_i führt. Die Zustände aller Kanten, die nicht im speziellen Weg enthalten sind, sind unerheblich, das heißt wir schließen für diese Kanten sowohl die Übergänge A_i als auch N_i ein.

Wenn wir dieser Vorgehensweise für unseren Weg w_1, der die Kanten K_1 und K_2 enthält, folgen, dann sehen wir, dass zu diesem Weg alle Blätter im oberen Viertel des Baumes von Abb. 7.11 gehören. Wenn wir den Weg w_2 betrachten, dann finden wir vier Blätter in der unteren Hälfte des Diagramms und vier Blätter in der oberen Hälfte des Diagramms, von denen wir aber bereits zwei für w_1 gefunden hatten.

Hier sind wir auf den entscheidenden Vorteil dieses Verfahrens gestoßen. Sobald wir ein Blatt gefunden haben, das zu einem erfolgreichen Weg gehört, ist es unerheblich, ob wir dieses Blatt nur für diesen einen Weg oder für mehrere Wege finden. Insgesamt wird es nur einmal in die spätere Berechnung mit einbezogen. Damit haben wir bereits das Problem gelöst, das wir bei der Anwendung des Additionssatzes durch teilweise mühsames Identifizieren der Schnittmengen und Subtrahieren der zugehörigen Wahrscheinlichkeiten lösen mussten.

Wenn wir schließlich alle Blätter für unsere erfolgreichen Wege w_1 bis w_4 identifiziert haben, sehen wir, dass es sich dabei um genau all die Blätter handelt, zu denen wir auf der rechten Seite von Abb. 7.11 *kein* Ergebnis geschrieben haben.

Berechnung der Nicht-Verfügbarkeit

Die Tatsache, dass wir soeben gerade die Blätter identifiziert haben, für die wir keinen Term für die Berechnung angegeben haben, mag zunächst verwunderlich erscheinen. Wir wollen hier jedoch genau das berechnen, was wir für das gleiche Netzwerk auch in Abschn. 7.3.1 berechnet hatten: die Nicht-Verfügbarkeit des gegebenen Maschen-Netzwerks.

Bei der Anwendung des Additionssatzes hatten wir uns die Arbeit erleichtern können, indem wir alle Nicht-Verfügbarkeiten N_i durch die Verfügbarkeiten A_i ersetzt haben. Erst am Ende sind wir mit Hilfe von $N = 1 - A$ zur Nicht-Verfügbarkeit zurück gekehrt.

Für die Berechnung der Nicht-Verfügbarkeit mit Hilfe eines Entscheidungsbaumes müssen wir diesen „Umweg" nicht machen. Wir können vielmehr frei entscheiden, ob wir die Nicht-Verfügbarkeit oder die Verfügbarkeit berechnen wollen. Wir können ebenso frei entscheiden, ob wir dafür jeweils die Verfügbarkeit A_i oder die Nicht-Verfügbarkeit N_i der einzelnen Elemente einsetzen wollen. Grundsätzlich wäre es im letzten Fall sogar möglich, wenn auch vielleicht verwirrend, eine Mischung aus beidem zu verwenden.

Anstatt bei der beschriebenen Anwendung der Wege die Blätter der erfolgreichen Wege zu markieren, markieren wir für die Berechnung der Nicht-Verfügbarkeit jetzt alle Blätter, die *nicht* zu mindestens einem erfolgreichen Weg gehören. Das sind genau die Blätter, zu denen wir in Abb. 7.11 einen Berechnungs-Term geschrieben haben.

Ehe wir zur konkreten Berechnung für unser spezielles Netzwerk kommen, wollen wir uns noch die Bedeutung der Berechnungs-Terme von Abb. 7.11 näher ansehen. Wir hatten festgestellt, dass jedes Blatt bzw. die Verbindung von der Wurzel dort hin genau einen Zustand des Netzwerks repräsentiert. Die Wahrscheinlichkeit dafür, dass das Netz sich in genau diesem Zustand befindet, ist als das Produkt der Wahrscheinlichkeiten für die Zustände aller Elemente gegeben. Wir können also zu jedem Blatt die Wahrscheinlichkeit schreiben, dass genau der repräsentierte Zustand zutrifft.

Da das Netzwerk immer genau einen dieser Zustände einnehmen muss, ist die Summe aller dieser Wahrscheinlichkeiten gleich eins. Das ist auch gleichzeitig die Summe der Wahrscheinlichkeiten aller erfolgreichen Wege plus der Summe der Wahrscheinlichkeiten aller nicht erfolgreichen Wege. Genau so hatten wir auch die Verfügbarkeit bzw. Nicht-Verfügbarkeit definiert.

Um die Nicht-Verfügbarkeit des Netzwerkes zu berechnen, müssen wir somit lediglich alle Berechnungs-Terme der nicht erfolgreichen Wege addieren. Da wir uns frei entscheiden können, ob wir dafür die Verfügbarkeit A_i oder die Nicht-Verfügbarkeit N_i der Elemente einsetzen, könnten wir also die in Abb. 7.11 enthaltenen Terme auch ersetzen. Es gilt dann zum Beispiel für die ersten beiden Terme:

$$(1 - N_1) \cdot N_2 \cdot (1 - N_3) \cdot N_4 \cdot (1 - N_5) = A_1 \cdot (1 - A_2) \cdot A_3 \cdot (1 - A_4) \cdot A_5$$

$$(1 - N_1) \cdot N_2 \cdot (1 - N_3) \cdot N_4 \cdot N_5 = A_1 \cdot (1 - A_2) \cdot A_3 \cdot (1 - A_4) \cdot (1 - A_5)$$

Da wir uns jedoch für die Berechnung der Nicht-Verfügbarkeit des Maschen-Netzwerks auf Basis der Nicht-Verfügbarkeiten der Elemente entschieden haben, können wir die Terme genau so addieren, wie in Abb. 7.11 dargestellt sind. Wenn wir diese Addition ausführen, erhalten wir die Nicht-Verfügbarkeit des Netzwerks in Abhängigkeit der Nicht-Verfügbarkeiten der Elemente als

$$N = N_1 N_3 + N_2 N_4 + N_1 N_4 N_5 + N_2 N_3 N_5 + 2 N_1 N_2 N_3 N_4 N_5$$
$$- N_1 N_2 N_3 N_4 - N_1 N_2 N_3 N_5 - N_1 N_2 N_4 N_5$$
$$- N_1 N_3 N_4 N_5 - N_2 N_3 N_4 N_5 \tag{7.19}$$

Verallgemeinerung

Bisher haben wir das Verfahren an einem Beispiel gezeigt. Es ist aber leicht zu erkennen, dass wir dieses Verfahren praktisch für beliebig vernetzte und verschaltete Elemente in gleicher Weise anwenden können.

Zunächst bauen wir einen allgemeinen Entscheidungsbaum. Die Struktur dieses Baumes hängt ausschließlich von der Anzahl der betrachteten Elemente ab. Sie ist nicht abhängig von der Art der Verschaltung oder Vernetzung oder von der Anzahl oder Art der Elemente, die für einen erfolgreichen Betrieb gleichzeitig verfügbar sein müssen. Für ein System aus n Elementen mit jeweils zwei möglichen Zuständen besteht der Entscheidungsbaum aus n Ebenen (einschließlich Wurzel und Blättern) und besitzt 2^n Blätter. Jedem dieser Blätter können wir bereits ohne Kenntnis der konkreten Konstruktion einen Term für die zugehörige Verfügbarkeit und/oder Nicht-Verfügbarkeit zuordnen.

In unserem Beispiel haben wir zunächst Wege betrachtet, die zwei Endpunkte miteinander verbinden. Wir haben dabei festgestellt, dass ein Weg immer eine Teilmenge der vorhandenen Elemente ist, die gleichzeitig verfügbar sein muss, um diese Verbindung herzustellen. Die Reihenfolge, in der die Elemente einen Weg bilden, spielt dabei keine Rolle. Wenn wir diese Aussage verallgemeinern, dann können wir sie auch auf beliebige Konstruktionen anwenden, die keine Netzwerke im eigentlichen Sinne sind. Wir müssen also an diesem Punkt immer die Teilmengen der Elemente identifizieren, die jeweils für eine Funktion des Systems notwendig und hinreichend sind. Es muss also weder notwendigerweise Anfangs- und/oder Endpunkte geben, noch müssen die Elemente auf eine bestimmte Weise „durchlaufen" werden.

Für die identifizierten Wege oder Teilmengen können wir dann in unserer Baum-Konstruktion die Blätter suchen, die zu diesen Teilmengen gehören. Die zugehörigen

Tab. 7.3 Abstrakte Darstellung des Entscheidungsbaums von Abb. 7.11

E_1	E_2	E_3	E_4	E_5	Additions-Terme
+	+	+	+	+	$(1-N_1)\cdot(1-N_2)\cdot(1-N_3)\cdot(1-N_4)\cdot(1-N_5)$
+	+	+	+	−	$(1-N_1)\cdot(1-N_2)\cdot(1-N_3)\cdot(1-N_4)\cdot\ N_5$
+	+	+	−	+	$(1-N_1)\cdot(1-N_2)\cdot(1-N_3)\cdot\ N_4\ \cdot(1-N_5)$
+	+	+	−	−	$(1-N_1)\cdot(1-N_2)\cdot(1-N_3)\cdot\ N_4\ \cdot\ N_5$
+	+	−	+	+	$(1-N_1)\cdot(1-N_2)\cdot\ N_3\ \cdot(1-N_4)\cdot(1-N_5)$
+	+	−	+	−	$(1-N_1)\cdot(1-N_2)\cdot\ N_3\ \cdot(1-N_4)\cdot\ N_5$
+	+	−	−	+	$(1-N_1)\cdot(1-N_2)\cdot\ N_3\ \cdot\ N_4\ \cdot(1-N_5)$
+	+	−	−	−	$(1-N_1)\cdot(1-N_2)\cdot\ N_3\ \cdot\ N_4\ \cdot\ N_5$
+	−	+	+	+	$(1-N_1)\cdot\ N_2\ \cdot(1-N_3)\cdot(1-N_4)\cdot(1-N_5)$
+	−	+	+	−	$(1-N_1)\cdot\ N_2\ \cdot(1-N_3)\cdot(1-N_4)\cdot\ N_5$
+	−	+	−	+	$(1-N_1)\cdot\ N_2\ \cdot(1-N_3)\cdot\ N_4\ \cdot(1-N_5)$
+	−	+	−	−	$(1-N_1)\cdot\ N_2\ \cdot(1-N_3)\cdot\ N_4\ \cdot\ N_5$
+	−	−	+	+	$(1-N_1)\cdot\ N_2\ \cdot\ N_3\ \cdot(1-N_4)\cdot(1-N_5)$
+	−	−	+	−	$(1-N_1)\cdot\ N_2\ \cdot\ N_3\ \cdot(1-N_4)\cdot\ N_5$
+	−	−	−	+	$(1-N_1)\cdot\ N_2\ \cdot\ N_3\ \cdot\ N_4\ \cdot(1-N_5)$
+	−	−	−	−	$(1-N_1)\cdot\ N_2\ \cdot\ N_3\ \cdot\ N_4\ \cdot\ N_5$
−	+	+	+	+	$N_1\ \cdot(1-N_2)\cdot(1-N_3)\cdot(1-N_4)\cdot(1-N_5)$
−	+	+	+	−	$N_1\ \cdot(1-N_2)\cdot(1-N_3)\cdot(1-N_4)\cdot\ N_5$
−	+	+	−	+	$N_1\ \cdot(1-N_2)\cdot(1-N_3)\cdot\ N_4\ \cdot(1-N_5)$
−	+	+	−	−	$N_1\ \cdot(1-N_2)\cdot(1-N_3)\cdot\ N_4\ \cdot\ N_5$
−	+	−	+	+	$N_1\ \cdot(1-N_2)\cdot\ N_3\ \cdot(1-N_4)\cdot(1-N_5)$
−	+	−	+	−	$N_1\ \cdot(1-N_2)\cdot\ N_3\ \cdot(1-N_4)\cdot\ N_5$
−	+	−	−	+	$N_1\ \cdot(1-N_2)\cdot\ N_3\ \cdot\ N_4\ \cdot(1-N_5)$
−	+	−	−	−	$N_1\ \cdot(1-N_2)\cdot\ N_3\ \cdot\ N_4\ \cdot\ N_5$
−	−	+	+	+	$N_1\ \cdot\ N_2\ \cdot(1-N_3)\cdot(1-N_4)\cdot(1-N_5)$
−	−	+	+	−	$N_1\ \cdot\ N_2\ \cdot(1-N_3)\cdot(1-N_4)\cdot\ N_5$
−	−	+	−	+	$N_1\ \cdot\ N_2\ \cdot(1-N_3)\cdot\ N_4\ \cdot(1-N_5)$
−	−	+	−	−	$N_1\ \cdot\ N_2\ \cdot(1-N_3)\cdot\ N_4\ \cdot\ N_5$
−	−	−	+	+	$N_1\ \cdot\ N_2\ \cdot\ N_3\ \cdot(1-N_4)\cdot(1-N_5)$
−	−	−	+	−	$N_1\ \cdot\ N_2\ \cdot\ N_3\ \cdot(1-N_4)\cdot\ N_5$
−	−	−	−	+	$N_1\ \cdot\ N_2\ \cdot\ N_3\ \cdot\ N_4\ \cdot(1-N_5)$
−	−	−	−	−	$N_1\ \cdot\ N_2\ \cdot\ N_3\ \cdot\ N_4\ \cdot\ N_5$

Terme können wir danach ohne weitere Analyse addieren und erhalten damit sofort das gesuchte Ergebnis der Verfügbarkeit bzw. Nicht-Verfügbarkeit.

Tabelle 7.3 zeigt ein Beispiel, wie eine abstrahierte Darstellung eines Entscheidungsbaums für $n = 5$ mit allgemein gültigen Additions-Termen für N_i aussehen könnte. In der linken Tabellenhälfte finden wir für die fünf Elemente E_1 bis E_5 alle möglichen Kombinationen von „verfügbar" ($+$) und „nicht verfügbar" ($-$), die zeilenweise jeweils einen möglichen Zustand unseres Systems beschreiben. Diesen zugeordnet sind im rechten Teil („Additions-Terme") die Wahrscheinlichkeiten für das Auftreten dieses System-Zustands. Eine solche Tabelle können wir für jedes beliebige n und selbstverständlich auch in Abhängigkeit der A_i aufstellen. Dann müssen wir nur noch in der linken Spalte die geeigneten Teilmengen finden und die zugehörigen Terme addieren.

Mit dieser verallgemeinerten Darstellung könnten wir dieses Thema jetzt abschließen. Wir haben damit jetzt eine allgemeingültige Anleitung zur Berechnung der Verfügbarkeit bzw. Nicht-Verfügbarkeit von komplexen Systemen. Wenn wir jedoch die Addition der Terme konkret ausführen, müssen wir feststellen, dass sie im Prinzip zwar sehr einfach ist, jedoch mit zunehmender Anzahl der Netz-Elemente trotzdem immer noch fehlerträchtig wird. Auch eine Automatisierung ist zwar möglich, jedoch auf dieser Basis schwierig.

Dem können wir natürlich entgegen halten, dass man in die Gleichung ja unmittelbar die zugehörigen Zahlenwerte einsetzen kann und damit schnell ein korrektes Ergebnis erhält. Das ist natürlich richtig, nur – wie wir später noch sehen werden – sind Zahlenwerte als solche oft nicht ausreichend. Vielmehr müssen wir die in die Berechnung eingeflossenen Terme und die Gewichtung der einzelnen Komponenten immer auch bewerten können, um das Ergebnis richtig zu interpretieren. Denn nicht immer werden wir ein Ergebnis erhalten, das im Rahmen der gewünschten Werte für die Verfügbarkeit unseres Systems liegt; in diesen Fällen müssen wir dann erkennen können, an welchen Komponenten wir Änderungen vornehmen müssen, um unser Ziel zu erreichen.

In Abschn. 7.4.2 werden wir deshalb unsere Darstellung noch einmal modifizieren und dadurch die konkrete Berechnung deutlich vereinfachen.

7.4.2 Binärer Entscheidungsbaum

In Abschn. 7.4.1 haben wir das grundsätzliche Verfahren kennen gelernt, wie wir mit Hilfe eines Entscheidungsbaumes die Verfügbarkeit bzw. Nicht-Verfügbarkeit einer komplexen Struktur berechnen können. Dieses Verfahren werden wir jetzt auf eine binäre Berechnungsweise zurück führen und damit eine weniger fehlerträchtige und leichter zu automatisierende Methode entwickeln.

Grundsätzlich werden wir auch jetzt die erfolgreichen Wege im Netzwerk identifizieren und sie mit einem Entscheidungsbaum vergleichen. Auch die zur Berechnung der Verfügbarkeit oder Nicht-Verfügbarkeit benötigten Terme werden wir auf gleiche Weise ableiten. Der wesentliche Unterschied zum bisherigen Vorgehen besteht darin, dass wir nicht von Anfang an mit den konkreten Werten für N_i und A_i der Netzwerk-Elemente arbeiten, sondern diese durch die binären Variablen 0 und 1 ersetzen.

Um eine solche Vorgehensweise einsetzen zu können, müssen wir zunächst feststellen, dass wir tatsächlich immer rein binäre Entscheidungen zu treffen haben. Jedes unserer Elemente befindet sich immer in einem von zwei möglichen Zuständen, deren Wahrscheinlichkeiten sich nach $N_i + A_i = 1$ addieren. Auch jeder unserer erfolgreichen Wege ist entweder verfügbar oder nicht verfügbar. Insgesamt suchen wir nach der Aussage, ob das Netzwerk insgesamt verfügbar oder nicht verfügbar ist; auch hier gibt es keinen weiteren Zustand.

Darüber hinaus sehen wir Abhängigkeiten in diesen Aussagen. Ein erfolgreicher Weg ist genau dann verfügbar, wenn alle Elemente, die dieser Weg berührt, gleichzeitig verfügbar sind. Das Netzwerk ist genau dann verfügbar, wenn mindestens ein erfolgreicher Weg verfügbar ist.

Derartige Zusammenhänge können wir einfach und eindeutig mit Hilfe der Booleschen Algebra darstellen. Wir ersetzen jetzt „verfügbar" durch „1" und „nicht verfügbar" durch „0".

Mit Hilfe dieser Darstellung können wir jetzt alle Wege in einem Entscheidungsbaum als Folge der Ziffern 0 und 1 darstellen. Am Beispiel unseres Maschen-Netzwerks (Abb. 7.9) bedeutet das zunächst einfach, dass wir in der abstrakten Darstellung von Tab. 7.3 für den Zustand der Elemente E_i „+" durch „1" und „−" durch „0" ersetzen. Das Ergebnis sehen wir im linken Teil der Tab. 7.4.

Auf gleiche Weise können wir mit den erfolgreichen Wegen durch das Netzwerk verfahren. Wir kennen für jeden der erfolgreichen Wege bereits die Elemente, die verfügbar sein müssen. Wir setzten auch wieder voraus, dass die Elemente immer aufsteigend nach ihrer Nummerierung betrachtet werden. Somit können wir die erfolgreichen Wege w_1 bis w_4 auch in Form von Ziffernfolgen beschreiben:

$$w_1: \quad E_1 - E_2 \Rightarrow (11 \bullet \bullet \bullet)$$
$$w_2: \quad E_3 - E_4 \Rightarrow (\bullet \bullet 11 \bullet)$$
$$w_3: \quad E_1 - E_5 - E_4 \Rightarrow (1 \bullet \bullet 11)$$
$$w_4: \quad E_3 - E_5 - E_2 \Rightarrow (\bullet 11 \bullet 1)$$

Da die erfolgreichen Wege jeweils nur einen Teil der vorhandenen Elemente E_i benötigen, haben wir die jeweils nicht relevanten Elemente durch $\bullet$ ersetzt. Wir benötigen diesen Platzhalter, um bei der gegebenen Reihenfolge der Elemente die Zuordnung zu ermöglichen. In die eigentliche Berechnung werden diese Elemente unabhängig von ihrem tatsächlichen Zustand einbezogen.

Als nächsten Schritt müssen wir jetzt die allgemeinen Wege im Entscheidungsbaum identifizieren, die mindestens eine unserer erfolgreichen Wege einschließen. Um das zu erreichen, definieren wir für jeden unserer erfolgreichen Wege w_i eine Boolesche Funktion f_i. Die Funktion f_i besteht aus einem Vergleich eines allgemeinen Weges mit dem zu f_i gehörenden erfolgreichen Weg. Das Ergebnis von f_i ist gleich 1, wenn der erfolgreiche Weg im zu vergleichenden allgemein Weg enthalten ist. Im anderen Fall ist das Ergebnis von f_i gleich 0.

Technisch betrachtet besteht das Ausführen der Funktion f_i für den Weg w_i offenbar einfach darin, zu überprüfen, ob alle Positionen, in denen der spezielle Weg durch 1 beschrieben wird, auch im allgemeinen Weg gleich 1 sind. Alle anderen Positionen des speziellen Weges werden nicht betrachtet. In den Spalten f_1 bis f_4 der Tab. 7.4 sehen wir für alle Wege die Ergebnisse der einzelnen Funktionen f_i.

Tab. 7.4 Binärer Entscheidungsbaum

E_1	E_2	E_3	E_4	E_5	f_1	f_2	f_3	f_4	f
1	1	1	1	1	1	1	1	1	1
1	1	1	1	0	1	1	0	0	1
1	1	1	0	1	1	0	0	1	1
1	1	1	0	0	1	0	0	0	1
1	1	0	1	1	1	0	1	0	1
1	1	0	1	0	1	0	0	0	1
1	1	0	0	1	1	0	0	0	1
1	1	0	0	0	1	0	0	0	1
1	0	1	1	1	0	1	1	0	1
1	0	1	1	0	0	1	0	0	1
1	0	1	0	1	0	0	0	0	0
1	0	1	0	0	0	0	0	0	0
1	0	0	1	1	0	0	1	0	1
1	0	0	1	0	0	0	0	0	0
1	0	0	0	1	0	0	0	0	0
1	0	0	0	0	0	0	0	0	0
0	1	1	1	1	0	1	0	1	1
0	1	1	1	0	0	1	0	0	1
0	1	1	0	1	0	0	0	1	1
0	1	1	0	0	0	0	0	0	0
0	1	0	1	1	0	0	0	0	0
0	1	0	1	0	0	0	0	0	0
0	1	0	0	1	0	0	0	0	0
0	1	0	0	0	0	0	0	0	0
0	0	1	1	1	0	1	0	0	1
0	0	1	1	0	0	1	0	0	1
0	0	1	0	1	0	0	0	0	0
0	0	1	0	0	0	0	0	0	0
0	0	0	1	1	0	0	0	0	0
0	0	0	1	0	0	0	0	0	0
0	0	0	0	1	0	0	0	0	0
0	0	0	0	0	0	0	0	0	0

Als Beispiel für diese Vorgehensweise wollen wir jetzt die ersten drei Zeilen und die letzte Zeile von Tab. 7.4 betrachten. In der ersten Zeile sind alle Elemente des Netzwerks verfügbar. Damit ist jeder erfolgreiche Weg verfügbar, und alle Funktionen f_i haben das

Ergebnis 1. In der letzten Zeile der Tab. 7.4 ist keines der Elemente verfügbar; folglich haben alle Funktionen f_i das Ergebnis 0. In der zweiten Zeile ist E_5 nicht verfügbar. Da sowohl w_3 als auch w_4 die Verfügbarkeit von E_5 fordern, sind die Ergebnisse für f_3 und f_4 jeweils gleich 0. In der dritten Zeile fehlt die Verfügbarkeit von E_4. Damit liefern f_2 und f_3 das Ergebnis 0. Auf diese Weise können wir die gesamte Tabelle abarbeiten.

Wie auch im Entscheidungsbaum von Abschn. 7.4.1 haben wir hier allgemeine Wege gefunden, die mehr als einen erfolgreichen Weg abdecken. Das erkennen wir daran, dass in einer Tabellenzeile mehr als eine Funktion f_i das Ergebnis 1 hat. Um festzustellen, welche der allgemeinen Wege *mindestens* einen der erfolgreichen Wege enthält, definieren wir eine weitere Boolesche Funktion f. Das Ergebnis von f ist dann gleich 1, wenn *mindestens* eine der Funktionen f_i gleich 1 ist. f ist also die logische ODER-Verknüpfung aller f_i:

$$f = f_1 \vee f_2 \vee f_3 \vee f_4 \qquad (7.20)$$

In der äußersten rechten Spalte von Tab. 7.4 finden wir für jede Zeile der Tabelle das Ergebnis von f. Wenn wir Tab. 7.4 jetzt noch mit Abb. 7.11 vergleichen, dann sehen wir, dass f genau dort gleich 0 ist, wo wir in der Abbildung des Entscheidungsbaums einen Additions-Term für die Berechnung der Nicht-Verfügbarkeit angegeben hatten. Wir haben also mit unserem binären Verfahren jetzt auch die Blätter des Entscheidungsbaumes identifiziert, die wir zur Berechnung der Verfügbarkeit ($f = 1$) oder der Nicht-Verfügbarkeit ($f = 0$) des Maschen-Netzwerks benötigen.

Unser Ziel soll auch in diesem Abschnitt wieder sein, die Nicht-Verfügbarkeit des Maschen-Netzwerks von Abb. 7.10 zu berechnen. Genau wie im Verfahren von Abschn. 7.4.1 müssen wir dazu die Wahrscheinlichkeiten für alle allgemeinen Wege addieren, für die wir $f = 1$ gefunden haben. Statt mit N_i bzw. A_i soll diese Berechnung jedoch mit den binären Werten 0 und 1 durchgeführt werden. Um das auf einfache Weise tun zu können, betrachten wir den Vorgang der Berechnung von Abschn. 7.4.1 unter einen etwas geänderten Gesichtspunkt.

Während der konkreten Addition der von N_i bzw. A_i abhängigen Terme können wir häufig feststellen, dass zwei Terme sich nur in einem darin enthaltenen Faktor unterscheiden: ein Term enthält zum Beispiel den Faktor $(1 - N_i)$ genau an der Stelle, an der im anderen Term lediglich N_i steht. Alle anderen Faktoren sind gleich. Wenn wir diese beiden Terme addieren, dann fallen genau diese verschiedenen Faktoren weg, und es bleiben nur ein einziger Term, der alle anderen Faktoren enthält. Zum Beispiel:

$$N_1 \cdot N_2 \cdot N_3 + N_1 \cdot N_2 \cdot (1 - N_3) = N_1 \cdot N_2 \qquad (7.21)$$

Anstatt die Variablen N_i nach üblichen algebraischen Rechenregeln zu addieren, wollen wir jetzt wieder eine neue Funktion $g(b_1, b_2)$ definieren. Diese Funktion soll die beiden binären Zahlenfolgen b_1 und b_2 vergleichen. Wenn sich diese Zahlenfolgen an genau einer Stelle unterscheiden, dann sollen diese Zahlenfolgen zu einer einzigen Zahlenfolge zusammengefasst werden, in der die vorher verschiedene Stelle durch ein neutrales Element ersetzt wird.

Tab. 7.5 Reduzierter Entscheidungsbaum

Startwerte					1. Reduktion					2. Reduktion					3. Reduktion				
E_1	E_2	E_3	E_4	E_5	E_1	E_2	E_3	E_4	E_5	E_1	E_2	E_3	E_4	E_5	E_1	E_2	E_3	E_4	E_5
1	0	1	0	1															
1	0	1	0	0	1	0	1	0											
1	0	0	1	0	1	0	0	1	0	1	0	0	1	0	1	0	0	1	0
1	0	0	0	1															
1	0	0	0	0	1	0	0	0		1	0		0		1	0		0	
0	1	1	0	0	0	1	1	0	0	0	1	1	0	0	0	1	1	0	0
0	1	0	1	1															
0	1	0	1	0	0	1	0	1											
0	1	0	0	1															
0	1	0	0	0	0	1	0	0		0	1	0							
0	0	1	0	1															
0	0	1	0	0	0	0	1	0		0	0	1	0		0	0	1	0	
0	0	0	1	1															
0	0	0	1	0	0	0	0	1											
0	0	0	0	1															
0	0	0	0	0	0	0	0	0		0	0	0			0		0		

Wenn wir nun in dem soeben dargestellten Beispiel für die Addition der Wahrscheinlichkeitsterme N_i durch 0 und $(1 - N_i) = A_i$ durch 1 ersetzen, dann können wir $b_1 = 000$ und $b_2 = 001$ setzen. Mit dem Symbol • als neutralem Element können wir die Addition so formulieren:

$$g(000, 001) = 00\bullet \tag{7.22}$$

Die Rücktransformation der Ergebnisse in die Terme N_i der Nicht-Verfügbarkeit findet nach Ende der Berechnung so statt, dass wir die nicht durch • ersetzten binären Ziffern wieder durch die entsprechenden Variablen N_i bzw. A_i ersetzen. Die neutralen Elemente • werden weg gelassen.

Den wesentlichen Vorteil dieses Verfahrens für die Lösung unsere Problems sehen wir dann, wenn wir es rekursiv anwenden. In Tab. 7.4 haben wir die allgemeinen Wege durch den Entscheidungsbaum identifiziert, die uns die zu addierenden Wahrscheinlichkeiten markieren. Es sind diejenigen Wege, für die die Funktion f den Wert 0 annimmt (letzte Spalte von Tab. 7.4). In der ersten Spalte von Tab. 7.4 finden wir dazu bereits die binäre Darstellung der Wahrscheinlichkeiten für diese Wege, die wir jetzt alle mit dem soeben hergeleiteten Verfahren addieren wollen. Um die Berechnung übersichtlicher zu gestalten, haben wir diese Werte noch einmal in Tab. 7.5 als „Startwerte" zusammen gestellt.

Für die konkrete Addition vergleichen wir zunächst paarweise alle Zahlenfolgen der Spalte „Startwerte". Sobald wir ein Paar gefunden haben, das sich nur an einer einzigen Stelle unterscheidet, wenden wir die oben definierte Funktion $g(b_1, b_2)$ an und schreiben das Ergebnis in die Spalte „1. Reduktion". Zahlenfolgen der ersten Spalte, für die sich kein Reduktions-Partner findet, übernehmen wir unverändert in die zweite Spalte.[12]

Nach Ende dieses Vorgangs können wir sehen, dass auch in der zweiten Spalte wieder einige Zahlenfolgen in genau einer Stelle unterscheiden. Wir wiederholen also das Verfahren und schreiben die Ergebnisse in die Spalte „2. Reduktion". Da es immer noch geeignete Zahlenfolgen für eine Reduktion gibt, verfahren wir auch mit den Werten der Spalte „2. Reduktion" in gleicher Weise und erhalten schließlich in Spalte „3. Reduktion" ausschließlich Zahlenfolgen, die nicht weiter zu reduzieren sind.

Für diese nicht mehr reduzierbaren Zahlenfolgen führen wir jetzt die Rücktransformation der binären Darstellungsweise in die Variablen der Nicht-Verfügbarkeit durch. Wir ersetzen also 0 durch N_i und 1 durch $(1 - N_i)$. Diese Terme können wir dann auf herkömmliche Weise addieren und erhalten auch hier die Nicht-Verfügbarkeit des Maschen-Netzwerks. Wir verzichten hier auf die Knoten A und B und können somit Nicht-Verfügbarkeit schreiben als

$$N = (1 - N_1) \cdot N_2 \cdot N_3 \cdot (1 - N_4) \cdot N_5$$
$$+ (1 - N_1) \cdot N_2 \cdot N_4$$
$$+ N_1 \cdot (1 - N_2) \cdot (1 - N_3) \cdot N_4 \cdot N_5$$
$$+ N_1 \cdot N_2 \cdot (1 - N_3) \cdot N_4$$
$$+ N_1 \cdot N_3$$

Sofern wir ausschließlich an den konkreten Werten der Verfügbarkeit des Netzwerks interessiert sind, können wir an dieser Stelle bereits die bekannten Werte N_i der Nicht-Verfügbarkeit der Elemente einsetzen und damit die Berechnung ausführen. Um das Berechnungsverfahren etwas transparenter zu machen und auch Möglichkeiten für die Optimierung der Verfügbarkeit zu identifizieren, empfiehlt es sich jedoch, die Terme zu multiplizieren und dann so zusammenzufassen, wie wir es auch in den früheren Verfahren gemacht haben. Wir erhalten selbstverständlich das gleiche Ergebnis wie in Gl. 7.19 auf S. 119:

$$N = N_1 N_3 + N_2 N_4 + N_1 N_4 N_5 + N_2 N_3 N_5 + 2N_1 N_2 N_3 N_4 N_5$$
$$- N_1 N_2 N_3 N_4 - N_1 N_2 N_3 N_5 - N_1 N_2 N_4 N_5$$
$$- N_1 N_3 N_4 N_5 - N_2 N_3 N_4 N_5 \tag{7.23}$$

---

[12]Da in der Tabelle die Zuordnung der binären Zahlenwerte zu den Elemente durch die Anordnung eindeutig möglich ist, haben wir wegen der besseren Lesbarkeit auf das neutrale Elemente ● verzichtet und die entsprechenden Stellen einfach leer gelassen.

7.5   Genauigkeit der Berechnung

Ehe wir das Thema der konkreten Berechnung von Verfügbarkeit und Nicht-Verfügbarkeit verlassen, wollen wir noch einen Blick auf die Zahlenwerte werfen, die üblicherweise für derartige Berechnungen in Frage kommen.

Für individuelle austauschbare Einheiten (Komponenten) liegen die Werte der Verfügbarkeit A in den allermeisten Fällen weit über 99 %; die Werte der Nicht-Verfügbarkeit N sind demzufolge sehr klein. Für größere Systeme, Netzwerke oder Anlagen wird in vielen Fällen eine Verfügbarkeit gefordert, die ebenfalls weit über 99 % liegt.

Bei der Bestimmung von Fehlerraten und Zuverlässigkeit von Komponenten hatten wir bereits festgestellt, dass die Ungenauigkeit der Messung auch erheblichen Einfluss auf die Genauigkeit der aus den Messergebnissen berechneten Werte haben kann. Dieses gilt in ähnlicher Weise auch für die Werte der Verfügbarkeit, in die sowohl die Fehlerraten als auch die mittlere Zeit für eine Reparatur eingehen. Mathematische Fehlerbetrachtungen können auch hier nach den gleichen Verfahren durchgeführt werden, wie sie im Anhang beispielhaft erläutert wurden (siehe Abschn. 10.1). Daher wollen wir hier nicht noch einmal näher darauf eingehen.

Eine weitere Quelle für eine Fehlinterpretation berechneter Werte ist jedoch eine Überschätzung oder Unterschätzung der Genauigkeit, die sich aus den verwendeten Zahlen und dem generellen Berechnungsverfahren ergeben.

Betrachten wir noch einmal das Ergebnis der Nicht-Verfügbarkeit für unser einfaches Maschen-Netzwerk. Wir erhalten eine Summe von Termen, die ihrerseits ein Produkt aus einer Anzahl von Werten N_i der Nicht-Verfügbarkeit der Elemente des Netzwerks sind. Ein einzelner Term kann das Produkt von bis zu fünf Faktoren ($=$ Werten von N_i) sein.[13] Andererseits gibt es auch Terme, die das Produkt von nur zwei N_i-Werten sind.

Wenn wir sehr kleine Zahlen multiplizieren und die Ergebnisse addieren, dann überwiegt der Beitrag der Terme mit wenigen Faktoren bei weitem den Beitrag der Terme mit vielen Faktoren. Das gilt zumindest so lange, als die Anzahl der Terme sich in annähernd der gleichen Größenordnung befindet. Es ist deshalb in vielen Fällen üblich und legitim, nicht alle Terme in die konkrete Berechnung mit einzubeziehen. Stattdessen addieren wir nur solche Terme, die einen Beitrag innerhalb der gewünschten Genauigkeit liefern.

Nehmen wir in unserem Maschen-Netzwerk zum Beispiel an, dass für alle Elemente (bei vernachlässigter Mantisse) $N_i = 10^{-3}$ gilt. Mit diesen Zahlenwerten erhalten wir nach Gl. 7.23 für die Nicht-Verfügbarkeit

$$N = 2 \cdot 10^{-6} + 2 \cdot 10^{-9} + 2 \cdot 10^{-15} - 5 \cdot 10^{-12} \qquad (7.24)$$

Wir sehen hier unmittelbar, dass selbst bei einer geforderten Verfügbarkeit von 99,9999 % schon die Terme mit drei Faktoren keinen relevanten Beitrag zum Ergebnis liefern. Erst wenn die Anzahl dieser Terme um mehr als eine Größenordnung größer wäre

---

[13]Generell gilt, dass die maximale Anzahl der Faktoren in einem Term gleich der Anzahl der Elemente des berechneten Systems ist.

als die der Terme mit nur zwei Faktoren, müssten wir überprüfen, ob wir einen nicht vernachlässigbaren Fehler begehen, wenn wir ausschließlich die einfachsten Terme berücksichtigen. In diesem Beispiel könnten wir also problemlos annähern:

$$N \approx N_1 N_3 + N_2 N_4 \quad \text{für } N_i = 10^{-3} \text{ und } A > 99{,}9999\,\% \quad (7.25)$$

Wenn wir jedoch im gleichen Beispiel für alle Elemente $N_i = 10^{-2}$ setzen, dann erhalten wir

$$N = 2 \cdot 10^{-4} + 2 \cdot 10^{-6} + 2 \cdot 10^{-10} - 5 \cdot 10^{-8} \quad (7.26)$$

Bei einer geforderten Verfügbarkeit des Netzwerks von 99,9999 % können wir jetzt die Terme mit drei Faktoren nicht ohne Weiteres ignorieren. Zwar ist ihr Beitrag immer noch klein, doch könnte er je nach Größe der Mantisse den entscheidenden Beitrag liefern. Wir dürften also hier höchstens die Terme mit vier und fünf Faktoren vernachlässigen.

In vielen Fällen können wir uns also die Arbeit erheblich erleichtern, indem wir nur die wirklich relevanten Terme in die Berechnung mit einbeziehen. Es ist jedoch unvermeidlich, sich in jedem Fall die Anzahl und Gewichtung der Terme genau zu betrachten. Im Zweifel sollte man eher einer größeren Genauigkeit den Vorzug geben.

7.6　Knoten und Kanten an Verzweigungen

Im Abschn. 7.1.4 hatten wir bereits darauf hingewiesen, dass wir Komponenten, die Verzweigungen in einem Netzwerk bilden, differenziert betrachten müssen, um die Verfügbarkeit bestimmter Wege und damit des Netzwerks korrekt bestimmen zu können. An dieser Stelle wollen wir jetzt konkret darstellen, wie wir an den Verzweigungen eines Netzwerks Knoten und Kanten definieren können, um die Berechnung der Verfügbarkeit eines Netzwerks optimal durchführen zu können. Dafür gehen wir wieder vom Beispielnetz aus Abb. 7.3, das wir in vereinfachter Form auch zur Einführung in die Berechnung der Verfügbarkeit von Netzwerken verwendet hatten.

Um später auf dieser Basis auch das Verhalten der Nicht-Verfügbarkeit eines Netzwerks qualitativ betrachten zu können (siehe Abschn. 7.7), modifizieren wir zunächst das bisher verwendete einfache Maschen-Netzwerk aus Abb. 7.3 (siehe S. 98). In Abb. 7.12 haben wir dieses modifizierte Netzwerk dargestellt.

Der erste wesentliche Unterschied zu Abb. 7.3 und unserer bisherigen Vorgehensweise ist, dass wir jetzt die Verbindungs-Kabel eigens berücksichtigen. Wie in einem realen

Abb. 7.12 Modifiziertes Maschen-Netzwerk mit Kabel-Längen

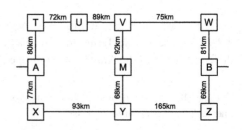

Netzwerk nehmen wir hier für alle Kabelverbindungen verschiedene Längen und für alle Netzelemente verschiedene Werte für die Nicht-Verfügbarkeit an. Da wir auch in einem realen Fall annehmen können, dass die Kabelverbindungen alle vom gleichen Typ sind, können wir jedoch die gleiche Kabel-Fehlerrate (Fehler pro 100 km und Jahr) annehmen.

Der zweite wesentliche Unterschied zu unserer bisherigen Betrachtung liegt darin, dass wir hier auch die besonderen Eigenschaften der „Verzweigungen" berücksichtigen wollen. Wir hatten bereits in Abschn. 7.1.4 festgestellt, dass in vielen Fällen sinnvoll sein kann, Netzknoten an Verzweigungen aufzuteilen in zentrale Anteile und in Anteile, die ausschließlich der Verbindung in eine bestimmte Richtung innerhalb der Verzweigung dienen. Damit erhalten wir auch eine von der bisherigen Vorgehensweise abweichende Definition von „Knoten" und „Kanten" des Netzwerks. Abbildung 7.13 zeigt diese neue Aufteilung für unser Netzwerk aus Abb. 7.12.

Abb. 7.13 Kanten und Knoten des Maschen-Netzwerks mit Verzweigungen

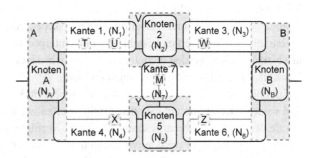

Die gestrichelt umrahmten Anteile von Abb. 7.13 stehen jetzt für die ursprünglich in Abb. 7.12 gezeigten Komponenten. Als „Knoten" bezeichnen wir nur noch die Anteile der Verzweigungs-Komponenten, deren Ausfall tatsächlich alle Wege betrifft, die diese Komponente berühren; „Knoten" sind also die zentralen Anteile dieser Komponenten. Als „Kanten" bezeichnen wir alle sonstigen Anteile, die in Abb. 7.12 als Komponenten dargestellt sind. Dazu zählen vollständig die Komponenten T, U, W, M, X und Z und Anteile der Komponenten A, B, V und Y, die ausschließlich der Verbindung mit den jeweiligen Nachbar-Komponenten dienen. Zusätzlich sind alle Kabel Teil der jeweiligen Kanten. Jedem Knoten und jeder Kante haben wir eine Nicht-Verfügbarkeit N_i zugeordnet. Innerhalb der Kanten setzt sich die Nicht-Verfügbarkeit zusammen aus der seriellen Schaltung der enthaltenen Komponenten (einschließlich der Schnittstellen-Anteile, die wir aus den „Knoten" heraus gelöst haben) und der Kabel. Die Nicht-Verfügbarkeit der Kabel erhalten wir aus der spezifischen Fehlerrate λ_L und der Kabellänge, wie wir bereits in Abschn. 7.2 gesehen hatten.

Mit Hilfe dieser neuen Aufteilung ist es jetzt möglich, die gleichen Verfahren zur Berechnung der Verfügbarkeit des Netzwerkes anzuwenden, mit denen wir bereits die vereinfachte Version des Netzes berechnet hatten. Wenn wir auch hier wieder die Knoten A und B zunächst ausklammern, dann erhalten wir insgesamt sieben Knoten und Kanten, die wieder vier Wege zwischen A und B ermöglichen. In der vereinfachten Version hatten wir bewusst die Elemente an den Verzweigungen ausgespart, um zunächst das Verfahren übersichtlich darstellen zu können. Jetzt können wir durch die Zuordnung der Schnittstellen-Anteile der Verzweigungs-Elemente V und Y zu den jeweiligen Kanten auch das Problem lösen, dass nicht jeder Fehler innerhalb eines solchen Verzweigungs-Elements alle Wege über dieses Element notwendigerweise beeinträchtigen muss. Mit dieser Sichtweise erhalten wir im realen Einsatzfall tatsächlich einen Wert für die Verfügbarkeit des Netzwerks, der die realen Verhältnisse deutlich verbessert widerspiegelt.

7.7   Variation der Parameter

Nachdem wir im vorangegangen Abschnitt auch die Kabel als eigene Elemente in das Maschen-Netzwerk eingefügt haben, können wir jetzt noch betrachten, welche Folgen für die Nicht-Verfügbarkeit dieses Netzwerk es hat, wenn wir die Werte der Nicht-Verfügbarkeit der einzelnen Anteile variieren. Zunächst scheint es nahe liegend, dass ein in irgendeiner Weise linearer Zusammenhang zwischen den Parameter-Werten und der Verfügbarkeit des Netzwerkes besteht, der eine Interpolation oder Extrapolation der Ergebnisse zulässt. Wir werden jedoch sehen, dass wir davon nicht ausgehen können, sondern tatsächlich jeden Einzelfall berechnen müssen.

Im Folgenden werden wir die Nicht-Verfügbarkeit des Beispielnetzes aus Abb. 7.13 für drei verschiedene Fälle untersuchen. Dafür werden wir im ersten Fall die spezifische Fehlerrate der Kabel variieren, während die Nicht-Verfügbarkeit aller anderen Anteile gleich bleibt. Im zweiten Fall werden wir genau umgekehrt vorgehen und die Fehlerrate der Kabel unverändert lassen, während wir die Fehlerraten der anderen Elemente mit einem für alle diese Elemente gleichen Faktor κ multiplizieren. Für diese beiden Fälle nehmen wir an, dass die Länge der Kabel die Werte wie in Abb. 7.12 annimmt. Im dritten Fall setzen wir alle Kabellängen gleich und die jeweilige Summe der Nicht-Verfügbarkeiten der anderen Elemente innerhalb einer Kante auf einen gleichen mittleren Wert.

Für jeden dieser Fälle betrachten wir zusätzlich den Verlauf der Nicht-Verfügbarkeit eines „Ring-Netzwerks", das entsteht, wenn wir das Brückenelement M aus dem Maschen-Netzwerk entfernen. In Bezug auf Abb. 7.13 bedeutet das, dass die gesamte Kante 7, also die Komponente M, die Kabelverbindungen zu V und Y und die zugehörigen Anteile in den Komponenten V und Y, entfällt. Damit stehen nur noch zwei Wege zwischen A und B zur Verfügung.

Die Nicht-Verfügbarkeit $N_{j,kabel}$ eines Kabels der Länge l_j mit der spezifischen Fehlerrate λ_L erhalten wir nach Gl. 5.7 als

$$N_{j,kabel} = \frac{\lambda_L \cdot l_j \cdot MDT}{1 + \lambda_L \cdot l_j \cdot MDT} \tag{7.27}$$

Nach Gl. 7.8 auf S. 106 dürfen wir die Kabel-Längen innerhalb einer Kante addieren und erhalten damit die Nicht-Verfügbarkeit aller Kabel-Anteile der Kante i als

$$N_{i,kabel} \approx \frac{MDT \cdot \lambda_L \sum_j l_j}{1 + MDT \cdot \lambda_L \sum_j l_j} \tag{7.28}$$

Als Ausgangs-Werte für die Nicht-Verfügbarkeiten N_{iE} der sonstigen Anteile der Kanten verwenden wir:[14]

N_{1E}, N_{6E}: $6{,}0 \cdot 10^{-5}$
N_{3E}, N_{4E}: $4{,}3 \cdot 10^{-5}$
N_{7E}: $4{,}2 \cdot 10^{-5}$

Damit erhalten wir, wenn wir die Näherung für kleine N aus Abschn. 5.3 anwenden, die gesamte Nicht-Verfügbarkeit N_i einer Kante als Summe der Nicht-Verfügbarkeiten der einzelnen Kabel $N_{j,kabel}$ und der Nicht-Verfügbarkeit N_{iE} der restlichen Elemente:

$$N_i = N_{iE} + N_{i,kabel} \tag{7.29}$$

Für die Ausgangs-Werte für die Nicht-Verfügbarkeiten N_i der Knoten 2, 5, A und B verwenden wir in analoger Weise:[15]

N_2, N_5: $1{,}2 \cdot 10^{-6}$
N_A, N_B: $4{,}2 \cdot 10^{-6}$

Für die konkrete Berechnung der Verfügbarkeit haben wir in allen Fällen auch die Knoten A und B mit einbezogen.

Fall 1: Variable Kabel-Fehlerraten und gleich bleibende Nicht-Verfügbarkeit aller sonstigen Elemente

Für den ersten Fall variieren wir die spezifische Fehlerrate λ_L der Kabelverbindungen von Null bis 1 Fehler pro 100 Kilometer und Jahr. Die mittlere Ausfallzeit (MDT) für Kabelfehler beträgt 12 Stunden. Für die Nicht-Verfügbarkeit aller anderen Elemente haben wir die vorstehend genannten Werte für N_{iE} und N_i angenommen.

Das Ergebnis der Berechnung der Nicht-Verfügbarkeiten (in Minuten pro Jahr) für das Maschen- und das Ring-Netzwerk sehen wir in Abb. 7.14. Es ist hier leicht zu erkennen, dass sich die Nicht-Verfügbarkeit des Maschen-Netzwerks und des Ring-Netzwerks für sehr kleine Kabel-Fehlerraten kaum unterscheiden. Das bedeutet, dass das Brücken-Element M praktisch keinen Einfluss auf die Verfügbarkeit dieses Netzwerks hat. Das gleiche Verhalten des Netzwerks würden wir beobachten, wenn wir statt der spezifischen längenbezogenen Fehlerrate λ_L die Kabellänge variieren würden. Für sehr kurze Kabel wäre ebenfalls das Brücken-Element unerheblich. Das gilt insbesondere auch für Systeme, die ohne lange Verbindungen unmittelbar zusammen geschaltet sind.

---

[14]Die Werte der Nicht-Verfügbarkeit für die Kanten haben wir durch Addition der Nicht-Verfügbarkeit der einzelnen Elemente erhalten. Da alle Werte für N_i sehr klein sind, dürfen ist diese Näherung möglich (siehe Abschn. 5.3).

[15]Diese Werte für N_i umfassen ausschließlich die zentralen Anteile der Knoten. Die Anteile, die ausschließlich den Verbindungen zugeordnet sind, sind in den Werten N_{iE} für die Kanten enthalten.

Abb. 7.14 Variable
Kabel-Fehlerraten und gleich
bleibende Nicht-Verfügbarkeit
aller sonstigen Elemente

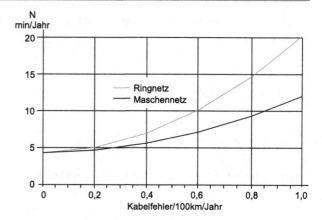

Fall 2: Gleich bleibende Kabel-Fehlerraten und variable Nicht-Verfügbarkeit aller sonstigen Elemente

Als zweiten Fall haben wir die spezifische Kabel-Fehlerrate λ_L konstant auf 0,6 Fehler pro Kilometer und Jahr gesetzt. Auch hier nehmen wir die MDT gleich 12 Stunden an. Die Nicht-Verfügbarkeit aller anderen Elemente wurde dabei jeweils um den Faktor κ verändert; wir haben die angegebenen Ausgangswerte für N_{iE} und N_i mit $\kappa = 0,1 \ldots 10\,000$ multipliziert. Abbildung 7.15 zeigt die Nicht-Verfügbarkeit in Minuten pro Jahr in Abhängigkeit von κ.

In der logarithmischen Darstellung von Abb. 7.15 sehen wir, dass die Nicht-Verfügbarkeit des Netzwerks sehr viel schneller ansteigt als der Faktor κ. Wenn wir den absoluten Wert der Nicht-Verfügbarkeit ($0 \leq N \leq 1$) einsetzen, dann wächst N von der Größenordnung 10^{-5} ($\kappa = 0,1$) auf die Größenordnung 10^{-1} ($\kappa = 10\,000$).

Abb. 7.15 Gleich bleibende
Kabel-Fehlerraten und variable
Nicht-Verfügbarkeit aller
sonstigen Elemente

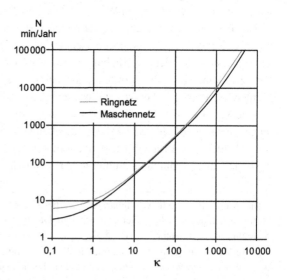

Im Gegensatz zur Variation der Kabel-Fehlerraten sehen wir hier fast überall einen deutlichen Unterschied zwischen dem Maschen- und dem Ring-Netzwerk. Dieser Unterschied erscheint in der Darstellung zwar klein, kann aber durch die Umrechnung in eine lineare Skala durchaus erheblich werden. Insbesondere gibt es für dieses Netzwerk offensichtlich ein Minimum, wo für eine bestimmte Fehlerrate der Netzknoten die Nicht-Verfügbarkeiten von Maschen- und Ring-Netzwerk den geringsten Unterschied zeigen. An dieser Stelle hat also das Brücken-Element den geringsten Einfluss, während es sowohl bei größeren als auch bei kleineren Fehlerraten der Knoten an Bedeutung gewinnt.

Fall 3: Gleiche Kabel-Länge, gleich bleibende Kabel-Fehlerraten und variable Nicht-Verfügbarkeit aller sonstigen Elemente bei gleichen Ausgangswerten N_i
Der dritte und letzte Fall unterscheidet sich vom zweiten Fall dadurch, dass wir für alle Kanten und Knoten die Ausgangswerte für die Nicht-Verfügbarkeit auf den gleichen Wert $N_i = N_{iE} = 10^{-5}$ gesetzt haben. Zusätzlich haben wir für alle Kanten die Summe der Kabellängen auf 200 km gesetzt ($\sum l_j = 200$ km). Wie im Fall 2 haben wir die Werte für N_{iE} und N_i mit dem Faktor $\kappa = 0,1 \ldots 10\,000$ multipliziert.

Die Abbildung 7.16 zeigt auch hier die logarithmische Darstellung der Nicht-Verfügbarkeit des Netzwerks in Minuten pro Jahr in Abhängigkeit von κ. Wir sehen, dass sich im Fall dieser Beispielkonfiguration oberhalb eines Werte von etwa $\kappa = 5$ die Nicht-Verfügbarkeiten von Maschen- und Ring-Netzwerk zumindest innerhalb der Zeichengenauigkeit praktisch nicht mehr unterscheiden. Das bedeutet, dass oberhalb von $k = 5$ das Brücken-Element für die Verfügbarkeit des Netzwerkes praktisch bedeutungslos ist.

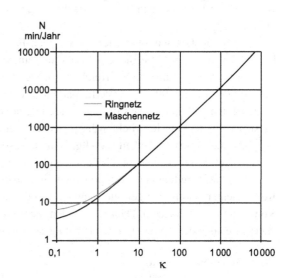

Abb. 7.16 Gleiche Kabel-Länge, gleich bleibende Kabel-Fehlerraten und variable Nicht-Verfügbarkeit aller Kanten

Schlussfolgerung
Wir haben hier an einem kurzen Beispiel gezeigt, dass scheinbar einfache Veränderungen der Parameter eines Netzwerkes nicht unbedingt ebenso einfache Veränderungen für die Verfügbarkeit dieses Netzwerkes nach sich ziehen. Auch können wir nicht ohne Weiteres

mittlere Werte für diese Parameter einsetzen. Diese Ergebnisse können wir im Einzelnen sicher nicht auf andere Netzwerke übertragen. Was wir jedoch erkennen ist, dass es offensichtlich nicht einfach oder „intuitiv" möglich ist, die Konsequenzen von Parameter-Änderungen abzuschätzen. Vielmehr ist es ratsam und notwendig, für jedes konkrete System tatsächlich eine eigene Berechnung der Verfügbarkeit bzw. Nicht-Verfügbarkeit durchzuführen – auch dann, wenn wir ein sehr ähnliches System bereits berechnet haben.

7.8   Optimierung der Verfügbarkeit

In den vorangegangenen Abschnitten haben wir ausführlich ein Verfahren gezeigt, wie wir die Verfügbarkeit bzw. Nicht-Verfügbarkeit komplexer Systeme berechnen können. Grundsätzlich sind wir davon ausgegangen, dass sowohl die Struktur des Systems als auch die Werte für die Verfügbarkeit oder Nicht-Verfügbarkeit bekannt sind. Wir haben gesehen, dass die Lösung einer solchen Aufgabe umfangreich und gelegentlich auch fehlerträchtig sein kann, so dass wir sehr sorgfältig und systematisch arbeiten müssen, um zuverlässige Ergebnisse zu erhalten.

In der Praxis geht die Aufgabenstellung jedoch häufig über das bloße Berechnen von Verfügbarkeits-Werten hinaus. Üblicherweise geht es darum, für ein System die erforderliche Verfügbarkeit sicher zu stellen. Im Ideal-Fall erhalten wir bei der ersten Berechnung eines geplanten Systems bereits die gewünschten Ergebnisse und können die Arbeit damit als beendet betrachten. Falls dieses Ergebnis jedoch mehr oder weniger weit vom Zielwert entfernt liegt, können wir an verschiedenen Stellen ansetzen, um unser System zu optimieren.

Zunächst wollen wir feststellen, in welchen Fällen wir Bedarf für eine Optimierung haben können. Es ist offensichtlich, dass wir ein System verbessern müssen, wenn die geforderte Verfügbarkeit nicht erreicht wird, wenn wir also zum Beispiel nur 99,993 % statt der geforderten 99,999 % Verfügbarkeit erreichen. Wir können allerdings auch den umgekehrten Fall zum Anlass für eine Änderung nehmen. Ein hoch zuverlässiges System ist sicher aus technischer Sicht wünschenswert. Jedoch müssen wir auch berücksichtigen, dass diese Zuverlässigkeit im Allgemeinen Kosten verursacht. Wenn wir also ein System haben, dessen Verfügbarkeit deutlich über den geforderten Werten liegt, dann kann es sinnvoll sein, redundante Komponenten einzusparen oder teure und hoch zuverlässige Komponenten durch weniger teure und damit möglicherweise auch weniger zuverlässige Komponenten zu ersetzen. Dadurch werden nicht nur Kosten eingespart, sondern möglicherweise auch der Angebots-Preis für ein gesamtes Projekt erst konkurrenzfähig.

Technische Optimierung
Nachdem wir uns ausführlich mit der Berechnung der Verfügbarkeit beschäftigt haben, sind die technischen Möglichkeiten für die Optimierung vergleichsweise einfach abzuleiten.

Zunächst wollen wir die Möglichkeiten betrachten, die wir durch eine Änderung der Struktur eines Systems haben. Wir haben gesehen, dass redundante Komponenten oder alternative Verbindungswege unter Umständen eine erhebliche Verbesserung der Verfügbarkeit mit sich bringen können. Wir haben allerdings auch gesehen, dass das durchaus nicht immer der Fall sein muss und dass der Nutzen von derartigen Strukturen nicht unbedingt intuitiv vorhersagbar ist.

Als Entscheidungshilfe bietet sich an, zunächst ein System zu entwerfen, das alle potentiell sinnvollen Ergänzungen umfasst. Die Verfügbarkeit dieses Systems sollte größer sein als der geforderte Wert. Dieses Maximal-System können wir dann Schritt für Schritt reduzieren, indem wir einzelne Elemente „abschalten", bis wir einen akzeptablen Wert erreichen. Für die Berechnung brauchen wir dann nicht immer wieder ein neues System mit neuen „Wegen" zu definieren. Es ist hinreichend, die Werte der Nicht-Verfügbarkeit für die abgeschalteten Elemente auf 1 bzw. deren Verfügbarkeit auf 0 zu setzen. Dieses Abschalten muss sich jeweils über die gesamte „Kante" erstrecken, also auch über die Anteile, die auf die Verbindung zu den Nachbar-Elementen entfallen. Wie wir gesehen haben, ist es jedoch nicht unbedingt sinnvoll, ausschließlich die Anzahl der abgeschalteten Elemente zu erhöhen. Besser ist es, verschiedene Varianten zu überprüfen, bis eine technisch und wirtschaftlich optimale Lösung gefunden ist.

Ähnlich können wir auch eine Vorgehensweise finden, um die Komponenten zu finden, die wir idealerweise in unserem System einsetzen. Typischerweise steht nur eine gewisse Auswahl an Komponenten zur Verfügung. In einem System-Entwurf können wir auch mit deren Werten für Verfügbarkeit bzw. Nicht-Verfügbarkeit so lange experimentieren, bis wir zu einer akzeptablen Lösung kommen.

Eine Falle kann sich gelegentlich bei der Auswahl der Komponenten auftun. Üblicherweise werden für Komponenten Daten wie MTBF oder Fehlerrate als Kenngrößen für die Zuverlässigkeit angegeben. Diese Daten beziehen sich ausschließlich auf das Verhalten der Komponenten, während sie in einer definierten Umgebung betrieben werden. Die Wartungsfreundlichkeit der Komponenten spielt dabei keine Rolle. Für die Verfügbarkeit des Systems liefert jedoch der Aufwand für das Ersetzen der Komponente (Ausbau, Einbau, Inbetriebnahme) einen unter Umständen erheblichen Beitrag. Eine geringere Fehlerrate ist somit nicht grundsätzlich gleich bedeutend mit einer im Durchschnitt geringeren Reparaturzeit bzw. Ausfallzeit. Deswegen kann eine Komponente mit höherer Fehlerrate durchaus eine größere System-Verfügbarkeit unterstützen, wenn sie sehr viel einfacher und schneller auszutauschen ist. In unserer bisherigen Terminologie müssen wir also zusätzlich zur MTBF auch die für unseren Fall typische MDT berücksichtigen – die MTBF als Eigenschaft der Komponente und die MDT als Eigenschaft des Systems und des zugehörigen Betriebskonzepts.

Optimierung von Organisation und Betriebs-Konzept
Zum Schluss wollen wir uns noch etwas von der rein technischen Betrachtungsweise entfernen. Wir haben die Nicht-Verfügbarkeit eines Objekts berechnet als

$$N = \frac{MDT}{MTBF + MDT} \tag{7.30}$$

Nachdem die Ausfallzeit MDT üblicherweise sehr viel kleiner ist als die mittlere Zeit MTBF zwischen zwei Ausfällen, ist die Nicht-Verfügbarkeit praktisch direkt proportional zur MDT. Wir können also die Nicht-Verfügbarkeit halbieren, indem wir die Ausfallzeit halbieren.

Wenn wir uns erinnern, dass zur MDT nicht ausschließlich die Zeit zählt, die wir für die eigentlich Reparatur benötigen, sondern auch alle Art von Vorlaufzeiten, dann haben wir unter Umständen gute Möglichkeiten, die Nicht-Verfügbarkeit zu verbessern. Als Beispiel können wir annehmen, dass das Service-Personal eines an 365 Tagen rund um die Uhr betriebenen Systems nicht nur an 5 Wochentage jeweils 8 Stunden zur Verfügung steht, sondern an allen Werktagen (einschließlich Samstag) jeweils 12 Stunden. Wenn wir davon ausgehen, dass ein Techniker nach einer Alarmierung 1 Stunde benötigt, um das System zu reparieren, dann erreichen wir nur diese Erhöhung der Bereitschaftszeiten fast eine Halbierung der MDT.

Ein weiterer Punkt, der die MDT wesentlich beeinflussen kann, ist die Zugriffsmöglichkeit auf Ersatzteile. Es ist leicht zu erkennen, dass es einen erheblichen Vorteil für die MDT in sich birgt, wenn benötigte Ersatzteile unmittelbar zur Verfügung stehen. Wenn also ein Techniker am Einsatzort bereits ein Ersatzteil vorfindet, dann wird die MDT weitaus kürzer sein, als wenn dieses Ersatzteil zunächst bestellt und/oder über weitere Strecken transportiert werden muss.

Der Vorteil eines lokalen Ersatzteillagers ist offensichtlich. Es ist jedoch zu bedenken, dass auch Ersatzteile Kosten verursachen bzw. zumindest Kapital in Höhe der Anschaffungskosten binden. Aus diesem Grund sind häufig Widerstände zu überwinden, wenn zusätzliche Hardware angeschafft werden soll, die zum unmittelbaren Betrieb eines Systems nicht erforderlich ist. In Kap. 8 werden wir deshalb noch eine Methode betrachten, wie wir eine optimale Zahl von Ersatzteilen bestimmen können. Auf dieser Basis ist es dann möglich, die Vorteile eines Ersatzteillagers für die Verfügbarkeit des Systems gegen die Kosten dieses Lagers abzuwägen.

Ersatzteile

8

In den vorangegangen Kapiteln haben wir uns mit den Eigenschaften von Komponenten und Systemen beschäftigt. Wir können jetzt berechnen, mit welcher Wahrscheinlichkeit ein System zu einem beliebigen Zeitpunkt funktionsfähig ist und mit wie vielen Fehlern in einzelnen Teilen wir in einem Zeitraum rechnen müssen.

Die berechneten Werte für die Verfügbarkeit eines Systems treffen jedoch nur dann ein, wenn das System auch tatsächlich in der angenommenen Zeit wieder vollständig instand gesetzt wird, wenn also die fehlerhaften Komponenten tatsächlich innerhalb dieser Zeit ausgetauscht werden. Wir dürfen nicht den Fehler machen anzunehmen, dass die Verfügbarkeit des Systems auf dem gleichen Wert bleibt, so lange es noch eine redundante Komponente gibt, die die Funktion einer fehlerhaften Komponente übernimmt. Vielmehr ist die Wahrscheinlichkeit eines vollständigen Systemausfalls für die Zeit der nicht funktionsfähigen Komponente auf den Wert erhöht, der für ein an dieser Stelle nicht-redundantes System gelten würde.

Um den Austausch einer fehlerhaften Komponente zu ermöglichen, benötigen wir neben anderen Dingen natürlich vor allem eine fehlerfreie Komponente als Ersatz. Im Abschn. 7.8 haben wir bereits erwähnt, wie groß der Einfluss der mittleren Ausfallzeit MDT auf die Verfügbarkeit eines Systems ist. Wenn wir also sicher stellen können, dass benötigte Ersatzteile mit hoher Wahrscheinlichkeit unmittelbar verfügbar sind, dann können wir die Verfügbarkeit des gesamten Systems erheblich steigern.

Die einfachste Lösung für dieses Problem wäre, Ersatzteil-Vorräte anzulegen, die an jedem Ort für jede auch nur denkbare Situation ausreichend sind. Da jedoch ein Ersatzteil-Lager Kosten verursacht und die eingelagerten Teile Kapital binden, ist hier eine Lösung gefordert, bei der die Kosten den Nutzen nicht übersteigen. Es ist auch zu beachten, dass bereits bei der Grund-Investition für den Aufbau des Systems auch ein vollständiger Satz an Ersatzteilen berücksichtigt werden muss und dass Ersatzteile nach Ende der Lebensdauer des Systems möglicherweise vollkommen wertlos werden.

Ziel dieses Kapitels ist es festzulegen, wie viele Ersatzteile für die jeweiligen Komponenten eines Systems wir benötigen. Die Anzahl soll so definiert werden, dass wir mit

© Springer Fachmedien Wiesbaden 2014

S. Eberlin, B. Hock, *Zuverlässigkeit und Verfügbarkeit technischer Systeme*,
DOI 10.1007/978-3-658-03573-0_8

einer bestimmten Wahrscheinlichkeit (z. B. 99 %) ein Ersatzteil im Lager finden, wenn wir es benötigen. Zu diesem Zweck müssen wir zunächst berechnen, wie viele Ersatzteile wir voraussichtlich benötigen. Diese Berechnung haben wir grundsätzlich bereits durchgeführt, als wir die Schranken für die Ausfallsicherheit bestimmt haben (siehe Abschn. 4.3). Im Falle der Ersatzteile müssen wir hier jedoch die Zeit berücksichtigen, die erforderlich ist, um das Lager wieder aufzufüllen, also ein verbrauchtes Ersatzteil wieder zu beschaffen.

8.1   Komponenten-Tausch und Umlaufzeit

Ehe wir mit der konkreten Berechnung der Ersatzteil-Vorräte beginnen, müssen wir zunächst den Zeitraum analysieren, auf den sich diese Berechnung bezieht. Die Ausgangs-Situation ist, dass wir ein System betreiben, das aus verschiedenen Typen von austauschbaren Komponenten in einer jeweils bestimmten Anzahl besteht. Für jede dieser Komponenten-Typen kennen wir die Fehlerrate oder die MTBF. Wir wissen also, wie viele dieser Komponenten innerhalb eines gegebenen Zeitraums wahrscheinlich fehlerhaft sein werden und deshalb ausgetauscht werden müssen.

Wenn ein Austausch vorgenommen wird, entnehmen wir eine Ersatz-Komponente aus einem Ersatzteil-Lager. Diese Komponente soll mit einer gegebenen Wahrscheinlichkeit zu diesem Zeitpunkt dort auch vorhanden sein. Wir müssen also das Lager immer wieder auffüllen, um auch die nächste Anforderung erfüllen zu können. Das Auffüllen des Lagers wird jedoch einen bestimmten Zeitraum in Anspruch nehmen, der zum Beispiel von Lieferzeiten und einer Logistik abhängig ist. Wir müssen folglich sicher stellen, dass innerhalb dieses Zeitraums nicht mehr Komponenten eines Typs fehlerhaft werden, als maximal im Lager vorrätig sind.

Um diesen Zeitraum an einem Beispiel näher zu bestimmen, haben wir in Abb. 8.1 einen umfassenden Logistik-Prozess für Ersatzteile dargestellt. Innerhalb des Elements W eines Systems ist die Baugruppe M fehlerhaft und wird ausgetauscht. Da mehrere dieser Baugruppen im Ersatzteil-Depot vorhanden sind, kann dies problemlos geschehen und somit die vorgesehene Reparaturzeit eingehalten werden. Die Verfügbarkeit des Systems ist somit im Rahmen der dafür berechneten Werte gewährleistet.

Wir wollen jetzt einen Fall betrachten, in dem die fehlerhaften Bauteile nicht entsorgt werden, sondern nach einer Reparatur beim Hersteller wieder zur Verfügung stehen.[1] Die fehlerhafte Baugruppe wird also zum Reparatur-Zentrum des Lieferanten transportiert, dort repariert und danach im Ersatzteillager deponiert. Während dieser gesamten Reparatur-Umlaufzeit fehlt also eine Baugruppe im Ersatzteil-Lager.

---

[1]Die reparierten Bauteile sind nach unserer Definition neuwertig. Sie haben also die gleiche Fehlerrate bzw. MTBF wie vollkommen fabrikneue Teile. Das kann unter anderem auch dadurch gewährleistet werden, dass diese Teile zusammen mit und nicht unterscheidbar von fabrikneuen Teilen in die Stichprobe zur Bestimmung der Fehlerraten aufgenommen werden.

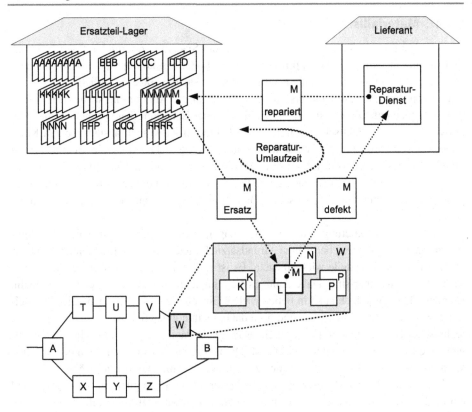

Abb. 8.1 Ersatzteil-Logistik mit Reparatur der Komponenten

Je nach möglicher Logistik, Reparaturzeit und auch vertraglicher Vereinbarung kann diese Umlaufzeit sehr kurz sein oder auch mehrere Monate betragen. Auch wenn das Ersatzteil-Lager ohne Reparatur mit fabrikneuen Teilen aufgefüllt wird, also keine Reparatur fehlerhafter Teile stattfindet, ändert sich nichts Grundsätzliches, da auch hier ein Ersatzteil beschafft werden muss und dieser Vorgang eine gewisse Zeit erfordert.

Die wichtigste Größe bei diesen Logistik-Betrachtungen ist die Umlaufzeit. Das Ersatzteil-Lager muss so dimensioniert sein, dass bei vollständig gefülltem Lager die Anzahl der Ersatz-Komponenten für jede Art der verwendeten Komponenten im Lager mindestens der Anzahl von Komponenten entspricht, die innerhalb der Umlaufzeit mit einer gegebenen Wahrscheinlichkeit höchstens fehlerhaft werden.

8.2 Umfang von Ersatzteil-Vorräten

Die korrekte Berechnung von Ersatzteil-Vorräten setzt zunächst voraus, dass wir genau identifizieren, welche Komponenten in welcher Anzahl in einem System vorhanden sind. Erst danach können wir für jeden einzelnen Komponenten-Typ eine Zahl festlegen.

8.2.1 Materialliste

Wir gehen an dieser Stelle davon aus, dass wir ein System von Grund auf neu aufbauen und für diesen Fall auch das optimale Ersatzteil-Lager mit konfigurieren. Für ein neues System gibt es üblicherweise eine Konfigurations-Liste, die alle erforderliche Anteile einschließlich ihrer Anzahl nennt und als Grundlage für die Anlieferung sowie den Aufbau des Systems dient. Diese Liste enthält häufig in erster Linie lieferbare Einheiten, die nicht notwendigerweise identisch sind mit den im Fehlerfall individuell austauschbaren Komponenten. Wir hatten beispielsweise in Abschn. 7.8 beschrieben, dass wir Anteile, die fest innerhalb eines Elements installiert sind, trotzdem getrennt betrachten und für die Berechnung der Verfügbarkeit einer anderen Kategorie zuordnen können, sofern diese Anteile getrennt austauschbar sind. Eine solche Betrachtungsweise können wir auch hier wieder einsetzen.

Für die Dimensionierung eines Ersatzteil-Lagers müssen wir also eine solche Konfigurations-Liste differenziert betrachten. Grundsätzlich muss sich jedes Element des Systems in der Liste der Ersatzteile widerspiegeln. Es ist jedoch zu beachten, welche Anteile tatsächlich austauschbar sind. Dabei kann es sich um solche Elemente als Ganzes handeln. Elemente können jedoch auch in beliebig viele Einzelteile zerlegt werden. Die Entscheidung, welche Teile austauschbar sind, fällt dabei nicht notwendigerweise allein auf Grund technischer Notwendigkeit. Es ist durchaus möglich, dass geschäftspolitische Überlegungen dazu führen, bestimmte technische Möglichkeiten nicht zu nutzen. In anderen Fällen kann der Austausch kleinerer Einheiten zwar möglich sein, aber sehr aufwändig; deshalb wird eher eine übergeordnete Einheit ausgetauscht. Eine Liste aller zum Austausch und damit als Ersatzteil vorgesehenen Komponenten wollen wir jetzt Materialliste nennen.

Bei der Aufstellung einer solchen Materialliste ist es häufig nicht ausreichend, austauschbaren Komponenten einfach zu benennen. In der Praxis ist es nicht unüblich, dass sich vordergründig identische Komponenten trotzdem unterscheiden, indem sie zum Beispiel zu einer anderen Produktions-Serie gehören. Einerseits können in derartigen Fällen auch die in unserem Fall relevanten Daten wie Fehlerraten, MTBF oder MDT verschieden sein und damit eine verschiedene Anzahl von Ersatzteilen notwendig machen. Andererseits können sich diese Komponenten nicht notwendigerweise nahtlos ersetzen, da sie geringfügig andere Eigenschaften haben können und auch die Umgebung des Systems beeinflussen.

Eine Materialliste für Ersatzteile muss also eine Aufstellung aller austauschbaren Komponenten umfassen, die in irgendeiner Form verschieden sind. Idealerweise werden diese Komponenten außer mit einem Namen und gegebenenfalls ihrem Einsatzgebiet durch eine eindeutige Kennzeichnung von Typ und Serie identifiziert. Eine solche Kennzeichnung ist meist in Form einer eindeutigen Sachnummer gegeben, die sich immer dann unterscheidet, wenn irgend eine Änderung an der Komponente vorgenommen wird.

8.2.2 Berechnung der Ersatzteil-Vorräte

Nach diesen Vorarbeiten können wir jetzt die konkret benötigte Anzahl von Ersatzteilen berechnen. Die Aufgabenstellung lautet sicher zu stellen, dass mit einer gegebenen Wahrscheinlichkeit (z. B. 99 %) dann ein Ersatzteil vorhanden ist, wenn wir es benötigen. Diese Wahrscheinlichkeit wird im Allgemeinen als „Bestandswahrscheinlichkeit" oder „Inventory Level" bezeichnet. Ein Inventory Level von 99 % bedeutet also, dass bei 100 Fällen, in denen ein bestimmtes Ersatzteil benötigt wird, dieses Ersatzteil im Mittel in 99 Fällen tatsächlich im Ersatzteil-Lager vorhanden ist.

Die Berechnung der Anzahl von Ersatzteilen müssen wir für jede Position der Materialliste individuell ausführen. Dabei müssen wir für jeden Komponenten-Typ seine Fehlerrate bzw. MTBF individuell berücksichtigen. Darüber hinaus müssen wir überlegen, wie die mittlere Ausfallzeit MDT für jede Komponente ist. Es ist durchaus möglich, dass eine identische Komponente unterschiedliche Ausfallzeiten eines Systems verursacht, je nach Art und Ort des Einsatzes. Wir müssen also diese unterschiedlichen Ausfallzeiten mit der jeweiligen Anzahl der Komponenten gewichten, um zu einer mittleren Ausfallzeit MDT zu kommen.

Für die konkrete Berechnung müssen wir feststellen, wie viele Komponenten innerhalb des Zeitraums, den wir für die Wiederbeschaffung eines verbrauchten Ersatzteils benötigen, voraussichtlich fehlerhaft werden. Da wir davon ausgehen können, dass nur ein sehr geringer Anteil der vorhandenen Komponenten fehlerhaft sein wird, können wir hier wieder die Poisson-Verteilung einsetzen (vgl. Abschn. 4.1.2).

Mit Hilfe der Poisson-Verteilung hatten wir in Abschn. 4.3 bereits ein Verfahren entwickelt, mit dessen Hilfe wir Schranken für die Anzahl der in einem Zeitraum zu erwartenden Fehler bestimmt hatten. Auf genau dieses Verfahren können wir jetzt wieder zurück greifen.

Es sei jetzt n die Anzahl aller gleichartigen Komponenten, deren Fehlerrate λ ist und die mit der Wahrscheinlichkeit $p(t) = 1 - e^{-\lambda \cdot t}$ fehlerhaft werden. Nach Poisson gelten für die Dichtefunktion $f(k, t)$ und die Verteilungsfunktion $F(k, t)$:

$$f(k, t) = \frac{(p(t) \cdot n)^k}{k!} \cdot e^{-p(t) \cdot n}$$

$$F(k, t) = e^{-p(t) \cdot n} \cdot \sum_{i=0}^{k} \frac{(p(t) \cdot n)^i}{i!} \tag{8.1}$$

Wenn wir $p(t) \cdot n$ durch den (dann ebenfalls zeitabhängigen) Mittelwert m ersetzen, erhalten wir eine andere bekannte Form:

$$f(k, t) = \frac{m^k(t)}{k!} \cdot e^{-m(t)}$$

$$F(k, t) = e^{-m(t)} \cdot \sum_{i=0}^{k} \frac{m^i(t)}{i!} \tag{8.2}$$

Mit $f(k, t)$ erhalten wir die Wahrscheinlichkeit, dass bis zum Zeitpunkt t genau k Komponenten fehlerhaft geworden sind. Mit $F(k, t)$ erhalten wir die Wahrscheinlichkeit, dass bis zum Zeitpunkt t höchstens k Komponenten fehlerhaft geworden sind. Da wir alle Fälle abdecken müssen, die bis zu einer bestimmten Grenze möglich sind, wird also der Umfang unseres Ersatzteil-Lagers durch die Verteilungsfunktion $F(k, t)$ bestimmt. Der Zeitpunkt t wird durch die in Abschn. 8.1 definierte Umlaufzeit bestimmt.

Für einen Ersatzteil-Vorrat, der beispielsweise in mindestens 99 % aller Fälle ein benötigtes Ersatzteil bietet, müssen wir also sicher stellen, dass der Bedarf an Ersatzteilen innerhalb der Umlaufzeit t nicht größer ist als ein bestimmter Grenzwert, der zu 99 % nicht überschritten wird. Wir gehen dabei zunächst von der Wahrscheinlichkeit aus, dass eine bestimmte Fehlerzahl mit der Wahrscheinlichkeit von mindestens 99 % überschritten wird:

$$F(k, t) = \sum_{i=0}^{k} f(i, t) \geq 0,99 \quad \text{mit } t = \text{Umlaufzeit} \tag{8.3}$$

Der kleinste Wert k, der diese Ungleichung erfüllt, ist die gesuchte Anzahl an Ersatzteilen. Wenn wir den Spezialfall $F(k, t) = 0,99$ außer Acht lassen, dann bedeutet diese Aussage, dass wir mit einer Wahrscheinlichkeit von weniger als 99 % höchstens $k - 1$ Fehler innerhalb des Zeitraums t erwarten müssen, die Wahrscheinlichkeit für höchstens k Fehler ist jedoch größer als 99 %. Die mit der Wahrscheinlichkeit von genau 99 % zu erwartende Fehlerzahl liegt also irgendwo im Bereich von $k - 1$ bis k. Da wir jedoch nur ganzzahlige Werte sowohl für die Zahl der Fehler als auch der Ersatzteile annehmen können, müssen wir den höheren Wert k für die Anzahl der Ersatzteile annehmen, wenn wir mindestens die geforderte Schranke von 99 % erfüllen wollen. In der Praxis werden wir in den meisten Fällen (falls nicht gerade exakt $F(k, t) = 0,99$ ist) also sogar mit mehr als 99 % Wahrscheinlichkeit ein Ersatzteil vorfinden.

Abb. 8.2 Beispiel: Berechnung der Ersatzteil-Vorräte $n = 150$, $\lambda = 5000$ FIT, $t = 90$ Tage

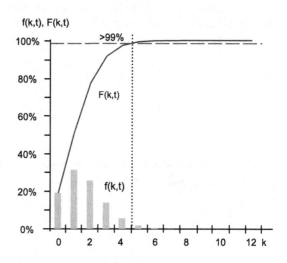

Abbildung 8.2 zeigt den Verlauf von $f(k, t)$ und $F(k, t)$ für $n = 150$, $\lambda = 5000$ FIT (entsprechend $5 \cdot 10^{-6}$ Fehler pro Stunde) und eine Umlaufzeit t von 90 Tagen. Wir sehen, dass der Verlauf von $F(k, t)$ die 99 %-Linie zwischen $k = 4$ und $k = 5$ schneidet. Wir müssen also hier mindestens 5 Ersatzteile einlagern, um mindestens 99 % aller Anforderungen erfüllen zu können.

8.2.3 Optimierung der Lagerhaltung

In der Praxis stellt sich dann die Frage, ob der (finanzielle) Aufwand bzw. das (finanzielle) Risiko für eine größere Bevorratung von Ersatzteilen größer oder wichtiger sind als Aufwand und Risiko für einen Systemausfall. Ähnliches gilt für den Fall, dass ein Mitarbeiter möglicherweise zwei Tage nicht oder nur sehr eingeschränkt arbeitsfähig ist. Eine solche Entscheidung ist jedoch im Normalfall nicht rein technischer Natur, sondern wird im Allgemeinen unter Abwägung aller Konsequenzen im Rahmen einer übergeordneten Geschäftspolitik getroffen.

Je nach Sichtweise gibt es jedoch Möglichkeiten, die Lagerhaltung zu optimieren. Wir wollen hier kurz ein zweistufiges Lager betrachten. In diesem Fall sollen die Ersatzteile aus einem dezentralen Lager entnommen werden, wenn ein Fehler auftritt. Dieses dezentrale Ersatzteil-Lager soll jedoch nicht aufgefüllt werden, indem Ersatzteile vollkommen neu geordert werden oder erst nach einem langwierigen Reparatur-Prozess wieder zurück geliefert werden. Stattdessen soll es ein übergeordnetes zentrales Ersatzteil-Lager geben, aus dem alle (im Allgemeinen mehrere) dezentrale Lager sofort wieder aufgefüllt werden. Abbildung 8.3 zeigt ein solches Lager-System, bei dem drei Systeme A, B und C jeweils durch ein dezentrales Lager bedient werden.

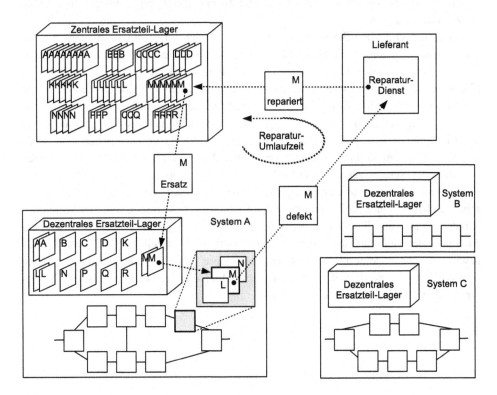

Abb. 8.3 Zweistufige Lagerhaltung

Die technischen Konsequenzen einer solchen Aufteilung der Lagerhaltung sind offensichtlich, wenn wir davon ausgehen, dass die Umlaufzeit aus Sicht des dezentralen Lagers sehr viel kürzer ist als die Umlaufzeit aus Sicht des zentralen Lagers. Allein das zentrale Lager „sieht" die langfristigen Reparatur- oder Lieferzeiten, während das dezentrale Lager fast ohne zeitliche Verzögerung wieder vervollständigt wird. In der Folge werden wir im dezentralen Lager nur eine sehr geringe Anzahl an Ersatzteilen benötigen, während das zentrale Lager den Ersatzteil-Vorrat für mehrere Systeme enthält.

Betrachten wir jetzt noch einmal das Beispiel aus Abschn. 8.2.2. Wir gehen jetzt allerdings von drei Systemen aus, in denen jeweils $N = 150$ gleichartige Komponenten der der Fehlerrate $\lambda = 5000$ FIT enthalten sind. Ein dezentrales Lager wird innerhalb eines Tages aus dem zentralen Lager mit einem Ersatzteil beliefert. Für das zentrale Lager, das alle drei Systeme bedient, gilt die Umlaufzeit von 90 Tagen. In allen Lagern sollen alle Anforderungen mit einer Wahrscheinlichkeit von 99 % bedient werden können.

In diesem Fall müssen wir in jedem dezentralen Lager lediglich 1 Ersatzteil vorrätig halten. Im zentralen Lager benötigen wir 11 Ersatzteile, da wir dort Ersatzteile für insgesamt 450 Komponenten bereitstellen müssen. Die Gesamt-Zahl der Ersatzteile beträgt hier also 14, im Falle der vollständigen Einzellager wie in Abschn. 8.2.2 benötigen wir insgesamt 15 Ersatzteile. Wenn wir mit dem zentralen Lager insgesamt 10 gleiche Systeme bedienen, dann benötigen wir dafür insgesamt 36 Ersatzteile, gegenüber 50 Ersatzteilen bei zehn Einzellagern.

An diesem einfachen Beispiel sehen wir, dass es sich im Einzelfall durchaus lohnen kann, die Lagerhaltung und Logistik für Ersatzteile in verschiedenen Varianten zu betrachten. In der Praxis spielen sicher viele weitere, vor allem auch kaufmännische Überlegungen eine wichtige Rolle. So ist der Betrieb eines weiteren Lagers mit Kosten verbunden, die möglicherweise die Einsparung durch geringere Stückzahlen zunichte macht.

Eine häufig vor allem von Kunden gewünschte Variante ist, dass das zentrale Lager beim Lieferanten liegt und der Kunde selbst nur ein wenig umfangreiches dezentrales Lager bestücken muss. Für den Kunden werden dadurch die grundlegenden Investitionen für ein neues System gesenkt, während der Lieferant zusätzliches Kapital im zentralen Lager bindet. Somit kann man je nach Sichtweise durchaus gegensätzlicher Auffassung sein, welcher Variante der Lagerhaltung der Vorzug gegeben werden soll. Der Vorteil des Kunden für eine auf diese Weise organisierte zweistufige Lagerhaltung ist offensichtlich. Aber auch der Lieferant kann nicht nur einen Wettbewerbsvorteil durch besseren Service gewinnen, sondern kann ein System möglicherweise günstiger anbieten, da zu Anfang weniger Komponenten berechnet werden müssen. Im laufenden Betrieb bleiben die Kosten für die aktuell benötigten Ersatzteile gleich.

Vertrauensbereich für Fehlerraten

Im Abschn. 2.3 haben wir uns ausführlich mit der Bestimmung von Fehlerraten für einzelne Objekte beschäftigt. Wir haben dabei gesehen, dass wir die tatsächliche Fehlerrate durch ein Experiment oder die Beobachtung von Objekten während des Betriebs normalerweise nur annähern können. Diese Einschränkung ist der Tatsache geschuldet, dass wir immer nur Stichproben unserer Gesamt-Menge betrachten können. Die tatsächliche mittlere Fehlerraten können wir erst dann bestimmen, wenn alle Objekte endgültig außer Betrieb genommen sind. Erst dann können wir die tatsächliche Anzahl der Fehler in Relation zur kumulierten Betriebszeit aller Objekte setzen. Da wir die Fehlerraten jedoch im Wesentlichen benötigen, um Vorhersagen für die Zuverlässigkeit und Verfügbarkeit der Komponenten für den Betrieb zu machen, ist diese exakte Information ab genau diesem Zeitpunkt wertlos. Lediglich für den Vergleich mit unseren früheren Voraussagen können wir sie noch nutzen, um mögliche Fehler in der Vorgehensweise zu finden und Verbesserungsmöglichkeiten für zukünftige Projekte zu identifizieren.

Bereits in einem sehr frühen Stadium unserer Betrachtungen hatten wir jedoch auch festgestellt, dass sich die berechneten Werte für die Fehlerrate dem realen Wert annähern, wenn der Umfang der in die Berechnung einbezogenen Daten größer wird (vgl. Abb. 2.2 auf S. 18). Trotzdem bleibt ein Rest an Unsicherheit. Diese Unsicherheit ist nicht zu vermeiden. Wir können jedoch mit Hilfe statistischer Methoden bestimmen, wie hoch die Qualität unserer auf gemessenen Fehlerraten beruhenden Aussagen ist.

Die Methode, die wir hier näher betrachten wollen, ist die Bestimmung des Vertrauensbereichs[1] für gemessene Fehlerraten. Als Vertrauensbereich bezeichnen wir einen durch die Vertrauenswahrscheinlichkeit definierten Bereich um den gemessenen Mittelwert. Die tatsächliche Fehlerrate der Grundgesamtheit, aus der wir unsere Stichprobe entnommen haben, befindet sich mit eben dieser Vertrauenswahrscheinlichkeit innerhalb des Vertrauensbereichs.

---

[1] In der englischsprachigen Literatur wird dafür im Allgemeinen der Begriff „confidence interval" verwendet. Die Grenzen dieses Bereichs werden als (upper bzw. lower) „confidence level" bezeichnet. In der deutschsprachigen Literatur ist auch der Begriff „Konfidenzintervall" üblich.

© Springer Fachmedien Wiesbaden 2014

S. Eberlin, B. Hock, *Zuverlässigkeit und Verfügbarkeit technischer Systeme*,

DOI 10.1007/978-3-658-03573-0_9

Nehmen wir als Beispiel an, wir hätten für eine Produktserie durch eine Stichprobe eine Fehlerrate so bestimmt, dass sie mit einer Vertrauenswahrscheinlichkeit von 90 % zwischen Null und 100 FIT liegt. Damit können wir auf der Basis dieser (einzigen) Stichprobe davon ausgehen, dass das Ergebnis von mindestens[2] 90 % aller zukünftigen Stichproben innerhalb dieses Intervalls liegt. Gleichzeitig wissen wir auch, dass wir mit einer Wahrscheinlichkeit von 10 % mit einer wahren Fehlerrate rechnen müssen, die außerhalb des Vertrauensbereichs liegt.

In der Praxis besteht die Motivation für derartige Berechnungen im Allgemeinen darin, dass Obergrenzen für zu erwartende zufällige Fehler mit einer bestimmten Sicherheit festgelegt werden sollen. Wir werden uns deswegen auf die obere Grenze eines solchen Vertrauensbereichs („upper confidence level") beschränken und diese als Vertrauensgrenze CL bezeichnen. Aus Sicht eines Lieferanten kann durch eine solche Grenze das Risiko für unerwartet hohe Kunden-Reklamationen vermindert werden. Aus Sicht eines Kunden kann auf diese Weise das Risiko vermindert werden, dass die angegebene Fehlerrate wegen eines zufälligen statistischen „Ausreißers" bei der zugrunde liegenden Stichprobe durch den Lieferanten zu niedrig eingeschätzt wurde.

Die in der Theorie auch mögliche Untergrenze („lower confidence level") eines solchen Vertrauensbereichs ist für unsere Anwendung in der Praxis nicht relevant. Wir setzen sie deshalb grundsätzlich bei allen Berechnungen auf „Null".

Je nach Größe des Vertrauensbereichs bzw. der Vertrauenswahrscheinlichkeit sind Fehlerraten, die außerhalb der Grenzen des Vertrauensbereichs zu erwarten sind, mehr oder weniger häufig. Für eine kleine Vertrauenswahrscheinlichkeit erhält man zwar einen niedrigeren Wert für die zu erwartende Fehlerrate; allerdings wird diese Fehlerrate dann häufiger überschritten als für eine größere Vertrauenswahrscheinlichkeit. Eine Konsequenz daraus ist auch, dass bei gleicher Fehlerrate aber unterschiedlicher Vertrauenswahrscheinlichkeit tatsächlich eine verschiedene Anzahl von Fehlern innerhalb einer gleich großen Serie als „normal" toleriert werden muss, also keinen Grund für eine Reklamation darstellt. Je höher die Vertrauenswahrscheinlichkeit, desto geringer die „normale" Fehlerzahl (vgl. auch Abschnitt „Ermittlung der Stichprobengröße für gegebene Fehlerraten und Vertrauensgrenzen" auf S. 167).

9.1   Berechnung des Vertrauensbereichs

Für die konkrete Berechnung eines Vertrauensbereichs werden wir wieder grundlegende Eigenschaften der Poisson-Verteilung benutzen.[3] Diese Verteilung ist für die meisten Fälle

---

[2]Sobald wir die Stichprobe erweitern, wird sich die Vertrauensgrenze mit hoher Wahrscheinlichkeit verschieben, während die tatsächliche Verteilung der Ergebnisse gleich bleibt. (Siehe Abschnitt „Sukzessive Erweiterung der Stichprobe" auf S. 158.)

[3]Die statistischen Aussagen gelten für jede andere Verteilung ebenso. Wir haben hier die Poisson-Verteilung als Beispiel gewählt, weil sie im Regelfall für die Berechnung von Fehlerraten zum Einsatz kommt.

der Bestimmung von Fehlerraten am besten geeignet, da wir für eine große Anzahl von Komponenten nur wenige Fehler erwarten. Aus dem gleichen Grund erhalten wir bei einzelnen Stichproben große relative Schwankungen der beobachteten Fehlerzahl und somit eine vergleichsweise große Unsicherheit für die auf der Basis einer Stichprobe berechnete Fehlerrate.

Grundlegende Annahmen

In Abschn. 2.3 hatten wir bereits einen aus einer begrenzten Stichprobe gewonnenen Schätzwert einer Fehlerrate $\hat{\lambda}$ definiert als

$$\hat{\lambda} = \frac{c}{\tau \cdot n} \tag{9.1}$$

Wir erhalten also die Fehlerrate aus der beobachteten Anzahl c der Fehler innerhalb des gesamten Beobachtungs-Zeitraums τ, bezogen auf die Grundmenge n der insgesamt in dieser Stichprobe beobachteten Komponenten. Diese Variante beschreibt den Fall, bei dem wir fehlerhafte Komponenten immer wieder ersetzen. Sie lässt sich aber auch als gute Näherung für den Fall einsetzen, dass fehlerhafte Komponenten nicht ersetzt werden, wenn die Anzahl c der Fehler sehr viel kleiner ist als die Grundmenge n. Da wir hier von der Gültigkeit der Poisson-Verteilung ausgehen, können wir diese Bedingung grundsätzlich als erfüllt ansehen.

Im Verlauf unserer weiteren Betrachtungen hatten wir dann noch festgestellt, dass die tatsächliche mittlere Fehlerrate λ gegeben ist durch den Grenzübergang

$$\lambda = \lim_{n \to \infty} \hat{\lambda}(n) \tag{9.2}$$

wenn wir nach beliebig vielen Experimenten eine sehr große Datenmenge gesammelt haben (vgl. S. 19).

In der Realität haben wir jedoch das Problem, dass wir nicht auf diesen Grenzübergang warten können. Stattdessen wollen wir, ausgehend von einem aus der Stichprobe gewonnen Schätzwert $\hat{\lambda}$ für die Fehlerrate, einen Sicherheitsbereich angeben, den wir mit einer Fehlerrate λ_{CL} für eine gegebene Vertrauenswahrscheinlichkeit CL beschreiben können. λ_{CL} ist also die Vertrauensgrenze für die Vertrauenswahrscheinlichkeit CL.

Für den Zusammenhang zwischen dem Schätzwert $\hat{\lambda}$ und der Vertrauensgrenze λ_{CL} soll gelten:

$$\lambda_{CL} = \beta \cdot \hat{\lambda} \tag{9.3}$$

Wir werden später erkennen, dass der Faktor β ausschließlich von der Anzahl c der in der Stichprobe beobachteten Fehler und der Vertrauenswahrscheinlichkeit CL abhängt. Insbesondere ist er unabhängig von der Anzahl n der beobachteten Komponenten und von der Beobachtungszeit τ.

Anwendung der Poisson-Verteilung

Allgemein gelten für die Dichtefunktion $f(k)$ und die Verteilungsfunktion $F(k)$ der Poisson-Verteilung (vgl. Abschn. 4.1.2):

$$f(k) = \frac{(p \cdot n)^k}{k!} \cdot e^{-p \cdot n} \tag{9.4}$$

$$F(k) = e^{-p \cdot n} \cdot \sum_{i=0}^{k} \frac{(p \cdot n)^i}{i!} \tag{9.5}$$

Da die Werte von $\lambda \cdot \tau$ im Allgemeinen sehr viel kleiner als eins sind, können wir hier die Näherung $p(t) \approx \lambda \cdot \tau$ verwenden. Weil wir darüber hinaus mit $\hat{\lambda}$ nur einen aus einer Stichprobe über den Zeitraum τ gewonnenen Schätzwert haben, können wir auch die Dichtefunktion und Verteilungsfunktion nur für diesen Schätzwert angeben. Damit schreiben wir die Poisson-Verteilung zunächst in dieser Form:

$$\hat{f}(k) = \frac{(\hat{\lambda} \cdot \tau \cdot n)^k}{k!} \cdot e^{-\hat{\lambda} \cdot \tau \cdot n} \tag{9.6}$$

$$\hat{F}(k) = e^{-\hat{\lambda} \cdot \tau \cdot n} \cdot \sum_{i=0}^{k} \frac{(\hat{\lambda} \cdot \tau \cdot n)^i}{i!} \tag{9.7}$$

Allgemein erhalten wir mit $F(k)$ die Wahrscheinlichkeit dafür, dass höchstens k Ereignisse auftreten. Das setzt allerdings voraus, dass der für die Berechnung benutzte Mittelwert $m = \lambda \cdot n \cdot \tau$ der tatsächliche Mittelwert ist, den wir bei Betrachtungen der gesamten Menge von Komponenten erhalten würden. Diesem exakten Mittelwert m entspricht die exakte Fehlerrate λ, die wir jedoch nicht kennen, sondern durch den aus einer Stichprobe gewonnenen Schätzwert $\hat{\lambda}$ ersetzen müssen.

Um eine Lösung für den in Gl. 9.3 geforderten Zusammenhang zu finden, müssen wir also entweder β oder λ_{CL} aus den bekannten Daten ableiten. Wir werden einen Weg zu dieser Lösung wählen, bei dem wir zunächst λ_{CL} bestimmen und daraus den Wert für β berechnen.

Wir haben die Vertrauensgrenze λ_{CL} als den Wert für λ bezeichnet, der mit der Vertrauenswahrscheinlichkeit CL bei zukünftigen Messungen der Fehlerrate nicht überschritten wird. Wenn wir also diesen gesuchten Wert λ_{CL} in die Gl. 9.6 und 9.7 einsetzen, dann muss die daraus resultierende Poisson-Verteilung eine Form annehmen, für die tatsächlich ein der Vertrauenswahrscheinlichkeit entsprechender Anteil der Ergebnisse zukünftiger Messungen der Fehlerrate höchstens einen Wert von λ_{CL} liefert.

Unser Ziel ist also, die Funktionen $f(k)$ bzw. $F(k)$ genau so zu modifizieren, dass diese Bedingung erfüllt ist. Abbildung 9.1 zeigt ein Beispiel für das Ergebnis einer solchen Modifikation. Für dieses Beispiel haben wir eine Stichprobe von $n = 60\,000$ Komponenten über $\tau = 10\,000$ Stunden beobachtet und dabei $c = 3$ Fehler gefunden. Damit ist der vorläufige Schätzwert $\hat{\lambda} = 5$ FIT. Die angenommene Vertrauenswahrscheinlichkeit CL ist hier 80 %. $\hat{f}(k)$ und $\hat{F}(k)$ sind die aus der Stichprobe gewonnenen Funktionen, $f_{mod}(k)$ und $F_{mod}(k)$ stehen für die gesuchten modifizierten Funktionen. Der wesentliche Unterschied im Verlauf der Funktionen $\hat{F}(k)$ und $F_{mod}(k)$ besteht darin, dass die modifizierte Funktion eine Verteilung beschreibt, für die die Wahrscheinlichkeit für das Auftreten von

Abb. 9.1 Modifikation der Poisson-Verteilung von $\hat{\lambda}$ zu λ_{CL}

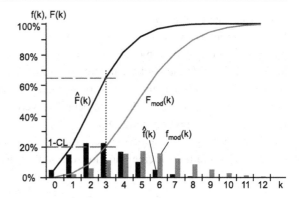

höchstens $c = 3$ Fehlern bei 20 % liegt, also bei $1 - CL$. In der ursprünglichen Form war die Wahrscheinlichkeit dafür etwa 65 %.

Ehe wir ein Verfahren suchen, wie wir die aus der Stichprobe gewonnene Funktion $\hat{F}(k)$ in die gewünschte Form bringen, müssen wir noch genauer klären, wie wir in diesem Fall den Vertrauensbereich definieren. Wir hatten bereits festgestellt, dass wir ausschließlich eine obere Grenze λ_{CL} suchen. Der Vertrauensbereich ist also hier genau der Bereich zwischen Null und λ_{CL}. Innerhalb dieses Vertrauensbereiches sollen die Ergebnisse für λ aller weiteren Stichproben mit einer gegebenen Vertrauenswahrscheinlichkeit liegen.

Um die oberen Vertrauensgrenze festzulegen, müssen wir eine Verteilungsfunktion $F(k)$ suchen, bei der wir uns mit mindestens der Vertrauenswahrscheinlichkeit *CL nicht* irren, wenn wir annehmen, dass wir in einer gleichen Stichprobe eine Fehlerzahl beobachten werden, die größer als c ist. Im Umkehrschluss bedeutet dies, dass wir uns mit der Irrtumswahrscheinlichkeit von höchstens $1 - CL$ irren, wenn wir annehmen, dass wir in dieser Stichprobe höchstens c Fehler erwarten müssen. In unserem Beispiel von Abb. 9.1 suchen wir also eine Verteilungsfunktion, bei der die Wahrscheinlichkeit für das Auftreten von höchstens drei Fehlern bei 20 % liegt. Der Umkehrschluss lautet hier, dass wir bei weiteren gleichartigen Stichproben mit der Vertrauenswahrscheinlichkeit von 80 % irgendeine Fehlerzahl beobachten werden, die größer ist als drei. Wenn wir also den Wert λ_{CL} verwenden, den wir aus einer solchen Transformation von $F(k)$ gewonnen haben, dann irren wir uns nur mit der Wahrscheinlichkeit von 20 %.

Im nächsten Schritt suchen wir hier einen konkreten Algorithmus, um die Kurve zu modifizieren. Der einzige nicht durch die Stichprobe selbst festgelegte Parameter in der Poisson-Verteilung ist λ. Also müssen wir $F(k)$ so modifizieren, bis wir zu den durch die Stichprobe festgelegten Parametern c, n und τ ein fiktives λ finden, das die genannte Bedingung erfüllt. Wir werden uns also mit höchstens der Wahrscheinlichkeit $(1 - CL)$ irren, wenn wir annehmen, dass der wahre Wert von λ unterhalb des gesuchten fiktiven Wertes für λ liegt. Dieses fiktive λ ist somit das gesuchte λ_{CL}.

Die Lösung unseres Problems haben wir also dann gefunden, wenn wir einen Wert von c gefunden haben, für den wir in Gl. 9.7 $F(c) \leq 1 - CL$ erhalten.

Verfahren nach Sobel und Epstein

Das Verfahren, das wir benötigen, um die Verteilungsfunktion entsprechend den beschriebenen Anforderungen zu modifizieren, ist eine Umkehrfunktion der Poisson'schen Verteilungsfunktion. Diese Umkehrfunktion muss für die Parameter c (in der Stichprobe gefundene Fehlerzahl) und eine vorgegebene obere Grenze CL des Vertrauensbereiches den Wert für λ_{CL} liefern. Da sie für jeden beliebige Vertrauenswahrscheinlichkeit gelten soll, muss die Umkehrfunktion stetig sein.

Wenn wir die gesuchte Obergrenze in die ursprüngliche Verteilungsfunktion aus Gl. 9.7 einsetzen, so erhalten wir eine Funktion, die von c bzw. λ abhängig ist:

$$F(c) = e^{-\lambda \cdot \tau \cdot n} \cdot \sum_{i=0}^{c} \frac{(\lambda \cdot \tau \cdot n)^i}{i!} \overset{!}{\leq} 1 - CL \tag{9.8}$$

λ steht hier bereits für den gesuchten Wert, der gemeinsam mit den aus der Stichprobe bekannten Werten für n und τ eine Verteilungsfunktion ergibt, die die geforderte Bedingung erfüllt.

Die diskrete Funktion $F(c)$ aus Gl. 9.8 soll transformiert werden in eine kontinuierliche Funktion $G(c, CL)$, wo wir aus der tatsächlich beobachteten Fehlerzahl c und einer vorgegebenen Vertrauenswahrscheinlichkeit den gesuchten Wert für λ_{CL} ableiten können. Für die Lösung dieses Problems verwenden wir ein bekanntes Verfahren nach Milton Sobel und Benjamin Epstein.[4] Dieses Verfahren transformiert die diskrete Poisson-Verteilung $F(c)$ in die Form der kontinuierlichen χ^2-Verteilung[5] $G(\chi^2)$.

Der entscheidende Vorteil dieser Vorgehensweise ist, dass es für die χ^2-Verteilung Standard-Lösungsverfahren gibt, die unmittelbar die gesuchte Umkehrfunktion in Abhängigkeit von c und CL liefern können. Zur Zeit der Entstehung des Verfahrens (ab den 1950er Jahren) wurden die damals üblichen Tabellenwerke zur Lösung eingesetzt. Heute sind die entsprechenden Funktionen Teil üblicher Programme zur Tabellenkalkulation. In beiden Fällen können wir eine exakte Lösung finden, ohne im Einzelfall mit möglicherweise hohem Aufwand Integrale berechnen zu müssen.

Als ersten Schritt der Berechnung setzen wir hier den Mittelwert $m = \lambda \cdot n \cdot \tau$ in die Poisson-Verteilung ein, um eine übersichtliche Form der Gleichungen zu bekommen. Somit können wir die Wahrscheinlichkeit F dafür, dass im Zeitraum τ bei einer Grundge-

---

[4]zum Beispiel „Limitations of plans designed to demonstrate minimum life with high confidence" in „Proc. 9th Nat. Symp. Reliability and Quality Control, 1963".

[5]Diese Transformation in die χ^2-Verteilung (sprich: Chi-Quadrat-Verteilung) ist ein rein mathematisches Modell. Die Eigenschaften der tatsächlichen χ^2-Verteilung spielen hierbei keine Rolle. Es wird hier lediglich die Tatsache genutzt, dass die gesuchte Lösung durch die gleiche Mathematik gefunden wird. Die Anzahl c der in unserer Stichprobe gefundenen Fehler entspricht dem Begriff „Freiheitsgrad" im χ^2-Modell, hat jedoch technisch eine völlig andere Bedeutung. Ebenso hat das Quadrat in χ^2 nur eine historische Bedeutung; es gibt hier keinen Parameter χ, der etwa durch Wurzelziehen zu bestimmen wäre.

samtheit von n Komponenten höchstens c Fehler auftreten, umformen:

$$F(c, \lambda) = e^{-\lambda \cdot \tau \cdot n} \cdot \sum_{i=0}^{c} \frac{(\lambda \cdot \tau \cdot n)^i}{i!} \quad \Rightarrow \quad F(c, m) = e^{-m} \sum_{i=0}^{c} \frac{m^i}{i!} \tag{9.9}$$

In mathematischen Formelsammlungen finden wir, dass diese Darstellung von $F(c, m)$ genau der Lösung eines bestimmten Integrals entspricht:

$$e^{-m} \sum_{i=0}^{c} \frac{m^i}{i!} = \frac{1}{c!} \int_m^{\infty} y^c \cdot e^{-y} \, dy \tag{9.10}$$

Damit haben wir zunächst eine kontinuierliche Funktion gefunden, die mit der diskreten Verteilungsfunktion $F(c, m)$ identisch ist.

Es gilt für das Integral außerdem:

$$\frac{1}{c!} \int_0^{\infty} y^c \cdot e^{-y} \, dy = 1 \tag{9.11}$$

Für den nächsten Schritt müssen wir uns daran erinnern, dass wir mit der gegebenen Summenformel den Anteil berechnen, den wir gerade nicht für unsere Vertrauenswahrscheinlichkeit benötigen. Statt dessen brauchen wir den Anteil der Verteilungsfunktion, in dem die tatsächlich gesuchte Fehlerrate mit der gegebenen Vertrauenswahrscheinlichkeit liegt. Dieser gesuchte Anteil lässt sich somit als $1 - F(c, m)$ berechnen.

Dafür können wir die grundlegende Eigenschaft des Integrals aus Gl. 9.11 nutzen und das Integral in zwei Integrationsbereiche aufspalten:

$$1 = \frac{1}{c!} \int_0^m y^c \cdot e^{-y} \, dy + \frac{1}{c!} \int_m^{\infty} y^c \cdot e^{-y} \, dy \tag{9.12}$$

Damit können wir für die Wahrscheinlichkeit, dass zukünftige Ergebnisse innerhalb des gegebenen Vertrauensbereichs liegen, schreiben:

$$1 - e^{-m} \sum_{i=0}^{c} \frac{m^i}{i!} = 1 - \frac{1}{c!} \int_m^{\infty} y^c \cdot e^{-y} \, dy \tag{9.13}$$

$$= \frac{1}{c!} \int_0^m y^c \cdot e^{-y} \, dy \tag{9.14}$$

Diese Aussage ist gleichbedeutend damit, dass das Ergebnis dieser Funktion gleich der Vertrauenswahrscheinlichkeit ist:

$$CL(c, m) = \frac{1}{c!} \int_0^m y^c \cdot e^{-y} \, dy \tag{9.15}$$

Wenn es uns also gelingt, ein m zu finden, das die Gleichung für die gegebenen Werte von CL und c löst, haben wir die Lösung des Problems gefunden.

Um das Verfahren mit Hilfe der χ^2-Verteilung nutzen zu können, müssen wir zunächst den Integranden unserer Gleichung in eine der Dichtefunktion der χ^2-Verteilung ähnliche Form bringen. Wir gehen dabei von einer allgemeinen Darstellung der Dichtefunktion $g(\chi^2)$ der χ^2-Verteilung und der zugehörigen Verteilungsfunktion $G(\chi^2)$ aus:

$$g\left(\chi^2\right) = \frac{(\chi^2)^{(k-2)/2} \cdot e^{-\chi^2/2}}{2^{k/2} \cdot \Gamma(k/2)} \tag{9.16}$$

$$G\left(\chi^2\right) = \int_0^{\chi^2} \frac{z^{(k-2)/2} \cdot e^{-z/2}}{2^{k/2} \cdot \Gamma(k/2)} \, dz \tag{9.17}$$

In der Dichtefunktion $g(\chi^2)$ setzen wir dann $k = 2c+2$. Da wir damit für das Argument der Gamma-Funktion $\Gamma(k/2) = \Gamma(c+1)$ immer einen ganzzahligen Wert erhalten, können wir die Gamma-Funktion durch die Fakultät ersetzen; es gilt hier also $\Gamma(c+1) = c!$. Durch diese Transformation erhalten wir die Dichtefunktion der Gl. 9.16 in einer neuen Form:

$$g\left(\chi^2, k\right) \xrightarrow{k=2c+2} g\left(\chi^2, c\right) = \frac{(\chi^2)^c \cdot e^{-\chi^2/2}}{2^{c+1} \cdot c!} = \frac{(\frac{\chi^2}{2})^c \cdot e^{-\chi^2/2}}{c!} \cdot \frac{1}{2} \tag{9.18}$$

In unserer Ausgangsgleichung 9.15 führen wir ebenfalls eine Substitution $2y \to z$ durch und erhalten damit den Integranden in der gewünschten Form:

$$CL = \frac{1}{c!} \int_0^m y^c \cdot e^{-y} \, dy = \int_0^{2m} \frac{(\frac{z}{2})^c \cdot e^{-z/2}}{c!} \frac{dz}{2} \tag{9.19}$$

Damit können wir das Integral jetzt in einer Form schreiben, die der Verteilungsfunktion einer χ^2-Verteilung aus Gl. 9.17 entspricht:

$$CL = \int_0^{\chi^2=2m} \frac{z^c \cdot e^{-z/2}}{c! \cdot 2^{c+1}} \, dz \tag{9.20}$$

Auch an dieser Stelle können wir, wie bei Gl. 9.15, das Problem lösen, indem wir die exakte Umkehrfunktion finden, die für die gegebenen Werte von CL und c den Wert von m bestimmt. Die Ähnlichkeit zur Verteilungsfunktion der χ^2-Verteilung ist jedoch der entscheidende Vorteil dieser Darstellung:

$$CL = G\left(\chi^2 = 2m; k = 2c+2\right) \tag{9.21}$$

Die gesuchte Umkehrfunktion werden wir ab jetzt so schreiben:

$$2m = \chi^2_{(2c+2; 1-CL)} \tag{9.22}$$

Sowohl in üblichen Tabellenkalkulations-Programmen als auch in Tabellenwerken ist die Umkehrfunktion für die χ^2-Verteilung in Abhängigkeit von zwei Parametern verfügbar. Diese Parameter werden üblicherweise als „Irrtumswahrscheinlichkeit" und „Freiheitsgrad" bezeichnet. Die Irrtumswahrscheinlichkeit entspricht dem Wert für $1 - CL$;[6] für den Freiheitsgrad müssen wir $(2c + 2)$ einsetzen.

Mit Hilfe dieser Betrachtungsweise nach Sobel und Epstein können wir also auf einfache Weise verfügbare Standard-Funktionen zur Lösung unseres Problems nutzen.

Berechnung im Tabellenkalkulations-Programm
Übliche Programme zur Tabellenkalkulation bieten eine Umkehrfunktion für die χ^2-Verteilung.[7] Um diese Umkehrfunktion einsetzen zu können, müssen wir jedoch einerseits betrachten, was genau das Ergebnis dieser Umkehrfunktion ist. Andererseits müssen wir dabei unsere Substitutionen berücksichtigen, insbesondere $k = 2c + 2$.

Bei der ursprünglichen Anwendung einer χ^2-Verteilung und deshalb auch in der Tabellenkalkulation wird der Parameter k als „Freiheitsgrad" bezeichnet. Diese Bezeichnung ist für uns unwesentlich. Wir müssen jedoch darauf achten, dass wir für diesen „Freiheitsgrad" stets $k = 2c + 2$ in die Berechnung einsetzten.

Tabellenkalkulations-Programme berechnen im Allgemeinen nicht die Vertrauenswahrscheinlichkeit CL, sondern die Irrtumswahrscheinlichkeit, die wir hier als α bezeichnen wollen. Die Umkehrfunktion liefert folglich die Grenze (Quantil) für eine gegebene Irrtumswahrscheinlichkeit α in Abhängigkeit von der Anzahl k der Freiheitsgrade. Da jedoch gilt

$$\text{Irrtumswahrscheinlichkeit } \alpha + \text{Vertrauenswahrscheinlichkeit } CL = 1$$

können wir als Eingabewert für die Berechnung den Wert $\alpha = 1 - CL$ verwenden.

Zusammengefasst berechnet also die Tabellenkalkulation einen Wert α als:

$$\alpha(k) = \int_{\chi^2}^{\infty} \frac{(z)^{(k-2)/2} \cdot e^{-z/2}}{2^{k/2} \cdot \Gamma(k/2)} \, dz \tag{9.23}$$

Die zugehörige Umkehrfunktion $\alpha^{-1}(k)$ liefert den zugehörigen Wert χ^2 für ein gegebenes Wertepaar k und α.

Auf der Basis dieser Betrachtungen können wir also jetzt alle Substitutionen berücksichtigen und nach einem einfachen Verfahren vorgehen:

1. Wir benutzen die Umkehrfunktion der χ^2-Verteilung in einem Tabellenkalkulationsprogramm.
2. Als „Freiheitsgrad" k setzen wir $k = 2c + 2$.
3. Als Irrtumswahrscheinlichkeit α setzen wir $\alpha = 1 - CL$.
4. Das Ergebnis χ^2 nutzen wir zur weiteren Berechnung als $\chi^2 = 2m$.

---

[6] $1 = $ Irrtumswahrscheinlichkeit $\alpha + $ Vertrauenswahrscheinlichkeit CL.

[7] Alle Aussagen über die Anwendung der Tabellenkalkulations-Programme gelten auch für die Anwendung von klassischen Tabellenwerken.

In den folgenden Kapiteln werden wir dieses Verfahren noch mehrfach für weitere Berechnungen anwenden. Durch die bereits im vorigen Abschnitt gewählte Darstellung $\chi^2_{(2c+2;1-CL)}$ des Ergebnisses können wir hier die Verwechslung mit der ursprünglichen χ^2-Verteilung vermeiden. Damit tragen wir der speziellen Anwendung der χ^2-Verteilung Rechnung, in der wir immer die Substitution $k = 2c + 2$ berücksichtigen müssen und, sofern wir ein Tabellenkalkulationsprogramm nutzen, den Wert $\alpha = 1 - CL$ einsetzen.

Bestimmung der Vertrauensgrenze
Entweder durch die analytische Bestimmung der Umkehrfunktion des ursprünglichen Integrals oder mit Hilfe des im vorangegangenen Abschnitt beschriebenen Verfahrens haben wir jetzt den gesuchten Wert für $2m$ gefunden:

$$2m = \chi^2_{(2c+2;1-CL)} \tag{9.24}$$

Aus diesem Wert können wir die Vertrauensgrenze berechnen. Aus

$$\chi^2_{(2c+2;1-CL)} = 2 \cdot m = 2 \cdot \lambda_{CL} \cdot n \cdot \tau \tag{9.25}$$

folgt

$$\lambda_{CL} = \frac{\chi^2_{(2c+2;1-CL)}}{2 \cdot n \cdot \tau} \tag{9.26}$$

λ_{CL} ist die obere Schranke des Vertrauensbereiches. Mit der Vertrauenswahrscheinlichkeit CL ist also die zu erwartende Fehlerrate einer zukünftigen Stichprobe nicht größer als λ_{CL}.

Abb. 9.2 Vertrauensgrenze λ_{CL} in Abhängigkeit von der Gesamtzahl der Betriebsstunden $n \cdot \tau$ für die Vertrauenswahrscheinlichkeit $CL = 80\,\%$

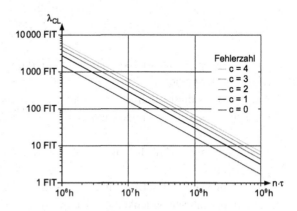

Abbildung 9.2 zeigt in einer doppelt-logarithmischen Darstellung den Zusammenhang zwischen der Vertrauensgrenze λ_{CL} und der Gesamtzahl der Betriebsstunden $n \cdot \tau$ für die in unserem Beispiel angenommene Vertrauenswahrscheinlichkeit $CL = 80\,\%$. Aus einer solchen Darstellung kann auf einfache Weise für jeden Stichprobenumfang und die dabei beobachtete Fehlerzahl c eine Näherung für die Vertrauensgrenze entnommen werden.

Beispielrechnung

Wir verwenden hier das Beispiel, wo wir 60 000 Komponenten über jeweils 10 000 Stunden beobachtet und dabei insgesamt drei Fehler gefunden hatten. Wenn wir die Vertrauenswahrscheinlichkeit CL gleich 80 % setzen, erhalten wir $\chi^2_{(2\cdot3+2;\,1-0,8)} = \chi^2_{(8;\,0,2)} = 11,03$.[8] Nach der Umrechnung erhalten wir damit $\lambda_{CL} = 11,03/(2 \cdot 60\,000 \cdot 10\,000\text{ h}) = 9,2$ FIT. Wir können also mit einer Wahrscheinlichkeit von 80 % davon ausgehen, dass bei allen zukünftigen Stichproben die dann gemessenen Fehlerraten höchstens gleich 9,2 FIT sind.

Abb. 9.3 Bestimmung des χ^2-Wertes zu $CL = 80\,\%$ aus der Verteilungsfunktion der χ^2-Verteilung für $k = 2c + 2 = 8$

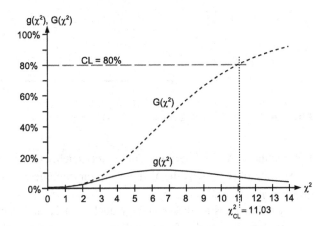

Abbildung 9.3 stellt diese Berechnung grafisch dar, ausgehend von der ursprünglichen χ^2-Verteilung für $k = 2c + 2 = 8$. Wir müssen in dieser Abbildung den Punkt finden, bei dem die Verteilungsfunktion $G(\chi^2)$ den vorgegebenen Wert der Vertrauenswahrscheinlichkeit CL (hier also 80 %) erreicht. Zu diesem Wert können wir auf der Abszisse den zugehörigen Wert für χ^2 (hier 11,03) ablesen.

An dieser Stelle können wir auch den Faktor β berechnen, für den gilt $\lambda_{CL} = \beta \cdot \hat{\lambda}$. Mit $\hat{\lambda} = c/n \cdot \tau$ erhalten wir:

$$\beta(c; CL) = \frac{\lambda_{CL}}{\hat{\lambda}} = \frac{\chi^2_{(2c+2;\,1-CL)}}{2c} \tag{9.27}$$

Für unser Beispiel ist $\beta = 1,84$.

Abbildung 9.4 zeigt schließlich ein Beispiel, wie eine fiktive Verteilung der Ergebnisse zukünftiger Stichproben auf der Basis unserer Beispielrechnung aussehen könnte. Entsprechend der Vertrauenswahrscheinlichkeit liegen mindestens 80 % aller zukünftig in Stichproben bestimmten Schätzwerte für $\hat{\lambda}$ bei maximal $\lambda_{CL} = 9,2$ FIT. Die weiteren Beobachtungen ergeben höhere Werte. Die Verteilung der beobachteten Fehlerraten entspricht der Dichtefunktion der χ^2-Verteilung. Da zwischen λ und χ^2 der eindeutige Zusammenhang $\chi^2 = 2 \cdot \lambda \cdot n \cdot \tau$ gilt, können wir diese Dichtefunktion auch in der Form $g(\lambda)$ schreiben.

---

[8]Je nach verwendetem Programm für die Tabellenkalkulation können die berechneten Ergebnisse leicht abweichen.

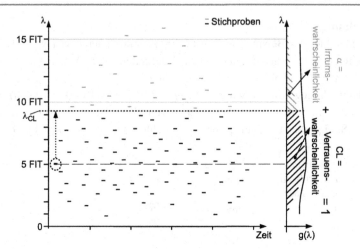

Abb. 9.4 Fiktive Verteilung zukünftiger Ergebnisse

Der qualitative Verlauf der Funktion bleibt gleich. Die Irrtumswahrscheinlichkeit α steht für Werte größer als λ_{CL}, die Vertrauenswahrscheinlichkeit CL für Werte kleiner als oder gleich λ_{CL}.

Wir müssen uns an dieser Stelle jedoch im Klaren darüber sein, dass die in Abb. 9.4 gezeigte Verteilung zukünftiger Stichproben nur ein Beispiel für eine mögliche Verteilung von Ergebnissen dieser zukünftigen darstellt und insofern rein hypothetisch ist. Dieses Beispiel basiert nur auf einer einzigen Stichprobe, die uns einen Wert von $\hat{\lambda} = 5$ FIT geliefert hat und aus der wir unseren Wert λ_{CL} gewonnen haben. Die realen Ergebnisse möglicher zukünftiger Stichproben können durchaus von dieser Darstellung abweichen. Die wichtige Aussage ist, dass hier *mindestens* 80 % der zukünftigen Ergebnisse kleiner oder gleich λ_{CL} sind. Es kann jedoch auch ein wesentlich größerer Anteil der tatsächlich zukünftig beobachteten Ergebnisse unterhalb von λ_{CL} liegen. Die tatsächliche Verteilung der Ergebnisse wird sich der Darstellung in Abb. 9.4 annähern, wenn wir unsere Stichprobe vergrößern und damit die Genauigkeit der berechneten Werte erhöhen (siehe Abschnitt „Sukzessive Erweiterung der Stichprobe" auf S. 158).

Universeller Faktor β

Wenn wir β noch einmal aus dem ursprünglichen Ansatz $\lambda_{CL} = \beta \cdot \hat{\lambda}$ herleiten, dann erhalten wir mit $\chi^2 = 2 \cdot \lambda_{CL} \cdot n \cdot \tau$:

$$\lambda_{CL} = \frac{\chi^2_{(2c+2;\,1-CL)}}{2n\tau} = \beta \cdot \hat{\lambda} = \beta \cdot \frac{c}{n\tau} \tag{9.28}$$

Daraus folgt für β:

$$\beta = \frac{\chi^2_{(2c+2;\,1-CL)}}{2c} \tag{9.29}$$

Damit haben wir eine der wichtigsten Erkenntnisse aus dieser Berechnung gewonnen: Der Faktor β ist ausschließlich abhängig von der Vertrauenswahrscheinlichkeit CL und der Anzahl c der in der Stichprobe beobachteten Ereignisse. Insbesondere ist β nicht abhängig von der Größe n und Dauer τ der Stichprobe.

Auf dieser Erkenntnis aufbauend könnten wir also einfach eine Tabelle anlegen, in der für alle in einer (beliebig umfangreichen) Stichprobe zu erwartenden Fehlerzahlen und alle erforderlichen Vertrauenswahrscheinlichkeiten die entsprechenden Werte für β zu entnehmen sind. Für jede Stichprobe ließe sich damit unmittelbar von $\hat{\lambda}$ auf λ_{CL} schließen (siehe zum Beispiel auch Tab. 9.1 auf S. 158).

9.2 Interpretation und Anwendung

Mit dem im Abschn. 9.1 gezeigten Verfahren haben wir also jetzt eine Möglichkeit gefunden, wie wir eine Aussage über die Qualität der von uns bestimmten Fehlerraten machen können. Diese Aussage ist an sich bereits wertvoll, sowohl für den Hersteller als auch für den Anwender eines technischen Geräts. Beide können zumindest ihr Risiko-Management so einrichten, dass die bei einer Stichprobe unvermeidlichen statistische Schwankungen mit einer gewissen Sicherheit berücksichtigt werden.

Darüber hinaus können wir bereits für vergleichsweise kleine Stichproben einen brauchbaren Wert für eine Fehlerrate geben. Das ist insbesondere in der frühen Phase einer Produkteinführung und/oder bei insgesamt kleinen Produkt-Serien nützlich. Sobald wir über größere Daten-Mengen verfügen, können wir diese als Erweiterung der ursprünglichen Stichprobe nutzen. In vielen Fällen können wir dann bei gleicher gemessener Fehlerrate $\hat{\lambda}$ und gleicher Vertrauenswahrscheinlichkeit CL eine deutlich kleinere obere Vertrauensgrenze λ_{CL} angeben. Dafür sind weder technische Änderungen am Produkt erforderlich, noch ändert sich die tatsächliche Qualität des Produkts. Allein durch die Tatsache, dass wir bei einer größeren Stichprobe normalerweise auch eine größere Anzahl c von Fehlern beobachten, verändert sich jedoch die Sicherheit, mit der wir Aussagen über die Fehlerrate machen können. Der bessere (kleinere) Zahlenwert für λ_{CL} erweist sich somit als kostengünstiger Wettbewerbsvorteil.

9.2.1 Einfluss statistischer Schwankungen der Stichprobe

Um den Nutzen eines Vertrauensbereichs noch einmal zu verdeutlichen, wollen wir hier die Ergebnisse verschiedener Stichproben vergleichen. Dafür variieren wir zunächst einfach die Daten des im vorangegangenen Abschnitt verwendeten Beispiels.

In Abschn. 9.1 hatten wir den Vertrauensbereich auf der Basis einer Stichprobe bestimmt, bei der wir 60 000 Komponenten über jeweils 10 000 Stunden beobachtet und dabei drei Fehler gefunden hatten. Es ist offensichtlich, dass bereits eine kleine Abweichung der beobachteten Fehlerzahl eine vergleichsweise große Veränderung des Schätzwerts $\hat{\lambda}$ nach sich zieht. Bereits eine kaum messbare Veränderung des Beobachtungszeitraums hätte die Anzahl c der beobachteten Fehler um eins verändern können, ohne dass

Tab. 9.1 λ_{CL} und β für verschiedene beobachtete Fehlerzahlen c und Vertrauenswahrscheinlichkeiten CL ($n = 60\,000$, $\tau = 10\,000$ h)

c	$\hat{\lambda}$/FIT	λ_{CL}/FIT für $CL =$				β für $CL =$			
		80 %	90 %	95 %	99 %	80 %	90 %	95 %	99 %
1	1,7	5,0	6,5	7,9	11,1	3,0	3,9	4,7	6,6
2	3,3	7,1	8,9	10,5	14,0	2,1	2,7	3,1	4,2
3	5,0	9,2	11,1	12,9	16,7	1,8	2,2	2,6	3,3
4	6,7	11,2	13,3	15,3	19,3	1,7	2,0	2,3	2,9
5	8,3	13,2	15,5	17,5	21,8	1,6	1,9	2,1	2,6

es sich dabei um ein auffälliges Verhalten („Ausreißer") gehandelt hätte. Was hätte eine solche Änderung jedoch für den Schätzwert und den Vertrauensbereich bedeutet? Welche Folgen hätten die jeweils bestimmten Fehlerraten (mit und ohne Vertrauensbereich) für das tatsächliche Risiko durch zufällige Fehler der Komponenten?

Um diese Fragen zu beantworten, erweitern wir die Beispielrechnung so, dass wir sie für verschiedene Fehlerzahlen c durchführen. Tabelle 9.1 zeigt die Ergebnisse für den Schätzwert $\hat{\lambda}$, die Vertrauensgrenze λ_{CL} und den Faktor β für Werte von c zwischen eins und fünf. Gleichzeitig haben wir in diesem erweiterten Beispiel noch verschiedene Werte für CL angenommen.

Wir müssen natürlich nach wie vor davon ausgehen, dass wir nur eine Stichprobe genommen haben und genau eines der Ergebnisse für c erhalten haben. Insbesondere wissen wir auch hier nicht, wo der tatsächliche Wert für die Fehlerrate λ liegt. Was wir an den Ergebnissen von Tab. 9.1 sehen können, ist die Art, wie das Ergebnis einer einzigen Stichprobe das Risiko-Management für ein Produkt bestimmen kann.

Gerade bei einer sehr kleinen Zahl von beobachteten Fehlern ist offenbar das Risiko sehr hoch, dass der tatsächliche Wert für die Fehlerrate λ sehr viel höher ist als der aus einer Stichprobe berechnete Schätzwert. Wir sehen, dass wir für $c = 1$ den Schätzwert mit dem Faktor 6,6 multiplizieren müssen, um eine Vertrauenswahrscheinlichkeit von 99 % zu erhalten. Hätten wir jedoch $c = 5$ gefunden, so wäre der entsprechende Faktor nur 2,6. Während der Schätzwert $\hat{\lambda}$ linear mit der beobachteten Fehlerzahl c ansteigt, wächst λ_{CL} von $c = 1$ bis $c = 5$ deutlich langsamer (nicht-linear) an und erreicht lediglich wenig mehr als höchstens den zweieinhalbfachen Wert.

Abbildung 9.5 zeigt ergänzend den generellen Verlauf von β für verschiedene Werte von CL in Abhängigkeit der Anzahl c der in einer Stichprobe beobachteten Fehler. Für sehr kleine Fehlerzahlen c ist β deutlich größer als eins; für eine vergleichsweise große Fehlerzahl c liegt β auch für hohe Vertrauenswahrscheinlichkeiten nahe bei eins.

Sukzessive Erweiterung der Stichprobe

Eine der wichtigsten Erkenntnisse aus den vorangegangenen Abschnitten ist die Tatsache, dass die durch den der Faktor β bestimmte „Qualität" der Fehlerrate λ für eine gegebene Vertrauenswahrscheinlichkeit CL ausschließlich von der Anzahl c der in der Stichprobe beobachteten Fehler abhängt. Damit haben wir auch das wichtigste Werkzeug gefunden,

Abb. 9.5 β in Abhängigkeit der beobachteten Fehlerzahl c für verschiedene Vertrauenswahrscheinlichkeiten CL

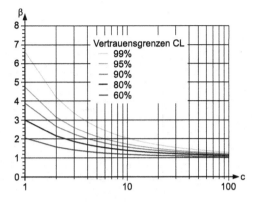

mit dessen Hilfe wir die Qualität unserer Aussagen zur Fehlerrate verbessern können: Wir müssen die Anzahl der gefundenen Fehler vergrößern.

Am Beginn eines Beobachtungszeitraums, zum Beispiel während der Einführungsphase eines neuen Produktes, müssen wir zwangsläufig mit einer bis zu diesem Zeitpunkt verfügbaren Stichprobe auskommen. Gerade bei sehr zuverlässigen und hochwertigen Produkten werden wir auch für eine vergleichsweise umfangreiche Stichprobe nur eine geringe Fehlerzahl finden. Wenn wir jedoch weiterhin alle verfügbaren Daten sammeln, dann vergrößern wir nicht nur unsere Stichprobe, sondern wir erhalten auch mit jedem zusätzlich gefundenen Fehler auch eine Verbesserung von β, bis sich β schließlich dem Wert 1 annähert.

Als Beispiel nehmen wir jetzt an, wir hätten tatsächlich fünf gleichartige Stichproben mit je 60 000 Komponenten über jeweils 10 000 Stunden durchgeführt und dabei je einmal einen, zwei, drei, vier und fünf Fehler beobachtet. Wenn wir diese Stichproben zusammenfassen, dann haben wir insgesamt 300 000 Komponenten jeweils 10 000 Stunden lang beobachtet und insgesamt 15 Fehler beobachtet. Daraus erhalten wir als Schätzwert $\hat{\lambda} = 5$ FIT den mittleren Wert der Einzel-Stichproben aus Tab. 9.1. Bereits für die geringste im vorangegangenen Abschnitt betrachtete Vertrauenswahrscheinlichkeit von 80 % erhalten wir jetzt auf Grund der größeren Fehlerzahl eine deutliche niedrige Vertrauensgrenze von $\lambda_{CL} = 6{,}4$ und somit auch einen kleineren Wert $\beta = 1{,}3$. Für eine Vertrauenswahrscheinlichkeit von 99 % sind $\lambda_{CL} = 8{,}9$ und $\beta = 1{,}8$. Diese Werte sind deutlich günstiger als die Aussagen, die nach der kleineren Stichprobe mit gleichem $\hat{\lambda}$ möglich waren.

Wir sehen an diesem einfachen Beispiel bereits unmittelbar, wie sich die Qualität der Aussagen allein durch Sammeln von Daten und wiederholte Auswertung aller zu einem Zeitpunkt verfügbarer Stichproben verbessern lässt. Der wahre Wert von λ ändert sich zwar in keiner Weise. Wir können jedoch im besten Fall immer kleinere Werte für λ_{CL} angeben, ohne das Risiko einer fehlerhaften Aussage zu vergrößern. Es ist auch der Fall denkbar, dass wir zufällig am Beginn unserer Stichprobenserie mehrfach sehr niedrige Fehlerzahlen beobachtet hätten und wir deshalb die Werte für λ_{CL} im Laufe der Zeit höher ansetzen müssten. Ein solches Ergebnis ist zwar nicht erfreulich, jedoch für die Einschätzung des tatsächlichen Risikos nicht weniger wertvoll.

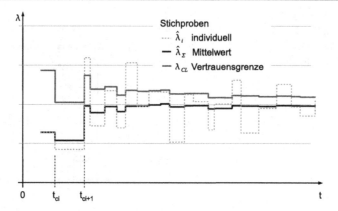

Abb. 9.6 Sukzessive Auswertung realer Stichproben ($CL = 80\,\%$)

Schließlich sehen wir in Abb. 9.6 noch den Verlauf der Fehlerraten in einem aus der Praxis übernommenen Beispiel. Wir haben dafür in aufeinander folgenden Zeitabschnitten unterschiedlich große Stichproben betrachtet. Am Ende einer Stichprobe i zum Zeitpunkt t_{ci} haben wir jeweils drei Werte berechnet: den Schätzwert $\hat{\lambda}_i$ genau dieser i-ten Stichprobe, den aus der Summe aller bisherigen (einschließlich der i-ten) Stichproben erhaltenen mittleren Schätzwert $\hat{\lambda}_\Sigma$ und die aus diesem Mittelwert errechnete Vertrauensgrenze λ_{CL} für die Vertrauenswahrscheinlichkeit $CL = 80\,\%$.

Wie in Abschn. 2.3 bereits gezeigt, nähert sich natürlich auch hier mit zunehmender Anzahl der Stichproben $\hat{\lambda}_\Sigma$ einem Wert, der sich immer weiter der tatsächlichen Fehlerrate λ angleicht. Aber auch die Vertrauensgrenze λ_{CL} konvergiert offensichtlich immer mehr zu einem festen Grenzwert. In dem hier betrachteten Zusammenhang ist dabei vor allem wesentlich, dass der absolute und der relative Abstand der Vertrauensgrenze zum Mittelwert $\hat{\lambda}_\Sigma$ des Schätzwerts zunächst mit jeder Stichprobe geringer werden und schließlich weitgehend stabil bleiben.

Für die Praxis bedeutet dieses Verhalten, dass es zu Beginn der Vermarktung eines neuen Produktes sehr sinnvoll sein kann, so lange möglichst alle verfügbaren Daten zu sammeln und auszuwerten, bis wir kaum noch relevante Schwankungen der Ergebnisse feststellen können. Später ist es in vielen Fällen möglich, vor allem aus wirtschaftlichen Gründen nur gelegentlich zufällig herausgegriffene Datenmengen auszuwerten, um mögliche Qualitätsschwankungen eines Produktes zu erkennen. Bei gleichbleibender Qualität der Produktserie sollten aber auch statistische Ausreißer das Gesamtergebnis nur minimal beeinflussen.

Wenn sich jedoch bei längerfristiger Beobachtung eine Tendenz nach oben oder unten zeigt, liegt das im Allgemeinen daran, dass sich am Produkt, dem Herstellungsverfahren oder dem Einsatz des Produktes Änderungen ergeben haben. Im Sinne unserer Betrachtungsweise handelt es sich dann nicht mehr um das gleiche Produkt, für das wir die Berechnungen durchgeführt haben. Wir müssten dann also mit einer neuen Statistik beginnen.

9.2.2 Kleine Stichproben und Null Fehler

In unseren bisherigen Betrachtungen sind wir von Stichprobengrößen ausgegangen, wie sie typisch für Massenprodukte sind. Die resultierenden Werte für die Vertrauensgrenze λ_{CL} waren relativ großen Schwankungen unterworfen, die allein auf den Faktor β zurückzuführen waren. Die absoluten Werte waren jedoch eher klein. Trotzdem sind diese Schwankungen erheblich, da Massenprodukte üblicherweise auch in großen Stückzahlen eingesetzt werden und sich die Fehlerraten addieren.

Wenn wir jedoch Produkte betrachten, die nur in kleineren Stückzahlen hergestellt werden, sind notwendigerweise auch die verfügbaren Stichproben kleiner. Insbesondere ist auch mit einer kleineren Anzahl c von beobachteten Fehlern zu rechnen.

Die in Abschn. 9.2.1 beschriebenen Effekte haben gerade bei kleinen Stichproben einen bedeutenden Einfluss. Wenn wir jetzt zum Beispiel annehmen, dass wir nur 100 Teile über 4000 Stunden (also ca. ein halbes Jahr) beobachten können, dann erhalten wir für die gleiche Fehlerzahl natürlich den gleichen Faktor β, da β von der Stichprobengröße unabhängig ist (vgl. Abschnitt „Universeller Faktor β" auf S. 156).

Tab. 9.2 λ_{CL} und β für verschiedene c und CL bei einer kleinen Stichprobe ($n = 100$, $\tau = 4000$ h)

c	$\hat{\lambda}$/FIT	λ_{CL}/FIT für $CL =$			
		80 %	90 %	95 %	99 %
0	0	4024	5756	7489	11 513
1	2500	7486	9724	11 860	16 596
2	5000	10 698	13 306	15 739	21 015
3	7500	13 788	16 702	19 384	25 113
4	10 000	16 802	19 984	22 884	29 012
5	12 500	19 765	23 187	26 283	32 771

Tabelle 9.2 zeigt jedoch den wesentlichen Unterschied im Vergleich zu den bisher betrachteten großen Stichproben. Die relativen Schwankungen sowohl für $\hat{\lambda}$ als auch für λ_{CL} bleiben zwar gleich. In absoluten Zahlen sind die Veränderungen für kleine Stichproben jedoch ungleich größer.

Hier zeigt sich jetzt ganz besonders der Nutzen einer Neuberechnung der Werte für λ_{CL} und β, sobald zusätzlich Daten aus weiteren Stichproben zur Verfügung stehen. Um das zu zeigen, nehmen wir jetzt erneut an, wir hätten insgesamt die Daten von mehreren Stichproben gleicher Größe erhalten. In fünf dieser Stichproben seien jeweils einmal ein, zwei, drei, vier und fünf Fehler gefunden worden.[9] Wir können also den Schätzwert $\hat{\lambda}$ aus $n = 500$, $c = 15$ und $\tau = 4000$ Stunden berechnen und erhalten $\hat{\lambda} = 7500$ FIT. Allerdings erhalten wir sehr viel günstigere Werte $\beta = 1{,}78$ und $\lambda_{CL} = 13\,371$ FIT für $CL = 99$ %. Auch hier hat sich im Vergleich zur umfangreichen Stichprobe für das Massenprodukt am relati-

---

[9]Den Sonderfall „Null Fehler" betrachten wir im folgenden Abschnitt.

ven Verhältnis der Werte zueinander nichts geändert. Die absoluten Zahlen werden jedoch zum Beispiel auch von einem Kunden, der wahrscheinlich die Größe der Stichprobe und möglicherweise auch das Berechnungsverfahren nicht kennt, als sehr viel besser wahrgenommen.

In Tab. 9.2 haben wir bereits einen Fall mit aufgenommen, den wir bisher noch nicht betrachtet hatten, obwohl auch dieser Fall mit einer gewissen Wahrscheinlichkeit eintritt: eine Stichprobe, bei der wir überhaupt keinen Fehler finden. Bisher sind wir davon ausgegangen, dass wir in einer Stichprobe immer mindestens einen Fehler beobachtet haben. Wir haben gesehen, dass wir für den Fall $c = 1$ zwar einen hohen Wert für β erhalten, jedoch immerhin eine brauchbare Obergrenze für die zu erwartende Fehlerrate angeben können.

Betrachten wir jetzt jedoch die bereits erwähnten hoch zuverlässigen Produkte und bedenken, dass wir üblicherweise nur einen begrenzten Zeitraum und eine begrenzte Stückzahl für die Stichprobe zur Verfügung haben. In einem solchen Fall müssen wir durchaus auch mit „Null Fehler" in einer Stichprobe rechnen. Bei einer klassischen Berechnung, wo wir aus der Stichprobe nur einen Schätzwert bestimmen, erhalten wir damit auch die Fehlerrate gleich Null. Vernünftigerweise müssen wir jedoch davon ausgehen, dass es ein absolut perfektes und fehlerfreies Produkt in der Praxis nicht geben kann. Zufällige Fehler mögen zwar sehr selten sein, sind aber niemals vollkommen auszuschließen.

Wenn wir statt der einfachen Berechnung eines Schätzwertes jedoch einen Vertrauensbereich angeben, dann liefert uns das gezeigte Verfahren nach Sobel und Epstein auch für den Fall „Null Fehler" in der Stichprobe eine Obergrenze der zu erwartenden Fehlerrate. Wir erhalten also auch ein Ergebnis für λ_{CL}, wenn wir die χ^2-Verteilung in der beschriebenen Weise für $c = 0$ einsetzen. Gleichung 9.26 wird für $c = 0$ zu

$$\lambda_{CL,c=0} = \frac{\chi^2_{(2;1-CL)}}{2 \cdot n \cdot \tau} \tag{9.30}$$

Damit können wir auch im Fall $c = 0$ einen endlichen Wert für die Vertrauensgrenze λ_{CL} angeben.

9.2.3 Anpassung unterschiedlicher Vertrauenswahrscheinlichkeiten

In der Praxis kommt es regelmäßig vor, dass wir mit Vertrauensgrenzen und Vertrauenswahrscheinlichkeiten arbeiten müssen, die uns von externen oder internen Quellen zugeliefert werden. Das ist einerseits der Fall, wenn wir die Daten von einem Lieferanten erhalten. Andererseits ist es in großen Organisationen auch üblich, derartige Daten zentral und ohne weitere Informationen standardisiert zur Verfügung zu stellen. Wir können dabei nicht davon ausgehen, dass die Vertrauensgrenzen und Vertrauenswahrscheinlichkeiten verschiedener Komponenten übereinstimmen bzw. genau den Werten entsprechen, die wir für eine bestimmte Anforderung benötigen. In solchen Fällen müssen wir die erhaltenen Werte gegebenenfalls anpassen und umrechnen.

Umrechnung einer gegebenen Vertrauenswahrscheinlichkeit

Ein Problem tritt dann auf, wenn wir Daten mit unterschiedlichen Vertrauenswahrschein-lichkeiten vergleichen wollen oder wenn die geforderte Vertrauenswahrscheinlichkeit nicht mit den verfügbaren Daten übereinstimmt. Es stellt sich also die Frage, ob wir aus-gehend von einer bekannten Vertrauensgrenze λ_{CL1} und bekannten Vertrauenswahrschein-lichkeit CL_1 unmittelbar auf eine neue Vertrauensgrenze λ_{CL2} mit einer neuen Vertrauens-wahrscheinlichkeit CL_2 umrechnen können. Die Antwortet lautet „nein", wenn wir keine weiteren Informationen zur Verfügung haben. Die Antwort lautet jedoch „ja", wenn wir Details über die zu Grunde liegende Stichprobe kennen, zum Beispiel die in der Stichprobe beobachtete Fehlerzahl c.

Mit bekannter Fehlerzahl c können wir ausgehend von den bekannten Gleichungen

$$\lambda_{CL} = \beta \cdot \hat{\lambda} \quad \text{und} \quad \beta(c; CL) = \frac{\chi^2_{(2c+2; 1-CL)}}{2c} \tag{9.31}$$

die Vertrauensgrenze λ_{CL} für jeden anderen Wert von CL berechnen. Als Beispiel wollen wir für $c = 3$ ausgehend von $CL_1 = 90\,\%$ den Wert für λ_{CL2} mit $CL_2 = 60\,\%$ bestimmen. Da $\hat{\lambda}$ und c gleich bleiben, können wir aus Gl. 9.31 diese Beziehung herleiten:

$$\hat{\lambda} = \frac{\lambda_{CL1}}{\beta_1} = \frac{\lambda_{CL2}}{\beta_2} \tag{9.32}$$

Damit können wir auf einfache Weise den Zusammenhang herstellen:

$$\lambda_{CL2} = \frac{\beta_2}{\beta_1} \cdot \lambda_{CL1} = \frac{\chi^2_{(2c+2; 1-CL2)}}{\chi^2_{(2c+2; 1-CL1)}} \cdot \lambda_{CL1} \tag{9.33}$$

Für einen angenommenen Wert von $\lambda_{CL1} = 100$ FIT erhalten wir damit als konkreten Zahlenwert

$$\lambda_{CL2} = \frac{\chi^2_{(8; 0,4)}}{\chi^2_{(8; 0,1)}} \cdot 100\,\text{FIT} = \frac{8,35}{13,36} \cdot 100\,\text{FIT} = 62,5\,\text{FIT} \tag{9.34}$$

Gemeinsame Vertrauensgrenze verschiedener Komponenten

Ein schwierigeres Problem haben wir dann, wenn wir ein System betrachten, das aus Kom-ponenten aufgebaut ist, für die jeweils ein λ_{CL} mit einer Vertrauenswahrscheinlichkeit CL bekannt ist. Für eine Schaltung, in der alle Komponenten gleichzeitig verfügbar sein müs-sen, würden wir im „klassischen" Fall ohne eine Vertrauenswahrscheinlichkeit einfach die gegebenen Fehlerraten addieren, um die Fehlerrate der Schaltung zu erhalten. Gleiches können wir natürlich auch mit den λ_{CL} der Komponenten tun. Doch was bedeutet das für die Vertrauenswahrscheinlichkeit der gesamten Schaltung?

Eine andere Betrachtungsweise des gleichen Problems haben wir, wenn wir für die Schaltung eine bestimmte Vertrauenswahrscheinlichkeit festlegen und einen dazu gehö-renden Gesamtwert für die Vertrauensgrenze λ_{CL} suchen. Wenn wir unsere Berechnung und den Verlauf der χ^2-Verteilung betrachten, dann ist es offensichtlich, dass weder eine einfache Addition noch ein Mittelwert zum Ziel führt.

Um uns einer Lösung zu nähern, wollen wir als Beispiel ein System aus zwei Komponenten betrachten. Für jede dieser Komponenten haben wir eine Stichprobe genommen. Für diese Stichprobe der ersten Komponente haben wir n_1 Komponenten über die Zeit τ_1 beobachtete und dabei c_1 Fehler gefunden. Entsprechend kennen wir die Werte n_2, τ_2 und c_2 für die zweite Komponente. Daraus haben wir mit einem gegebenen CL_1 ein λ_{CL1} für die erste Komponente und mit einem gegebenen CL_2 ein λ_{CL2} für die zweite Komponente erhalten.

Wenn wir jetzt aus beiden Komponenten ein System aufbauen, dann gilt dieses System als fehlerhaft, wenn mindestens eine der Komponenten fehlerhaft ist. Würden wir eine Stichprobe für dieses System durchführen, so erhielten wir die Fehlerzahl c des Systems als Summe der Fehlerzahlen beider Komponenten, also $c = c_1 + c_2$. Da wir die Lösung des Problems jedoch theoretisch herleiten wollen, müssen wir überlegen, wie wir zur Fehlerzahl c des Systems kommen und wie wir daraus mit Hilfe des bekannten Verfahrens eine Vertrauensgrenze ableiten können.

Um zu verstehen, wie wir für $c = c_1 + c_2$ das Verfahren nach Sobel und Epstein einsetzen können, müssen wir auch jetzt wieder von der Dichtefunktion $f(c)$ des Systems ausgehen. $f(c)$ können wir nicht einfach durch Addition der Dichtefunktionen $f_1(c_1)$ und $f_2(c_2)$ erhalten. Stattdessen müssen wir beachten, dass es für jeden Wert von c mehrere von Kombinationen $c_1 + c_2$ geben kann, die als Summe c ergeben. Wir müssen also eine Überlagerung der beiden Dichtefunktionen berücksichtigen. Die Lösung dafür ist, dass wir die Dichtefunktionen als $f_1 * f_2$ mathematisch „falten", um die Dichtefunktion $f(c)$ des Systems zu erhalten:

$$f(c = c_1 + c_2) = f_1(c_1) * f_2(c_2) \tag{9.35}$$

Wenn wir wieder annehmen, dass die Poisson-Verteilung zutrifft, dann gelten:

$$f(c_1) = \frac{m_1^{c_1}}{c_1!} \cdot e^{-m_1} \quad \text{und} \quad f(c_2) = \frac{m_2^{c_2}}{c_2!} \cdot e^{-m_2} \tag{9.36}$$

Als Faltung der Dichtefunktionen erhalten wir

$$f(c) = \sum_{c_1=0}^{c=c_1+c_2} e^{-m_1} \frac{m_1^{c_1}}{c_1!} \cdot e^{-m_2} \frac{m_1^{c-c_1}}{(c-c_1)!}$$

$$= e^{-(m_1+m_2)} \frac{(m_1+m_2)^c}{c!}$$

Wir können hier feststellen, dass die Dichtefunktion die gleiche Form hat, wie die der Einzel-Komponenten. Damit erhält auch die Verteilungsfunktion die gleiche Form wie für die Einzelkomponenten:

$$F(c) = \sum_{i=0}^{c=c_1+c_2} e^{-(m_1+m_2)} \frac{(m_1+m_2)^i}{i!} \tag{9.37}$$

Daraus können wir unmittelbar in analoger Weise für eine gegebene Vertrauensgrenze CL_{sys} des Systems einen Wert χ^2_{sys} des Systems bestimmen:

$$\chi^2_{sys(2c_1+2c_2+2;\,1-CL_{sys})} = 2 \cdot (m_1 + m_2) = 2 \cdot (\lambda_1 n_1 \tau_1 + \lambda_2 n_2 \tau_2) \tag{9.38}$$

Wir haben also eine Gleichung mit zwei Unbekannten, aus der wir nicht gleichzeitig λ_{CL1} und λ_{CL2} ableiten können. Da aber beide Komponenten in einem System arbeiten, ist auch nur ein $\lambda_{CL,sys}$ für das gesamte System von Interesse.

Um dieses $\lambda_{CL,sys}$ zu finden, gehen wir vom Faktor β aus. Mit der Definition

$$\beta = \frac{\lambda_{CL,sys}}{\hat{\lambda}} = \frac{\chi^2}{2c} \tag{9.39}$$

können wir einen Wert für $\lambda_{CL,sys}$ berechnen:

$$\lambda_{CL,sys} = (\hat{\lambda}_1 + \hat{\lambda}_2) \cdot \frac{\chi^2_{sys(2c_1+2c_2+2;\,1-CL_{sys})}}{2(c_1 + c_2)} \tag{9.40}$$

Wie im Beispiel der Umrechnung für verschiedene Werte von CL, benötigen wir jedoch auch hier Detail-Kenntnisse über die ursprünglichen Stichproben der Komponenten.

Über dieses einfache Beispiel aus zwei Komponenten hinaus können wir den gleichen Ansatz offensichtlich sogar für beliebig viele Komponenten verwenden:

$$\lambda_{CL,sys} = \left(\sum \hat{\lambda}_i \right) \cdot \frac{\chi^2_{sys(2+2\cdot\sum c_i;\,1-CL_{sys})}}{2 \cdot \sum c_i} \tag{9.41}$$

Gemeinsame Vertrauenswahrscheinlichkeit verschiedener Komponenten

Die andere Seite des gleichen Problems ist die Frage nach einem Wert für CL, wenn wir die einzelnen Werte von λ_{CLi} zu einem $\lambda_{CL,sys}$ addieren. Für die Lösung dieses Problems können wir grundsätzlich den gleichen Ansatz verwenden. Wir gehen jetzt davon aus, dass wir sowohl $\hat{\lambda}$ als auch λ_{CL} für alle Komponenten kennen. Damit kennen wir den Faktor β unseres Systems. Durch den Ansatz

$$\beta = \frac{\lambda_{CL1} + \lambda_{CL2}}{\hat{\lambda}_1 + \hat{\lambda}_2} = \frac{\chi^2_{sys(2c_1+2c_2+2;\,1-CL_{sys})}}{2(c_1 + c_2)} \tag{9.42}$$

können wir mit

$$\chi^2_{sys} = 2(c_1 + c_2) \cdot \beta = 2(c_1 + c_2) \cdot \frac{\lambda_{CL1} + \lambda_{CL2}}{\hat{\lambda}_1 + \hat{\lambda}_2} \tag{9.43}$$

direkt die Integrationsgrenze für die Bestimmung von χ^2_{sys} festlegen und damit unmittelbar den Wert für CL_{sys} berechnen (vgl. Gl. 9.19 auf S. 152):

$$CL_{sys} = \int_0^{\chi^2_{sys}} \frac{(\frac{z}{2})^{(c_1+c_2)} \cdot e^{-z/2}}{(c_1 + c_2)!} \frac{dz}{2} \tag{9.44}$$

Auch hier können wir für beliebig viele Komponenten erweitern:

$$\chi_{sys}^2 = 2\left(\sum c_i\right) \cdot \frac{\sum \lambda_{CLi}}{\sum \hat{\lambda}_i} \tag{9.45}$$

$$CL_{sys} = \int_0^{\chi_{sys}^2} \frac{\left(\frac{z}{2}\right)^{\sum c_i} \cdot e^{-z/2}}{(\sum c_i)!} \frac{dz}{2} \tag{9.46}$$

Wenn wir für diese Berechnungen wieder ein Tabellenkalkulationsprogramm einsetzen, dann müssen wir insbesondere darauf achten, für den „Freiheitsgrad" $k = 2 + 2 \cdot \sum c_i$ zu setzen (vgl. S. 153).

Nutzen gemeinsamer Werte

Schließlich bleibt noch zu zeigen, worin der Nutzen derartiger Berechnungen besteht. Zum einen müssen wir offensichtlich nicht unbedingt eine neue Stichprobe durchführen, um λ_{CL} und/oder CL eines Systems zu bestimmen, wenn wir die entsprechenden Werte und einige weitere Daten der einzelnen Komponenten kennen. Zum anderen können wir durch diese Berechnungen technisch korrekte und gleichzeitig formal sehr viel günstiger Ergebnisse bekommen, als wenn wir einfach Fehlerraten addieren oder den CL-Wert der Komponenten auch für das System annehmen.

Dieses Verhalten wollen wir noch an einem Beispiel illustrieren. Nehmen wir ein System an, das aus zwei Komponenten besteht. Für diese Komponenten kennen wir die Daten der Stichproben:

Komponente 1	Komponente 2
$n_1 = 60\,000$	$n_2 = 40\,000$
$\tau_1 = 10\,000$ h	$\tau_2 = 8000$ h
$c_1 = 2$	$c_2 = 4$
$\hat{\lambda}_1 = 3{,}33$ FIT	$\hat{\lambda}_2 = 12{,}50$ FIT
$CL_1 = 80\,\%$	$CL_2 = 60\,\%$
$\lambda_{CL1} = 7{,}13$ FIT	$\lambda_{CL2} = 16{,}36$ FIT

In einer ersten Variante wollen wir eine gemeinsame Vertrauensgrenze $\lambda_{CL,sys}$ für beide Komponenten berechnen, wenn wir als Vertrauenswahrscheinlichkeit den für die Komponente 2 sein angegebenen Wert $CL_2 = 60\,\%$ für das System übernehmen. Wir erhalten mit Gl. 9.41 $\lambda_{CL=60\,\%,sys} = 19{,}37$ FIT.

In einer zweiten Variante wollen wir die Summe der Fehlerraten $\lambda_{CL1} + \lambda_{CL2} = 23{,}49$ FIT als Fehlerrate des Systems angeben und die dann daraus für das System resultierende Vertrauenswahrscheinlichkeit CL_{sys} bestimmen. Für diese Summe erhalten wir nach Gl. 9.46 einen Wert von $CL_{sys} = 78{,}4\,\%$. Dieser Wert liegt zwar unterhalb des höheren Wertes CL_1, jedoch weit oberhalb des Mittelwertes für beide Komponenten.

Noch deutlicher wird dieser Vorteil, wenn wir ein System aus sehr vielen Komponenten betrachten, deren Fehlerraten im Einzelfall lediglich mit einer niedrigen Vertrauensgrenze angegeben werden. Nehmen wir jetzt an, wir hätten ein System aus 50 Komponenten vom

Typ der oben verwendeten Komponente 2. In der zweiten Variante erhalten wir hier bereits einen Wert für $CL = 99,996\ \%$ für die Fehlerrate, die sich aus der Addition aller Werte von λ_{CL} ergibt ($50 \cdot 16,36\ \text{FIT} = 818\ \text{FIT}$). Wenn wir 100 dieser Komponenten verschalten, dann unterscheidet sich das Ergebnis praktisch nicht mehr von 100 %. In der ersten Variante erhalten wir mit Anwendung der Gl. 9.41 für die Schaltung aus 50 Komponenten einen Wert von $\lambda_{CL=60\ \%,sys} = 638\ \text{FIT}$. Für 100 Komponenten können wir nach dem gleichen Verfahren einen Wert von $\lambda_{CL=60\ \%,sys} = 1268\ \text{FIT}$ angeben statt der Summe ($100 \cdot 16,36\ \text{FIT} = 1636\ \text{FIT}$).

Eine Konsequenz dieses Verhaltens kann sein, dass wir zwar bei einzelnen Komponenten vorsichtig sein und für Fehlerraten auf die damit verbundene Vertrauensgrenze achten müssen. Ab einer gewissen Größe von Systemen werden jedoch die Vertrauensgrenzen der Schaltung im Vergleich zu den Komponenten sehr viel größer und schließlich unerheblich, da sie sich dem „sicheren Wert" von 100 % nähern. Diese Aussage ist nur dann gültig, wenn wir tatsächlich die Stichproben kennen und selbst auswerten können, wenn wir also zum Beispiel gleichzeitig Hersteller der Komponenten und der Schaltung sind. Sobald wir Fehlerraten aus einer insofern „fremden" Quelle erhalten, ist die Bedeutung der zugehörigen Vertrauensgrenzen dadurch nicht geringer. Im folgenden Abschnitt werden wir noch sehen, wie wir beispielsweise bei einer Wareneingangskontrolle die Vertrauensgrenzen für die Abschätzung der Anzahl „erlaubter Fehler" in einer Lieferung verwenden können.

9.2.4 Ermittlung der Stichprobengröße für gegebene Fehlerraten und Vertrauensgrenzen

Am Ende der Betrachtungen über Vertrauensgrenzen und Vertrauensbereiche wollen wir noch einen praktischen Einsatz dieser Werte in der Qualitätskontrolle beleuchten. Wir haben damit eine Möglichkeit festzustellen, ob angegebene Fehlerraten tatsächlich mit der Qualität von gelieferten Komponenten zu vereinbaren sind. Aus Sicht sowohl des Kunden als auch des Lieferanten können wir festlegen, wo die Grenze für eine berechtigte Reklamation liegt. Je höher die Vertrauenswahrscheinlichkeit für eine angegebene Fehlerrate λ_{CL} ist, desto höher ist die Anzahl der Komponenten n_{min}, bei der überhaupt in einer gegebenen Zeitspanne ein Fehler auftreten darf.

Wenn diese Mindestanzahl n_{min} von gelieferten Komponenten nicht erreicht wird, ist jeder in dieser Zeitspanne auftretende Fehler bereits ein Grund für eine berechtigte Reklamation. Auch für höhere gelieferte Stückzahlen ist die Anzahl der Fehler, deren Auftreten toleriert werden muss, weil sie mit der angegebenen Fehlerrate zu vereinbaren ist, abhängig von der Vertrauenswahrscheinlichkeit. Je höher die Vertrauenswahrscheinlichkeit, desto höher ist die Anzahl von Komponenten, für die eine bestimmte Zahl c von Fehlern innerhalb der gegebenen Zeitspanne nicht überschritten werden darf.

Um n_{min} für einen konkreten Fall zu bestimmen, gehen wir von den gleichen statistischen Verfahren wie für die Vertrauenswahrscheinlichkeit aus. Da wir in diesem Fall jedoch das Risiko dafür bewerten wollen, dass tatsächlich ein Fehler auftritt, müssen wir hier die Irrtumswahrscheinlichkeit $\alpha = 1 - CL$ nutzen. Die Qualität der betrachteten Komponenten ist genau dann mit den angegebenen Werten für CL und λ_{CL} zu vereinbaren, wenn die Wahrscheinlichkeit für das Auftreten eines Fehlers bei n_{min} Komponenten innerhalb der Zeitspanne τ höchstens gleich der Irrtumswahrscheinlichkeit α ist. Es gilt also für die Verteilungsfunktion $F(c)$:

$$F(c = 1) = e^{-\lambda_{CL} \cdot \tau \cdot n_{min}} \cdot \sum_{i=0}^{c=1} \frac{(\lambda_{CL} \cdot \tau \cdot n_{min})^i}{i!} \leq \alpha \tag{9.47}$$

Dieses Problem haben wir bereits grundsätzlich in Abschn. 9.1 mit Hilfe der χ^2-Verteilung gelöst. Der Unterschied zur Berechnung des Vertrauensbereichs besteht hier lediglich darin, dass wir nicht λ_{CL} suchen, sondern n_{min}. Außerdem gehen wir hier tatsächlich von der Irrtumswahrscheinlichkeit α aus und können somit die verfügbaren Standard-Funktionen unmittelbar nutzen. Aus der in Abschn. 9.1 beschriebenen Umkehrfunktion G^{-1} der χ^2-Verteilung

$$\chi^2 = G^{-1}(2c + 2; \alpha) \tag{9.48}$$

können wir den Wert von χ^2 für $c = 1$ entnehmen. Mit dem Zusammenhang

$$\chi^2 = 2 \cdot \lambda_{CL} \cdot n_{min} \cdot \tau \tag{9.49}$$

haben wir bereits die Lösung gefunden und können schreiben:

$$n_{min} = \frac{\chi^2(4; \alpha)}{2 \cdot \lambda_{CL} \cdot \tau} \tag{9.50}$$

Nehmen wir ein Beispiel an, bei dem $\lambda_{CL} = 2000$ FIT mit der Vertrauenswahrscheinlichkeit $CL = 60\,\%$ angegeben ist und ein Zeitraum von $10\,000$ Stunden betrachtet werden soll. Gesucht ist die Anzahl von Komponenten, bei der innerhalb dieser Zeit höchstens eine Komponente fehlerhaft werden darf. Für eine Vertrauenswahrscheinlichkeit $CL = 60\,\%$ ist $\chi^2 = 4{,}04$. Daraus erhalten wir $n_{min} = 102$. Für $CL = 90\,\%$ ist $\chi^2 = 7{,}78$ und $n_{min} = 195$. Ab einer Liefermenge von 102 (für $CL = 60\,\%$) bzw. 195 (für $CL = 90\,\%$) Komponenten ist also eine fehlerhafte Komponente innerhalb von $10\,000$ Stunden kein Grund für eine berechtigte Reklamation der Lieferung.

Anhang 10

In diesem Anhang sind einige zusätzliche Berechnungen und Beispiele zusammengestellt, die zum grundlegenden Verständnis des Themas zwar nicht unbedingt erforderlich sind, jedoch einige Sichtweisen weiter erklären, vertiefen und ergänzen:

- Fehlerfortpflanzung (Abschn. 10.1): Wir sehen hier, wie sich (vermeidbare und unvermeidbare) Ungenauigkeiten bei der Bestimmung von Fehlerraten auf die Genauigkeit der Zuverlässigkeitsfunktion auswirken. Dafür verwenden wir das Gaußsche Fehlerfortpflanzungsgesetz.
- Fehlerrate eines Dioden-Lasers (Abschn. 10.2.1): Anhand eines konkreten Beispiels berechnen wir die Fehlerrate eines Bauelements, die auf signifikante Weise von den Betriebsbedingungen abhängt.
- Fehlerraten für Massenprodukte (Abschn. 10.2.2): Mit einem einfachen Beispiel zeigen wir, wie sich Fehlerraten auf die Kalkulation für die Herstellung eines einfachen Haushaltsgeräts auswirken können.
- Beweis der Summenformel (Abschn. 10.3): In Gl. 3.32 auf S. 40 haben wir ein Ergebnis verwendet, dessen Herleitung wir hier zeigen.
- Lösung der Markov-Differentialgleichungen (Abschn. 10.4): Bei der Berechnung von Zuverlässigkeit und Verfügbarkeit nach dem Verfahren von Markov (Kap. 6) haben wir Differentialgleichungen aufgestellt, deren Lösung wir hier nachvollziehen.
- Weibull-Verteilung (Abschn. 10.5): Thema des vorliegenden Buches sind die Verfügbarkeit und Zuverlässigkeit von Systemen, die auf zufällige Fehler zurückzuführen sind. Ergänzend sind hier die statistischen Zusammenhänge für frühe Fehler und Verschleißfehler zusammenstellt.

10.1 Fehlerfortpflanzung in Fehlerraten

Wie alle Messgrößen lassen sich auch die Fehlerraten nur mit einer bestimmten Genauigkeit bestimmen. Diese Genauigkeit hängt einerseits von der Natur der Messgröße ab,

© Springer Fachmedien Wiesbaden 2014
S. Eberlin, B. Hock, *Zuverlässigkeit und Verfügbarkeit technischer Systeme*,
DOI 10.1007/978-3-658-03573-0_10

andererseits auch von den Messverfahren und nicht zuletzt vom Aufwand, den wir treiben können und wollen.

In der Praxis ist die Genauigkeit, mit der Fehlerraten bestimmt werden, häufig zwangsläufig begrenzt. Einerseits müssen wir mit einer begrenzten Stichprobe auskommen. Andererseits fehlt an einigen Stellen auch das notwendige Wissen, um tatsächlich sinnvolle Beobachtungen und Auswertungen vorzunehmen. Diese und andere Gründe können zu einer mehr oder weniger fehlerhaften Berechnung der Fehlerraten führen.

Um einen Überblick darüber zu bekommen, wie sich ungenaue Fehlerraten im weiteren Verfahren bei der Bestimmung der Zuverlässigkeit von miteinander verschalteten Komponenten oder gar ganzen Netzwerken auswirken, wollen wir hier kurz die Fortpflanzung dieser Ungenauigkeiten bei weiteren Berechnungen darstellen.

Wir gehen vom allgemein üblichen Fehlerfortpflanzungsgesetz von Karl Friedrich Gauß aus. Dieses Gesetz bietet uns ein Verfahren, mit dem wir die Ungenauigkeit eines Ergebnisses bestimmen können, zu dessen Berechnung wir Variablen einsetzen, die ihrerseits mit einer bekannten Ungenauigkeit behaftet sind.

Betrachten wir zum Beispiel eine Reihe von Variablen x_i, die jeweils mit einer Ungenauigkeit von Δx_i bekannt sind. Wir schreiben dann üblicherweise $x_i \pm \Delta x_i$, wobei x_i der Mittelwert und Δx_i die Fehlerbreite unserer Variablen sind. Wenn wir mit diesen Variablen die Funktion $f(x_1, x_2, x_3, \ldots, x_n)$ berechnen, dann wird auch das Ergebnis nur bis auf eine Genauigkeit Δf bestimmbar sein, da sich die Fehler der Variablen im Ergebnis „fortpflanzen". Die Funktion $f(x_1, x_2, x_3, \ldots, x_n)$ müssen wir in diesem Fall also $f(x_1, x_2, x_3, \ldots, x_n) \pm \Delta f(x_1, x_2, x_3, \ldots, x_n)$ schreiben, um die Fehlerbreite des Ergebnisses abzudecken.

Nach Gauß können wir Δf berechnen als

$$\Delta f = \sqrt{\sum_{i=1}^{n} \left(\frac{\partial f}{\partial x_i}\right)^2 (\Delta x_i)^2} \tag{10.1}$$

Bereits im Abschn. 3.2 hatten wir festgestellt, dass sich beispielsweise die Zuverlässigkeitsfunktion von seriell verschalteten Komponenten schreiben lässt als

$$R(t) = e^{-(\sum \lambda_i) \cdot t} \tag{10.2}$$

Wenn unser System aus n verschiedenen Komponenten besteht, dann müssen wir annehmen, dass jedes λ_i nur bis auf einen Fehler $\Delta \lambda_i$ genau bestimmt ist. Damit erhalten wir den zu erwartenden Fehler von $R(t)$ also als

$$\Delta R(t) = \sqrt{\sum_{i=1}^{n} \left(\frac{\partial R(t)}{\partial \lambda_i}\right)^2 (\Delta \lambda_i)^2} \tag{10.3}$$

Mit

$$\frac{\partial R(t)}{\partial \lambda_i} = -t \cdot e^{-(\sum \lambda_i) \cdot t} = -t \cdot R(t) \tag{10.4}$$

können wir schreiben

$$\Delta R(t) = \sqrt{\sum_{i=1}^{n} \big(-t \cdot R(t)\big)^2 (\Delta \lambda_i)^2} \tag{10.5}$$

und somit auch

$$\Delta R(t) = t \cdot R(t) \sqrt{\sum_{i=1}^{n} (\Delta \lambda_i)^2} \tag{10.6}$$

Den relativen Fehler unserer Zuverlässigkeitsfunktion erhalten wir also als

$$\frac{\Delta R(t)}{R(t)} = t \cdot \sqrt{\sum_{i=1}^{n} (\Delta \lambda_i)^2} \tag{10.7}$$

Um diese Gleichung zu vereinfachen, können wir jetzt noch die Fehlerbreite der gesamten Fehlerraten bestimmen. Mit

$$\lambda = \sum_{i=1}^{n} \lambda_i \quad \text{und} \quad \frac{\partial \lambda}{\partial \lambda_i} = 1 \tag{10.8}$$

erhalten wir die Fehlerbreite $\Delta \lambda$ als

$$\Delta \lambda = \sqrt{\sum_{i=1}^{n} \left(\frac{\partial \lambda}{\partial \lambda_i}\right)^2 (\Delta \lambda_i)^2} = \sqrt{\sum_{i=1}^{n} (\Delta \lambda_i)^2} \tag{10.9}$$

Damit vereinfacht sich Gl. 10.7 zu

$$\frac{\Delta R(t)}{R(t)} = t \cdot \Delta \lambda \tag{10.10}$$

Wir sehen hier, dass der relative Fehler der Zuverlässigkeitsfunktion einer seriellen Schaltung linear mit der Zeit größer wird und darüber hinaus ausschließlich von den bereits in den Fehlerraten enthaltenen Ungenauigkeiten abhängt.

Um eine Vorstellung zu bekommen, in welcher tatsächlichen Größenordnung sich der Fehler von $R(t)$ in einem realen Fall bewegt, wollen wir als Beispiel noch einmal die um einige Komponenten erweiterte Leiterplatte von S. 34 betrachten. In einer ähnlichen Form könnte diese Konfiguration als echte Baugruppe in einem echten System verwendet werden. Tabelle 10.1 zeigt diese Konfiguration.

Wir haben bei dieser Leiterplatte jetzt eine gesamte Fehlerrate von 2791 FIT. Wenn wir zum Beispiel annehmen, dass die Ungenauigkeit der Fehlerrate jeder einzelnen Komponente 10 % beträgt, also $\Delta \lambda_i / \lambda_i = 0,1$ gilt, dann erhalten wir für $\Delta \lambda$ der gesamten Leiterplatte 94 FIT. Bei einer Ungenauigkeit der einzelnen λ_i von 50 % beträgt der Wert für $\Delta \lambda$ bereits 472 FIT.

Tab. 10.1 Beispiel für Fehlerraten einer Leiterplatte

Komponente	λ/FIT pro Komponente	Anzahl Komponenten	totale Fehlerrate/FIT
Widerstand	1	80	80
Kondensator	2	60	120
Diode	12	3	36
Transistor	15	4	60
EPROM	80	2	160
ASIC	130	2	260
IC	30	4	120
Spannungswandler	200	2	400
Lüfter	140	2	280
Spezialmodul	600	2	1200
Lötstelle	0,05	1500	75

Mit diesen Werten erhalten wir für unsere Leiterplatte nach einer Betriebsdauer von einem Jahr einen relativen Fehler unserer Zuverlässigkeitsfunktion von 0,08 %, falls der relative Fehler unserer λ_i 10 % beträgt. Auch für ein $\Delta\lambda_i/\lambda_i$ von 0,5 liegt der relative Fehler von $R(t)$ „nur" bei 0,4 %. Das klingt zunächst vernachlässigbar, und die Bewertung dieses Ergebnisses hängt in der Tat von der Verfügbarkeit ab, wie sie für unser System tatsächlich gefordert wird. Bei einer häufig geforderten Verfügbarkeit von 99,999 % kann auch eine relative Abweichung von 0,08 % zu groß sein für eine belastbare Aussage (Tab. 10.2).

Tab. 10.2 Relativer Fehler der Zuverlässigkeitsfunktion für verschiedene Anzahlen von Leiterplatten aus Tab. 10.1 (Betriebsdauer 1 Jahr)

Anzahl Leiterplatten	1	10	100	1000
$\Delta\lambda_i/\lambda_i$	$\Delta R/R$ für $t=1$ Jahr			
10 %	0,08 %	0,26 %	0,83 %	2,61 %
50 %	0,41 %	1,31 %	4,13 %	13,07 %

10.2　Anwendungsbeispiele und Interpretation

In diesem Kapitel wollen wir Anwendungsbeispiele und deren Interpretation zusammenstellen. Diese Beispiele sind teilweise aus der eigenen Erfahrung entstanden, teilweise auch konstruiert, um bestimmte Zusammenhänge auf einfache Weise darzustellen. Ihr Zweck ist es auch nicht, genaue Anleitung für alle konkreten Anwendungsfälle unserer Leser zu geben; dafür ist das Anwendungsgebiet der in diesem Buch vorgestellten Methoden zu vielseitig und umfangreich. Vielmehr sollen diese Beispiele noch einmal konkrete Vorgehensweisen etwas ausführlicher erläutern und auch bei der Interpretation von Ergebnissen hilfreich sein.

10.2.1 Fehlerrate eines Dioden-Lasers in Abhängigkeit von der optischen Leistung

In Abschn. 2.4 haben wir gesehen, dass Fehlerraten auch innerhalb der vorgesehenen „normalen Betriebsbedingungen" erheblichen Schwankungen unterliegen können. Um die Abhängigkeit einer Fehlerrate von einem oder mehreren Betriebs-Parametern zu beschreiben, können wir sie als Kennlinie darstellen, aus der sich die für einen konkreten Einsatzfall zu erwartende Fehlerrate ablesen lässt. Eine solche Kennlinie können wir einerseits erstellen, indem wir während der Messung der Fehlerraten, wie wir sie in Abschn. 2.3 beschrieben haben, den oder die entsprechenden Parameter variieren. Eine solche Vorgehensweise ist jedoch nicht immer möglich und in vielen Fällen auch nicht wirtschaftlich. Vor allem bei Produkten, die nur in kleinen Stückzahlen produziert werden, können wir nicht erwarten, dass für alle denkbaren Variationen hinreichend viele Daten verfügbar sind, um eine sinnvolle Aussage machen zu können.

In vielen solchen Fällen können wir die parameter-abhängigen Fehlerraten auf der Basis von geeigneten Modellen berechnen. Als Beispiel dafür haben wir die Fehlerrate eines Dioden-Lasers gewählt, die in hohem Maße von der optischen Leistung dieses Lasers abhängt. Derartige Laser werden in unterschiedlicher Qualität und Leistungsfähigkeit vielfältig eingesetzt, zum Beispiel in DVD-Geräten, Laser-Pointern oder bei der Datenübertragung über Lichtwellenleiter in Glasfaser-Netzen.

Grundlegende Annahmen
Zunächst wollen wir die hier relevanten, grundsätzlichen Eigenschaften eines Dioden-Lasers betrachten. Legt man an eine Diode in Durchlassrichtung eine Spannung U an, so fließt oberhalb einer Grenzspannung ein Strom I durch die Diode. Der Zusammenhang zwischen Spannung und Strom wird im Allgemeinen in einer Dioden-Kennlinie dargestellt (siehe Abb. 10.1).

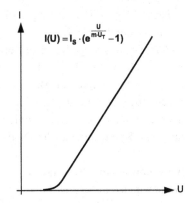

Abb. 10.1 Dioden-Kennlinie: Stromstärke I in Abhängigkeit von der anliegenden Spannung U

$$I(U) = I_s \cdot \left(e^{\frac{U}{m \cdot U_T}} - 1\right)$$

Bei einem Dioden-Laser wird ein Teil der in der Diode umgesetzten elektrischen Leistung $P(U) = U \cdot I(U)$ in optische Leistung, also Laser-Licht, umgewandelt. Der größte Teil der elektrischen Leistung wird jedoch in Wärmeleistung umgesetzt. Als optischen

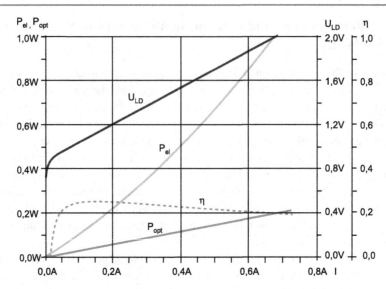

Abb. 10.2 Optische und elektrische Leistung, Diodenspannung und Wirkungsgrad eines Dioden-Lasers in Abhängigkeit von der Stromstärke

Wirkungsgrad η_{opt} bezeichnen wir das Verhältnis der optischen zur insgesamt aufgenommenen elektrischen Leistung des Lasers:

$$\eta_{opt} = P_{opt}/P_{el} \tag{10.11}$$

Der optische Wirkungsgrad wird mit zunehmender Leistung geringer. Wir müssen also
eine überproportionale Steigerung der elektrische Leistung in Kauf nehmen, um eine höhere optische Leistung zu erhalten. Damit steigt der Anteil der insgesamt umgesetzten
Leistung, der zur Erwärmung des Lasers führt. Abbildung 10.2 zeigt einen typischen Zusammenhang dieser Größen.

Um die Abhängigkeit der Fehlerrate von der optischen Leistung zu bestimmen, müssen
wir zunächst feststellen, welche Größen uns überhaupt zur Verfügung stehen. Wir haben
einerseits eine Reihe von Daten, die die grundsätzlichen Eigenschaften der Laser-Diode
beschreiben. Diese Daten können wir zum Beispiel aus Datenblättern oder Standards entnehmen. Andererseits gibt es einige Größen, die wir messen können, beispielsweise Spannung und Stromstärke an der Diode und die optische Leistung der Diode.

Anwendung eines Standards
Wenn wir jetzt die in einschlägigen Standards verwendeten Methoden betrachten, so finden
wir zum Beispiel zwei geeignete Faktoren für Stromabhängigkeit und Temperaturabhängigkeit, π_I und π_T, in die fast ausschließlich bekannte und messbare Größen eingehen. Es
liegt also nahe, die Fehlerrate in Abhängigkeit von der Stromstärke und der Temperatur zu
berechnen. Dafür gehen wir zunächst von der in Standards üblichen Darstellung aus (siehe

Abschn. 2.5 und Gl. 2.10 auf S. 25):

$$\lambda(I, T) = \lambda_{Ref} \cdot \pi_I \cdot \pi_T \tag{10.12}$$

Die Berechnungsverfahren für π_I und π_T, wie sie z. B. in Standards definiert werden, sind:

$$\pi_I = e^{[c_4((\frac{I}{I_{max}})^{c_5} - (\frac{I_{Ref}}{I_{max}})^{c_5})]} \tag{10.13}$$

$$\pi_T = e^{\frac{E_a}{k_B}(\frac{1}{T_{junRef}} - \frac{1}{T_{jun}})} \tag{10.14}$$

Dabei sind:

c_4, c_5	Konstanten, abhängig vom Komponenten-Typ
I_{max}	maximale Stromstärke in A
I_{Ref}	Referenz-Stromstärke in A
E_a	Aktivierungsenergie in eV
k_B	Boltzmann-Konstante in eV/K
T_{jun}	Sperrschicht-Temperatur (Junction Temperature) in K
T_{junRef}	Referenz Sperrschicht-Temperatur in K

Fast alle dieser Größen sind kennzeichnend für die verwendete Diode und im Allgemeinen vom Hersteller zu erfahren oder auch bereits in einschlägigen Standards verfügbar. Die Stromstärke I können wir auf einfache Weise messen. In unserem Fall haben wir dann tatsächlich nur noch einen einzigen Parameter, der nicht bekannt ist: die Sperrschicht-Temperatur T_{jun}. Um unser Problem zu lösen, müssen wir also lediglich T_{jun} bestimmen. Zu diesem Zweck werden wir Schritt für Schritt die physikalischen Zusammenhänge analysieren und in geeigneter Form mathematisch modellieren.

Abbildung 10.3 zeigt den nach diesen Formeln mit Hilfe typischer Werte berechneten qualitativen Verlauf von π_I und π_T. Für die konkrete Berechnung haben wir die Werte für eine handelsüblichen Laser-Diode verwendet:

c_4	1,4
c_5	8
I_{max}	0,72 A
I_{Ref}	0,36 A
E_a	0,58 eV
k_B	$8,6 \cdot 10^{-5}$ eV/K
T_{junRef}	310,5 K (37,5 °C)

Es ist leicht zu erkennen, dass beide Größen bei nur geringer Variation der Stromstärke bzw. der Temperatur sehr stark variieren.

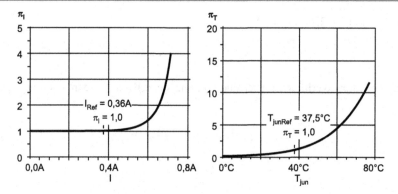

Abb. 10.3 π_I und π_T in Abhängigkeit von Stromstärke (*links*) bzw. Sperrschicht-Temperatur (*rechts*)

Mit den so definierten Zusammenhängen für π_I und π_T erhalten wir für unsere Fehlerrate jetzt

$$\lambda(I, T) = \lambda_{Ref} \cdot e^{[c_4((\frac{I}{I_{max}})^{c_5} - (\frac{I_{Ref}}{I_{max}})^{c_5})]} \cdot e^{\frac{E_a}{k_B}(\frac{1}{T_{junRef}} - \frac{1}{T_{jun}})} \tag{10.15}$$

Aus dieser Formel können wir bereits die erste Erkenntnis über den Zusammenhang von λ_{Ref}, I_{Ref} und T_{junRef} ziehen: Eine gemessene Fehlerrate λ ist dann gleich λ_{Ref}, wenn gleichzeitig $I = I_{Ref}$ und $T_{jun} = T_{junRef}$ gelten.

Technisch-mathematische Modellierung

Um jetzt die Sperrschicht-Temperatur T_{jun} zu finden, müssen wir zunächst noch einmal die grundlegenden Eigenschaften der Laser-Diode betrachten. Wir hatten bereits festgestellt, dass nur ein Teil der in der Diode umgesetzten elektrischen Gesamt-Leistung P_{el} in die gewünschte optische Leistung P_{opt} umgesetzt wird, während der restliche Teil von P_{el} in thermische Leistung P_{th} umgesetzt wird. Der optische Wirkungsgrad $\eta_{opt} = P_{opt}/P_{el}$ ist also nicht konstant, sondern hängt stark von P_{opt} und damit auch von der an der Diode anliegenden Spannung und dem daraus resultierenden Strom ab.

Abbildung 10.4 zeigt das Modell, nach dem wir zunächst vorgehen werden. Die aufgenommene Gesamtleistung P_{el} teilt sich auf in die optische Leistung P_{opt} und die thermische Leistung P_{th}. Die thermische Leistung führt zu einer Erhöhung der Temperatur[1] auf die gesuchte Sperrschicht-Temperatur T_{jun}, ausgehend von der Umgebungstemperatur T_0. Den Zusammenhang zwischen elektrischer Leistung und Temperaturerhöhung können wir auch beschreiben mit Hilfe des thermischen Widerstandes R_{th}:

$$R_{th} = \frac{T_{jun} - T_0}{P_{th}} \tag{10.16}$$

R_{th} können wir wiederum als für die verwendete Diode bekannt voraus setzen.

---

[1] Der Begriff „Temperatur" beschreibt in diesem Zusammenhang die thermische Energie von Elektronen, die durch die aufgenommene Leistung erhöht wird.

Abb. 10.4 Modell der
Leistungs-Aufteilung in der
Laser-Diode (LD)

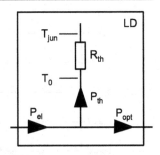

Die eigentliche Schwierigkeit besteht darin, die thermische Leistung zu bestimmen. Allgemein gilt für jede elektrische Leistung

$$P_{el} = \int_0^I U(i)\, di \qquad (10.17)$$

Für unseren Laser haben wir zusätzlich den Zusammenhang

$$P_{el} = P_{th} + P_{opt} \qquad (10.18)$$

und erhalten damit

$$T_{jun} = T_0 + R_{th} \cdot (P_{el} - P_{opt}) \qquad (10.19)$$

In unserem Fall müssen wir daher die Spannung U in Abhängigkeit von der Stromstärke I genau bestimmen. Um das zu erreichen, müssen wir die Dioden-Kennlinie aus Abb. 10.1 entsprechend modellieren. Aus praktischen Gründen unterteilen wir den Verlauf der Kennlinie in zwei Abschnitte: den stark gekrümmten Abschnitt für kleine Spannungen und Stromstärken und den quasi linearen Teil. Den Übergang zwischen beiden Abschnitten bezeichnen wir als x, die zugehörige Spannung als U_x, die Stromstärke als I_x (siehe Abb. 10.5).

Für den ersten Abschnitt können wir die Spannung $U_1(I)$ mit Hilfe der Shockley-Gleichung beschreiben:

$$U_1(I) = m \cdot U_T \cdot \ln\left(\frac{I}{I_S} + 1\right) + U_K \qquad (10.20)$$

Dabei stehen U_T für die Temperaturspannung ($U_T = k_B \cdot T/e$ mit der Boltzmann-Konstanten k_B, der absoluten Temperatur T und der Elementarladung e), U_K für die Kniespannung (oder auch Schwellenspannung) der Diode und I_S für den Sättigungsstrom. m ist der so genannten Emissions-Koeffizient, in dem die Abweichungen einer realen Diode zum theoretischen Modell von Shockley zusammengefasst sind.

Den zweiten Teil der Kennlinie können wir durch eine Gerade annähern:

$$U_2(I) = r_D \cdot I + (U_{max} - r_D \cdot I_{max}) \qquad (10.21)$$

mit dem differentiellen Widerstand r_D der Diode und den Maximalwerten für Spannung und Strom U_{max} und I_{max}.

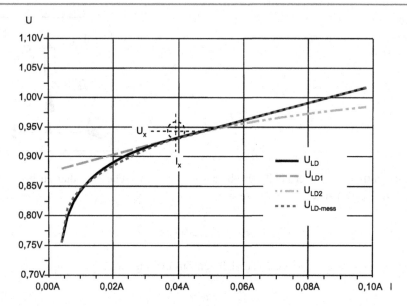

Abb. 10.5 Modellierung der U–I-Abhängigkeit der Dioden-Kennlinie

Den Übergang x zwischen beiden Abschnitten finden wir, indem wir sowohl die Spannung als auch die erste Ableitung der Spannung nach der Stromstärke für die Stromstärke
I_x gleich setzen:

$$U_1(I_x) = U_2(I_x) \quad \text{und} \quad \frac{dU_1(I_x)}{dI} = \frac{dU_2(I_x)}{dI} \tag{10.22}$$

Damit sind wir jetzt am vorläufigen Ziel angelangt und können die in der Diode umgesetzte elektrische Leistung über den gesamten Verlauf der Kennlinie berechnen. Für $I \leq I_x$
erhalten wir so:

$$P_{el}(I) = \int_0^I U_1(i)\, di$$

$$= \int_0^I \left[m \cdot U_T \cdot \ln\left(\frac{i}{I_S} + 1 \right) + U_K \right] di \tag{10.23}$$

Für $I > I_x$ gilt

$$P_{el}(I) = \int_0^{I_x} U_1(i)\, di + \int_{I_x}^I U_2(i)\, di$$

$$= \int_0^{I_x} \left[m \cdot U_T \cdot \ln\left(\frac{i}{I_S} + 1 \right) + U_K \right] di$$

$$+ \int_{I_x}^I \left[r_D \cdot i + (U_{max} - r_D \cdot I_{max}) \right] di \tag{10.24}$$

Ergebnis

Jetzt stehen uns alle Größen zur Verfügung, die wir zur Berechnung der Abhängigkeit der Fehlerrate einer Laser-Diode von der optischen Leistung des Lasers benötigen. Wir setzen die berechnete elektrische Leistung in die Formel für die Sperrschicht-Temperatur ein:

$$T_{jun} = T_0 + R_{th} \cdot (P_{el} - P_{opt}) \tag{10.25}$$

und können damit die Abhängigkeit der Fehlerrate auf der Basis von bekannten und leicht messbaren Größen endgültig bestimmen:

$$\lambda(I, T) = \lambda_{Ref} \cdot e^{[c_4((\frac{I}{I_{max}})^{c_5} - (\frac{I_{Ref}}{I_{max}})^{c_5}) + \frac{E_a}{k_B}(\frac{1}{T_{junRef}} - \frac{1}{T_0 + R_{th} \cdot (P_{el} - P_{opt})})]} \tag{10.26}$$

Abbildung 10.6 zeigt den typischen Verlauf der Fehlerrate im Abhängigkeit von der optischen Leistung. Selbst in der hier gewählten logarithmischen Darstellung steigt die Fehlerraten-Kurve mit zunehmender Leistung stark an.

Abb. 10.6 Abhängigkeit der Fehlerrate von der optischen Leistung

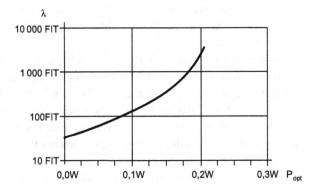

Folgerungen

Die einfachste Konsequenz aus unsrer oben hergeleiteten Erkenntnis ist sicher, die Fehlerraten von derartigen Komponenten sehr sorgfältig zu betrachten und „Schätzwerte" nur dann einzusetzen, wenn die Bedingungen ein solches Vorgehen auch tatsächlich zulassen.

Wir können jedoch auch noch weitere Schlüsse ziehen, die auch Einfluss auf die Wirtschaftlichkeit eines Systems haben. Im Allgemeinen sind wir zum Beispiel davon ausgegangen, dass redundante Komponenten zwar die Verfügbarkeit eines Systems erhöhen, dass wir aber im Gegenzug häufiger Komponenten ersetzen müssen. Am Beispiel dieses Lasers können wir jetzt sehen, dass genau das nicht immer der Fall sein muss.

In vielen Fällen ist es nicht erforderlich, die erforderliche optische Leistung nur durch einen einzigen Laser zu erbringen, weil zum Beispiel die vollständige Kohärenz der Strahlung nicht notwendig ist. Wenn wir also statt eines Dioden-Lasers zwei oder mehrere einsetzen, dann kann die Häufigkeit, mit der wir einen Laser ersetzen müssen, unter den Wert fallen, mit dem wir wegen der höheren optischen Leistung rechnen müssen, wenn wir nur einen Laser verwenden.

Wir können in einem solchen Fall auch nicht ohne Weiteres mit dem im Abschn. 3.3.3 beschriebenen Verfahren der k-aus-N Majoritätsredundanz rechnen. Diese setzt voraus, dass wir alle Komponenten zu jeder Zeit unter gleichen Bedingungen betreiben. Sobald sich die Bedingungen ändern (wir also zum Beispiel eine Komponente mit höherer Leistung betreiben), kann sich die Fehlerrate und damit die Verfügbarkeit des gesamten Systems erheblich ändern.

10.2.2 Gewährleistung von Massenprodukten

Ein klassischer Fall, für den die Fehlerrate eines Produktes eine unmittelbare und wichtige Rolle spielt, ist Abschätzung des Risikos, das durch unmittelbare Gewährleistung für ein verkauftes Produkt entsteht. Ein Hersteller, der ein Produkt für private Konsumenten produziert, muss dieses entweder kostenlos austauschen oder reparieren, falls innerhalb einer festgelegten Garantiezeit bei ordnungsgemäßem Gebrauch ein Fehler auftritt.[2] Diese Garantieleistung muss er in seine Kosten und Preise einkalkulieren. Da die Garantiezeit im Allgemeinen sehr viel kürzer sein sollte, als die zu erwartende Lebensdauer, sind Fehler während der Garantiezeit zufällige Fehler. Ein wesentlicher Faktor ist somit die Fehlerrate λ des Produktes.

Wir wollen einen solchen Fall hier am Beispiel eines einfachen Haushaltsgerätes, das wir Toaster nennen, zumindest ansatzweise durchrechnen.[3]

Unser Toaster soll ein einfaches und für den Verbraucher sehr günstiges Gerät sein. Ein Kunde ist bereit, davon eine große Stückzahl abzunehmen und erwartet im Gegenzug einen sehr niedrigen Preis. Da wir unsererseits auch nur sehr geringe Kosten für die Herstellung einkalkulieren dürfen, müssen wir sowohl bei der Qualität der Bauteile als auch der Fertigung Kompromisse machen.

Die Fehlerraten der Bauteile können wir von unserem Lieferanten erfahren. Die Fehlerraten, die aufgrund unserer Fertigung entstehen (zum Beispiel die Fehlerrate von Verbindungsstellen der Bauteile), kennen wir als typische Werte für unsere Produktions-Umgebung. Daraus errechnen wir die zu erwartende Fehlerrate λ des Toasters, zum Beispiel mit dem Verfahren für eine „serielle Schaltung", indem wir die Fehlerraten der Komponenten addieren. Auf diese Weise erhalten wir eine Fehlerrate für den fertigen Toaster von 0,05 Fehlern/Jahr.

Unser Kunde garantiert uns die Abnahme von 100 000 Geräten. Wir kalkulieren pro Gerät einen Herstellungspreis von 12 Euro und erwarten, dass wir pro Gerät einen Preis von 15 Euro erzielen können. In unsere Kosten müssen wir allerdings außer den Herstellungskosten auch noch die Kosten einrechnen, die durch Rückläufer innerhalb der Garantiezeit entstehen. Da sich Reparaturen nicht lohnen, werden wir jedes Gerät kostenlos ersetzen müssen und zusätzlich Verwaltungs- und Versandkosten zu tragen haben. Insgesamt entstehen uns pro Garantiefall Kosten von 45 Euro. Die Garantiezeit beträgt ein Jahr.

---

[2]Nach derzeitiger Rechtslage in Deutschland.

[3]Die kaufmännische Kalkulation ist hier nur eine Vereinfachung aus Sicht von Technikern.

Als nächsten Schritt bestimmen wir die absolute Anzahl der Rückläufe, die wir erwarten müssen. Als Schranke für die Signifikanz unserer Aussage wählen wir 95 %. Wir suchen hier die Anzahl k, die mit einer Wahrscheinlichkeit von mindestens 95 % innerhalb der Garantiezeit nicht überschritten wird. Da wir hier eine sehr große Stückzahl n betrachten, können wir als Näherung für die Berechnung die Gauß-Verteilung einsetzen. Damit erhalten wir einen Wert für k von 4990.

Damit sieht unsere Kalkulation für 100 000 Geräte jetzt so aus:

gesamte Herstellungskosten	1 200 000 €
Kosten für Garantieleistungen	224 550 €
Verkaufserlös	1 500 000 €
Gewinn	75 450 €

Wir machen also mit diesem Geschäft noch einen kleinen Gewinn. Voraussetzung dafür ist allerdings, dass unsere Annahmen richtig sind. An diesem Beispiel können wir sehr gut betrachten, an welchen Stellen es möglich ist, durch eine optimale oder fehlerhafte Bestimmung der Fehlerrate λ ein solches Geschäft positiv oder negativ zu beeinflussen.

Nehmen wir zunächst an, wir haben die Fehlerrate zu hoch angesetzt; sie möge in Wirklichkeit nur 0,03 Fehler pro Jahr betragen. Damit wäre unser Erwartungswert für die absolute Fehlerzahl k gleich 3044. Naiv betrachtet sinken dadurch unserer zu erwartenden Garantie-Kosten auf etwa 155 000 €, während gleichzeitig unser Gewinn auf etwa 144 000 € steigt; andererseits könnten wir noch einen Gewinn erzielen, wenn wir das Produkt für 14 € anbieten. Es könnte allerdings sein, dass ein Wettbewerber eine ähnliche niedrige Fehlerrate erkannt hat und genau deswegen günstiger anbietet mit der Folge, dass wir selbst das Geschäft überhaupt nicht machen können. Im umgekehrten Fall, wenn wir eine zu niedrige Fehlerrate ansetzen, ergibt die gleiche Rechnung, dass wir mit diesem Geschäft höchstwahrscheinlich einen Verlust erleiden werden.

Einen ähnlichen Effekt erzielen wir, wenn wir zum Beispiel durch Einkauf geeigneter Bauteile die gesamte Fehlerrate unseres Gerätes beeinflussen. Nehmen wir also an, dass wir die Fehlerrate durch höherwertige Bauteile senken können und im Gegenzug allerdings der Herstellungspreis von 12 € auf 12,50 € steigt. Damit vermindern wir aus unserer Sicht die Garantie-Kosten, während unser Verkaufserlös gleich bleibt und damit unser Gewinn steigt. Der Verbraucher wird mit diesem Gerät vielleicht im Durchschnitt zufriedener sein und häufiger ein Gerät des gleichen Herstellers kaufen, sofern es uns gelingt, das Geschäft zu diesen Bedingungen mit unserem Kunden zu machen.

Bei derartigen Kalkulationen handelt es sich immer um eine Grundlage einer letztlich unternehmerischen Entscheidung. Technische Aussagen können das technische Risiko abschätzen, im Allgemeinen jedoch nicht das unternehmerische Risiko. Wir haben hier ein sehr einfaches Beispiel gewählt, bei dem vermutlich der Preis des Gerätes eher ausschlaggebend ist als die Qualität, auch für unseren Kunden und den Endverbraucher. Bei höherwertigen Gütern und komplexen Anlagen jedoch können Kalkulationen auf Grund unrealistischer Fehlerraten zu deutlich größeren „Ausschlägen" führen und nicht zuletzt den

Ruf des Herstellers massiv schädigen. Deswegen sollte die technische Sicht nicht nur berücksichtigt werden, sondern gelegentlich auch nachdrücklich vertreten und durchgesetzt werden.

10.3   Ergebnisherleitung der Summenformel

Im Abschn. 3.3.2 haben wir auf S. 40 in Gl. 3.32 die Beziehung

$$\sum_{i=1}^{n} \frac{(-1)^{i-1}}{i} \binom{n}{i} = \sum_{i=1}^{n} \frac{1}{i} \tag{10.27}$$

verwendet. Da häufig die Frage gestellt wird, ob denn dieser Zusammenhang auch tatsächlich so einfach ist, haben wir hier einen nachvollziehbaren Beweis zusammengestellt. Wir folgen dem Prinzip der vollständigen Induktion. Für kleine n haben wir durch einfaches Nachrechnen festgestellt, dass die Beziehung richtig ist. Jetzt werden wir zeigen, dass sie auch für $n + 1$ richtig und damit allgemein gültig ist.

Wenn die Behauptung richtig ist, dann gilt wegen

$$\sum_{i=1}^{n+1} \frac{1}{i} = \frac{1}{n+1} + \sum_{i=1}^{n} \frac{1}{i} \tag{10.28}$$

für den Weg von $n \to n + 1$ auch:

$$\sum_{i=1}^{n+1} \frac{(-1)^{i-1}}{i} \binom{n+1}{i} - \sum_{i=1}^{n} \frac{(-1)^{i-1}}{i} \binom{n}{i} = \frac{1}{n+1} \tag{10.29}$$

Den zweiten Binominialkoeffizienten können wir ersetzen durch

$$\binom{n}{i} = \frac{n+1-i}{n+1} \binom{n+1}{i} \tag{10.30}$$

und erhalten damit

$$\sum_{i=1}^{n+1} \frac{(-1)^{i-1}}{i} \binom{n+1}{i} - \sum_{i=1}^{n} \frac{(-1)^{i-1}}{i} \cdot \frac{n+1-i}{n+1} \binom{n+1}{i} = \frac{1}{n+1} \tag{10.31}$$

Die zweite Summe können wir jetzt auf $n + 1$ erweitern und gleichzeitig den letzten Summanden für $n + 1$ wieder subtrahieren:

$$\sum_{i=1}^{n+1} \frac{(-1)^{i-1}}{i} \binom{n+1}{i} - \sum_{i=1}^{n+1} \frac{(-1)^{i-1}}{i} \cdot \frac{n+1-i}{n+1} \binom{n+1}{i}$$

$$+ \frac{(-1)^n}{n+1} \cdot \frac{n+1-n-1}{n+1} \binom{n+1}{n+1} = \frac{1}{n+1} \tag{10.32}$$

Der letzte Summand ist offensichtlich gleich Null. Damit bleibt

$$\sum_{i=1}^{n+1} \frac{(-1)^{i-1}}{i} \binom{n+1}{i} - \sum_{i=1}^{n+1} \frac{(-1)^{i-1}}{i} \cdot \frac{n+1-i}{n+1} \binom{n+1}{i} = \frac{1}{n+1} \qquad (10.33)$$

Die Zusammenfassung der Summen ergibt:

$$\sum_{i=1}^{n+1} \frac{(-1)^{i-1}}{i} \binom{n+1}{i} \cdot \left(1 - \frac{n+1-i}{n+1}\right)$$

$$= \sum_{i=1}^{n+1} \frac{(-1)^{i-1}}{i} \binom{n+1}{i} \cdot \left(\frac{i}{n+1}\right) = \frac{1}{n+1} \qquad (10.34)$$

Durch Kürzen und Umkehren des Vorzeichens erhalten wir diese einfache Form:

$$-\sum_{i=1}^{n+1} (-1)^i \binom{n+1}{i} = 1 \qquad (10.35)$$

Jetzt können wir die Untergrenze der Summe auf Null erweitern und gleichzeitig den überschüssigen Summanden wieder subtrahieren:

$$-\sum_{i=0}^{n+1} (-1)^i \binom{n+1}{i} + (-1)^0 \cdot \binom{n+1}{0} = 1 \qquad (10.36)$$

Für die Summe von $i = 0$ bis zu einem beliebigen m finden wir in einer mathematischen Formelsammlung

$$\sum_{i=0}^{m} (-1)^i \binom{m}{i} = 0 \qquad (10.37)$$

Dieses Ergebnis gilt auch für $m = n + 1$. Der zweite Term ist gleich 1. Wir erhalten also:

$$-0 + 1 = 1 \qquad (10.38)$$

Unsere Behauptung ist also richtig.

10.4   Lösung der Markov-Differentialgleichungen

In Kap. 6 hatten wir das in Abb. 10.7 dargestellte System aus zwei Komponenten betrachtet und dafür die Verfügbarkeit und Zuverlässigkeit berechnet. Zu diesem Zweck hatten wir dieses System von Differentialgleichungen aufgestellt:[4]

---

[4]Wir verwenden hier die vereinfachte Schreibweise $\dot{P}$ anstelle von dP/dt.

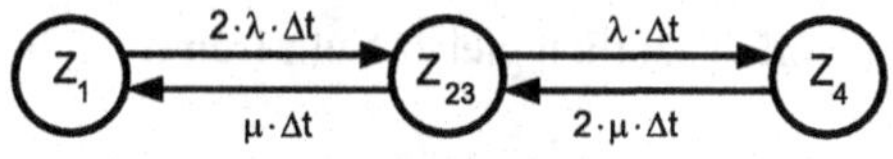

Abb. 10.7 Übergangsraten im 2-Komponenten-System (vereinfacht)

$$\dot{P}_1(t) = -2\lambda P_1(t) + \mu P_{23}(t)$$

$$\dot{P}_{23}(t) = +2\lambda P_1(t) - (\lambda + \mu) P_{23}(t) + 2\mu P_4(t) \tag{10.39}$$

$$\dot{P}_4(t) = +\lambda P_{23}(t) - 2\mu P_4(t)$$

Die Lösung für dieses System hatten wir ohne Herleitung verwendet. Hier werden wir jetzt sehen, wie wir diese Lösung berechnet haben.

Wir gehen dabei von der bereits darstellten Matrix-Form aus:

$$\begin{pmatrix} \dot{P}_1 \\ \dot{P}_{23} \\ \dot{P}_4 \end{pmatrix} = \begin{pmatrix} -2\lambda & \mu & 0 \\ 2\lambda & -(\lambda+\mu) & 2\mu \\ 0 & \lambda & -2\mu \end{pmatrix} \begin{pmatrix} P_1 \\ P_{23} \\ P_4 \end{pmatrix} \tag{10.40}$$

Zusätzlich berücksichtigen wir, dass sich unser System zum Zeitpunkt $t = 0$ im voll funktionsfähigen Zustand Z_1, die Wahrscheinlichkeit für das Auftreten dieses Zustandes für $t = 0$ also gleich Eins ist. Da sich das System zu jedem Zeitpunkt in irgendeinem der drei Zustände befinden muss, ergibt die Summe der Wahrscheinlichkeiten aller Zustände also für jeden beliebigen Zeitpunkt ebenfalls Eins. Zusammengefasst erhalten wir also diese Bedingungen:

$$P_1 + P_{23} + P_4 = 1$$

$$P_1(t = 0) = 1 \tag{10.41}$$

$$P_{23}(t = 0) = P_4(t = 0) = 0$$

Mit Hilfe der ersten Bedingung können wir eine der Gleichungen eliminieren, indem wir $P_4 = 1 - P_1 - P_{23}$ setzen. Damit erhalten wir das inhomogene Gleichungssystem

$$\dot{P}_1(t) = -2\lambda P_1(t) + \mu P_{23}(t)$$

$$\dot{P}_{23}(t) = +2\lambda P_1(t) - (\lambda + \mu) P_{23}(t) + 2\mu \big(1 - P_1(t) - P_{23}(t)\big) \tag{10.42}$$

$$= (2\lambda - 2\mu) P_1(t) - (\lambda + 3\mu) P_{23}(t) + 2\mu$$

mit dieser Matrix-Darstellung:

$$\begin{pmatrix} \dot{P}_1 \\ \dot{P}_{23} \end{pmatrix} = \begin{pmatrix} -2\lambda & \mu \\ 2(\lambda - \mu) & -(\lambda + 3\mu) \end{pmatrix} \begin{pmatrix} P_1 \\ P_{23} \end{pmatrix} + \begin{pmatrix} 0 \\ 2\mu \end{pmatrix} \tag{10.43}$$

Wir folgen dem üblichen Verfahren zur Lösung inhomogener Differentialgleichungen. Die Lösung erhalten wir als Summe der Lösung des homogenen Teils und einer speziellen Lösung für den inhomogenen Teil.

Für die Lösung des homogenen Teils

$$\begin{pmatrix} \dot{P}_1 \\ \dot{P}_{23} \end{pmatrix} = \begin{pmatrix} -2\lambda & \mu \\ 2(\lambda - \mu) & -(\lambda + 3\mu) \end{pmatrix} \begin{pmatrix} P_1 \\ P_{23} \end{pmatrix} \tag{10.44}$$

dieses Differentialgleichungssystems erster Ordnung können wir zunächst allgemein schreiben

$$\begin{pmatrix} \dot{P}_1 \\ \dot{P}_{23} \end{pmatrix} = c_1 \cdot e^{\kappa_1} \vec{E}_1 + c_2 \cdot e^{\kappa_2} \vec{E}_2 \tag{10.45}$$

Dabei sind $\kappa_{1,2}$ die Eigenwerte der Matrix in Gl. 10.45 und $\vec{E}_{1,2}$ die jeweils zugehörigen Eigenvektoren. $c_{1,2}$ sind Konstanten, die sich mit Hilfe der Anfangsbedingungen bestimmen lassen.

Durch Lösung der aus

$$\det \begin{vmatrix} -2\lambda - \kappa & \mu \\ 2(\lambda - \mu) & -(\lambda + 3\mu) - \kappa \end{vmatrix} = 0 \tag{10.46}$$

nach Umformung erhaltenen charakteristischen Gleichung

$$2(\lambda + \mu)^2 + 3\kappa(\lambda + \mu) + \kappa^2 = 0 \tag{10.47}$$

der Matrix erhalten wir zunächst die Eigenwerte

$$\kappa_1 = -(\lambda + \mu)$$
$$\kappa_2 = -2(\lambda + \mu) \tag{10.48}$$

Die Eigenvektoren $\vec{E}_i$ einer Matrix A erhalten wir allgemein als $A\vec{E}_i = \kappa_i \vec{E}$. Für $\kappa_1 = -(\lambda + \mu)$ können wir also $\vec{E}_1$ berechnen, indem wir die Gleichung

$$\begin{pmatrix} -2\lambda & \mu \\ 2(\lambda - \mu) & -(\lambda + 3\mu) \end{pmatrix} \begin{pmatrix} E_{11} \\ E_{12} \end{pmatrix} = -(\lambda + \mu) \begin{pmatrix} E_{11} \\ E_{12} \end{pmatrix} \tag{10.49}$$

zu einem Gleichungssystem

$$-2\lambda E_{11} + \mu E_{12} = -(\lambda + \mu)E_{11}$$
$$2(\lambda - \mu)E_{11} - (\lambda + 3\mu)E_{12} = -(\lambda + \mu)E_{12} \tag{10.50}$$

umformen und dieses nach E_{11} und E_{12} auflösen. Auf die gleiche Weise verfahren wir mit dem zweiten Eigenwert $\kappa_2 = -2(\lambda + \mu)$ und lösen das Gleichungssystem nach E_{21} und E_{22} auf. Damit haben wir beide Eigenvektoren bestimmt:

$$\vec{E}_1 = \begin{pmatrix} \mu \\ \lambda - \mu \end{pmatrix}$$

$$\vec{E}_2 = \begin{pmatrix} 1 \\ -2 \end{pmatrix} \tag{10.51}$$

Wenn wir diese Ergebnisse in die allgemeine Form einsetzen, erhalten wir die homogene Lösung unseres Differentialgleichungs-Systems als

$$\begin{pmatrix} P_1 \\ P_{23} \end{pmatrix}_{homogen} = c_1 e^{-(\lambda+\mu)\cdot t} \begin{pmatrix} \mu \\ \lambda - \mu \end{pmatrix} + c_2 e^{-2(\lambda+\mu)\cdot t} \begin{pmatrix} 1 \\ -2 \end{pmatrix} \qquad (10.52)$$

und die Einzelgleichungen als

$$P_{1,homogen} = \mu c_1 e^{-(\lambda+\mu)\cdot t} + c_2 e^{-2(\lambda+\mu)\cdot t}$$
$$P_{23,homogen} = (\lambda - \mu) c_1 e^{-(\lambda+\mu)\cdot t} - 2c_2 e^{-2(\lambda+\mu)\cdot t} \qquad (10.53)$$

Als nächstes benötigen wir noch die partikuläre Lösung für den inhomogenen Anteil. Wir suchen also einen Vektor $\vec{v}$, der in Verbindung mit unserer Matrix den inhomogenen Teil der Lösung liefert. Mit

$$\vec{v} = \begin{pmatrix} a \\ b \end{pmatrix} \qquad (10.54)$$

können wir schreiben

$$\begin{pmatrix} -2\lambda & \mu \\ 2(\lambda - \mu) & -(\lambda + 3\mu) \end{pmatrix} \begin{pmatrix} a \\ b \end{pmatrix} + \begin{pmatrix} 0 \\ 2\mu \end{pmatrix} = 0 \qquad (10.55)$$

Auch hier erhalten wir wieder ein einfaches Gleichungssystem

$$-2\lambda a + \mu b = 0$$
$$2\lambda a - 2\mu a - \lambda b - 3\mu b + 2\mu = 0 \qquad (10.56)$$

mit den Lösungen

$$a = \frac{2\lambda\mu}{(\lambda + \mu)^2}$$
$$b = \frac{\mu^2}{(\lambda + \mu)^2}$$

Die vorläufige vollständige Lösung des inhomogenen Differentialgleichungs-Systems erhalten wir damit als Summe der homogenen und der partikulären Lösung als

$$\begin{pmatrix} P_1 \\ P_{23} \end{pmatrix} = c_1 e^{-(\lambda+\mu)\cdot t} \begin{pmatrix} \mu \\ \lambda - \mu \end{pmatrix} + c_2 e^{-2(\lambda+\mu)\cdot t} \begin{pmatrix} 1 \\ -2 \end{pmatrix} + \frac{1}{(\lambda + \mu)^2} \begin{pmatrix} 2\lambda\mu \\ \mu^2 \end{pmatrix} \qquad (10.57)$$

Schließlich müssen wir noch die Koeffizienten c_1 und c_2 bestimmen. Dafür setzen wir die bekannten Anfangsbedingungen

$$P_1(0) = 1$$
$$P_{23}(0) = 0 \qquad (10.58)$$

in unser Ergebnis ein und erhalten wieder ein Gleichungssystem

$$\mu c_1 + c_2 + \frac{\mu^2}{(\lambda + \mu)^2} = 1$$

$$(\lambda - \mu)c_1 - 2c_2 + \frac{2\lambda\mu}{(\lambda + \mu)^2} = 0$$

(10.59)

Die Lösungen dieses Systems sind

$$c_1 = \frac{2\lambda}{(\lambda + \mu)^2}$$

$$c_2 = \frac{\lambda^2}{(\lambda + \mu)^2}$$

(10.60)

Damit können wir P_1 und P_{23} vollständig bestimmen. Zuletzt dürfen wir auch noch den Zusammenhang $P_1 + P_{23} + P_4 = 1$ für die Berechnung von P_4 verwenden. Somit erhalten wir die gesuchte endgültige Lösung unseres Differentialgleichungs-Systems:

$$P_1(t) = \frac{2\lambda\mu}{(\lambda + \mu)^2} \cdot e^{-(\lambda+\mu)\cdot t} + \frac{\lambda^2}{(\lambda + \mu)^2} \cdot e^{-2(\lambda+\mu)\cdot t} + \frac{\mu^2}{(\lambda + \mu)^2}$$

$$P_{23}(t) = \frac{2\lambda(\lambda - \mu)}{(\lambda + \mu)^2} \cdot e^{-(\lambda+\mu)\cdot t} - \frac{2\lambda^2}{(\lambda + \mu)^2} \cdot e^{-2(\lambda+\mu)\cdot t} + \frac{2\lambda\mu}{(\lambda + \mu)^2}$$

$$P_4(t) = -\frac{2\lambda^2}{(\lambda + \mu)^2} \cdot e^{-(\lambda+\mu)\cdot t} + \frac{\lambda^2}{(\lambda + \mu)^2} \cdot e^{-2(\lambda+\mu)\cdot t} + \frac{\lambda^2}{(\lambda + \mu)^2}$$

(10.61)

Damit haben wir die Lösung gefunden, die wir als Gl. 6.19 bereits kennen. Wir sehen in dieser Lösung auch unmittelbar, dass die jeweils ersten beiden Summanden für $t \to \infty$ gegen Null gehen. Es gilt somit:

$$P_1(t \to \infty) = \frac{\mu^2}{(\lambda + \mu)^2}$$

$$P_{23}(t \to \infty) = \frac{2\lambda\mu}{(\lambda + \mu)^2}$$

$$P_4(t \to \infty) = \frac{\lambda^2}{(\lambda + \mu)^2}$$

(10.62)

10.5   Weibull-Verteilung für frühe Fehler und Verschleißfehler

Wir hatten immer wieder betont, dass alle unsere Betrachtungen und Berechnungen sich ausschließlich auf zufällige Fehler beziehen, die während der gesamten Betriebsdauer einer Komponente oder eines Systems zu jeder Zeit rein zufällig auftreten können. Darüber hinaus treten jedoch in einem realen System zwei weitere Fehlertypen auf: frühe Fehler

Abb. 10.8
Badewannen-Kurve

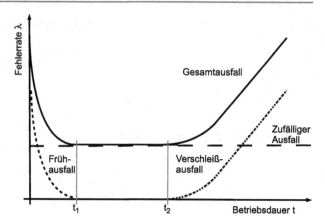

("Kinderkrankheiten") und Verschleißfehler. Diese Fehlerarten wollen wir nicht umfassend behandeln. Der Vollständigkeit halber aber wollen wir die wichtigsten Kenngrößen hier zusammenstellen.

Zur Erinnerung zeigen wir in Abb. 10.8 noch einmal die Badewannenkurve, die die Summe aller während der gesamten Lebensdauer eines Produktes zu erwartenden Fehler zusammenfasst. Im Hauptteil des Buches haben wir uns auf die Betriebszeit zwischen t_1 und t_2 konzentriert, während der praktisch ausschließlich zufällige Fehler auftreten.

Vergleichbare Berechnungen lassen sich auch für die Zeiten durchführen, in denen frühe Fehler ($t < t_1$) bzw. Verschleißfehler ($t > t_2$) zu erwarten sind oder sogar dominieren. Grundsätzlich wendet man die gleichen Verfahren an, jedoch mit einer unterschiedlichen Verteilung. Für die zufälligen Fehler haben wir mit einer Exponential-Verteilung gerechnet, die jedoch für andere Fehlertypen nicht geeignet ist. Stattdessen können wir für die frühen Fehler und die Verschleißfehler zum Beispiel die Weibull-Verteilung[5] einsetzen.

Übergreifende Zusammenhänge
Für alle Fehlertypen (auch die zufälligen Fehler) gelten grundsätzlich diese gleichen Zusammenhänge:

$$R(t) = 1 - F(t) \tag{10.63}$$

$$\lambda(t) = -\frac{1}{R(t)} \cdot \frac{dR(t)}{dt} = \frac{1}{1 - F(t)} \cdot \frac{dF(t)}{dt} \tag{10.64}$$

$$f(t) = \frac{dF(t)}{dt} \tag{10.65}$$

$$T = \int_0^\infty t \cdot f(t)\,dt \tag{10.66}$$

---

[5]Benannt nach dem schwedischen Mathematiker und Ingenieur Ernst Hjalmar Waloddi Weibull.

Weibull-Verteilung für frühe Fehler

Für frühe Fehler gelten:

$$\text{Verfügbarkeit:} \quad R(t) = e^{-\left(\frac{t}{\eta}\right)^{\beta}} \tag{10.67}$$

$$\text{Wahrscheinlichkeitsdichte:} \quad f(t) = \frac{\beta}{\eta} \cdot \left(\frac{t}{\eta}\right)^{\beta-1} \cdot e^{-\left(\frac{t}{\eta}\right)^{\beta}} \tag{10.68}$$

$$\text{Fehlerrate:} \quad \lambda(t) = \frac{\beta}{\eta} \cdot \left(\frac{t}{\eta}\right)^{\beta-1} \tag{10.69}$$

$$\text{Mittlere Lebensdauer:} \quad T = \eta \cdot \Gamma\left(1 + \frac{1}{\beta}\right) \tag{10.70}$$

Dabei ist β ein Formfaktor, η ein Skalierungsfaktor und Γ die Gamma-Funktion. Für frühe Fehler ist $\beta < 1$ und $t > 0$. Der zeitliche Schwellenwert t_1 kann hier praktisch außer acht gelassen werden, da die Funktion an dieser Stelle sich Null sehr gut angenähert hat. t_1 ist insofern eher die Begrenzung der Gültigkeit der Normalverteilung für zufällige Fehler.

Weibull-Verteilung für Verschleißfehler

Für Verschleißfehler gelten:

$$\text{Verfügbarkeit:} \quad R(t) = e^{-\left(\frac{t-t_2}{\eta}\right)^{\beta}} \tag{10.71}$$

$$\text{Wahrscheinlichkeitsdichte:} \quad f(t) = \frac{\beta}{\eta} \cdot \left(\frac{t-t_2}{\eta}\right)^{\beta-1} \cdot e^{-\left(\frac{t-t_2}{\eta}\right)^{\beta}} \tag{10.72}$$

$$\text{Fehlerrate:} \quad \lambda(t) = \frac{\beta}{\eta} \cdot \left(\frac{t-t_2}{\eta}\right)^{\beta-1} \tag{10.73}$$

$$\text{Mittlere Lebensdauer:} \quad T = \eta \cdot \Gamma\left(1 + \frac{1}{\beta}\right) \tag{10.74}$$

Für Verschleißfehler ist $\beta > 1$ und $t > t_2$.

Sachverzeichnis

A

Algorithmen für Verfügbarkeit, 114
Alterungsfehler, 11, 189
Anzahl fehlerhafter Komponenten, 47
Ausfall, 9
Ausfallrate, 9
Ausfallsicherheit, 56, 59
   Schranke, 61
Ausfallwahrscheinlichkeit, 59
Ausfallzeit, 68
Austauschbare Einheiten, 66
Availability, 65

B

Badewannenkurve, 12, 187
Bauteilbelastungstechnik, 24
Bauteilzähltechnik, 24
Bernoulli-Verteilung, 49
Bestandswahrscheinlichkeit, 140
Betriebs-Konzept, 135
Betriebsdauer, 13
   kumulative, 16
Betriebskosten, 4
Binomial-Verteilung, 49
   Zeitabhängigkeit, 56
Burn-in, 11

C

χ^2-Verteilung, 150
   Beispielrechnung, 155
   Freiheitsgrad, 153
   Irrtumswahrscheinlichkeit, 152
   Tabellenkalkulationsprogramm, 153

Confidence interval, 145
Confidence level, 145

D

Dependability, 27
Dichtefunktion, 48
Differentialgleichungen Markov (Lösung), 183
Dioden-Laser (Beispiel), 173
Doppelring-Netzwerk, 98

E

Entscheidungsbaum, 115
   allgemeine Struktur, 115
   Berechnung der Nicht-Verfügbarkeit, 118
   binär, 121
   Verallgemeinerung, 119
   Wege, 116
Ersatzteile, 8, 137
   Berechnung der Vorräte, 140
   Optimierung der Lagerhaltung, 143
   Umlaufzeit, 138
   Vorräte, 139
Erwartungswert, 53
Erwartungswert für Fehler, 45
Experiment zur Fehlerrate
   Basis-, 15
   reales, 16

F

Fehler, 6, 9
   Alterungsfehler, 11, 189
   Definition, 9
   Erwartungswert, 45
   Fehlerrate, 10

© Springer Fachmedien Wiesbaden 2014
S. Eberlin, B. Hock, *Zuverlässigkeit und Verfügbarkeit technischer Systeme*,
DOI 10.1007/978-3-658-03573-0

Fehler (*cont.*)
  Fehlertypen, 10
  frühe Fehler, 10, 188
  Verschleißfehler, 11, 189
  zufällige Fehler, 11
Fehlerfortpflanzung, 169
Fehlerhäufigkeit absolut/relativ, 63
Fehlerrate, 6, 9, 10
  Abhängigkeit von Betriebsbedingungen, 20
  allgemeine Definition, 33
  einfache Definition, 13
  Einheit, 13
  für Standard-Bauteile, 24
  für Systeme, 32
  k-aus-n Majoritätsredundanz, 41
  Kabelstrecke, 103
  Messung, 14
  parallele Konfiguration, 37, 39
  pro Längeneinheit, 104, 106, 107
  Schätzwert, 16
  serielle Konfiguration, 36, 37
  Standards, 21
  Vergleichbarkeit, 21
  von Verbindungen, 103
Fehlerraten
  Confidence level, 145
  Vertrauensbereich, 145
Fehlertypen, 10
FIT, 13
  Definition, 23
Folgekosten, 4
Frühe Fehler, 10, 187, 188

G
Gauß-Verteilung, 51
Gauß'sches Fehlerfortpflanzungsgesetz, 169
Gewährleistung (Beispiel), 180

I
Internationale Standards, 21
Inventory Level, 140

K
k-aus-n Majoritätsredundanz, 40
Kabel, 103
  Berechnung Verfügbarkeit, 108
Kabelstrecke
  Eigenschaften, 104
Komponente
  Definition, 27
Konfidenzintervall, 145

Kosten, 3
  Beispiel, 180
  Investitionen, 3
Kumulative Betriebsdauer, 16

M
Majoritätsredundanz k-aus-n, 40
Markov
  erweiterte Anwendung, 87
  Interpretation, 86
  mathematisches Modell, 84
  n Komponenten, 87
  verschiedene Fehler-/Reparaturraten, 89
Markov-Lösung der Differentialgleichungen, 183
Markov-Verfahren, 8, 77
Maschen-Netzwerk, 98
Materialliste, 140
MDT, 68
Mean Down Time, 68
Mehrkomponentensystem
  Definition, 94
Mehrkomponentensysteme, 82
  Verfügbarkeit, 93
Mittelwert, 47, 53
Mittlere Ausfallzeit, 68
Mittlere Lebensdauer, 31
  Berechnung, 30
  k-aus-n Majoritätsredundanz, 41
  parallele Konfiguration, 39
  serielle Konfiguration, 37
  statistisch, 52
MTBF, 4
  Berechnung, 28, 30
  für Systeme, 32
  k-aus-n Majoritätsredundanz, 41
  parallele Konfiguration, 37, 39
  serielle Konfiguration, 36, 37
  statistisch, 52
MTTF, 32
MTTR, 68

N
Näherung kleine λ, 46
Netzwerk
  Definition, 94
  komplex und elementar, 101
  Verbindungen, 103
  Verfügbarkeit, 93
  Verzweigungen, 102
  Wege, 96

Netzwerke
  elementare, 96
Nicht-Verfügbarkeit, 65
  Berechnung, 68
  serielle/parallele Systeme, 72
Non-Availability, 65
Normal-Verteilung, 51

O
Optimierung
  Betriebskonzept, 135
  Organisation, 135
  Verfügbarkeit, 134
Optimierung der Verfügbarkeit, 134
Optimierung Ersatzteillager, 143
Organisation, 135

P
Parts Count Prediction, 24
Parts Stress Prediction, 24
Poisson-Verteilung, 50
  Vertrauensbereich, 147

Q
QoS, 96
Quality of Service, 96

R
Reliability, 27
Reliability Function, 28
Reparatur, 7, 65, 66
Ring-Netzwerk, 97

S
Schätzwert der Fehlerrate, 16
Serielle Verbindung, 97
Sobel und Epstein, 150
Standards, 21
  Größen, 23
  Leistung, 23
  Methoden, 23
  Quellen, 22
  Umwelt-, Betriebsbedingungen, 24
Statistik
  Grundlagen, 45
  mittlere Lebensdauer, 52
  MTBF, 52
Streuung, 47
Summenformel (Ergebnisherleitung), 182

System
  aus mehreren Komponenten, 82
  Definition, 28
  mit Reparatur, 80
  ohne Reparatur, 80

T
Typen von Fehlern, 10

U
Umlaufzeit, 138

V
Variation von Parametern, 130
Verbindungen, 103
Verfahren nach Sobel und Epstein, 150
Verfügbarkeit, 7, 65
  Additionssatz, 111
  Algorithmen, 114
  Beispielrechnung Maschennetzwerk, 109
  Berechnung, 68
  Definition für Netzwerk, 95
  Enscheidungsbaum, 115
  Genauigkeit, 127
  komplexe Strukturen, 75
  Markov-Verfahren, 77
  Mehrkomponentensysteme, 93
  Netzwerke, 93
  Optimierung, 134
  parallele Konfiguration, 74
  Parametervariation, 130
  pro Längeneinheit, 104
  serielle Schaltung, 73
  serielle/parallele Systeme, 72
  technische Optimierung, 134
  Verzweigungen, 128
  vs. Zuverlässigkeit, 65
Verkehrsgüte, 96
Verschleißfehler, 11, 187, 189
Verteilungsfunktion, 48
  Ausfallsicherheit, 56
Vertrauensbereich, 145
  Berechnung, 146
  Interpretation und Anwendung, 157
  kleine Stichproge, 161
  null Fehler, 161
  Verfahren nach Sobel und Epstein, 150
Vertrauensbereich für Fehlerraten, 145
Vertrauensgrenze, 146
  berechtigte Reklamation, 167

Vertrauensgrenze (*cont.*)
  gemeinsame, 163
  Stichprobengröße ermitteln, 167
Vertrauenswahrscheinlichkeit, 145
  Anpassung unterschiedlicher Werte, 162
  Umrechnung, 163
Verzweigungen, 128

W
Wahrscheinlichkeitsdichte, 48
Wahrscheinlichkeitsverteilung, 48
Wege
  im Entscheidungsbaum, 116
Wege in Netzwerken, 96
Weibull-Verteilung, 187

Z
Zielgruppe, 2
Zufällige Fehler, 11
Zuverlässigkeit, 6, 27
  Berechnung, 28
  Definition, 27
  Markov-Verfahren, 77
  vs. Verfügbarkeit, 65
Zuverlässigkeitsfunktion, 28
  k-aus-n Majoritätsredundanz, 41
  parallele Konfiguration, 38, 39
  serielle Konfiguration, 37
  und Wahrscheinlichkeit, 45